JN451591

미용경락

Cosmetics Meridian

김미정

건국대학교 생물공학 박사

염윤정

건국대학교 미래지식교육원 K뷰티산업융합학과 지도교수

장매화

국민대학교 경영 MBA 뷰티경영대학원 주임교수

미용경락

Cosmetics Meridian

초판 인쇄 2020년 3월 2일
초판 발행 2020년 3월 10일

지은이 김미정 · 염윤정 · 장매화 공저
발행인 조규백

발행처 도서출판 구민사
주소 (07293) 서울특별시 영등포구 문래북로 116, 604호(문래동3가 46, 트리플렉스)
전화 (02)701-7421
팩스 (02)3273-9642
홈페이지 www.kuhminsa.co.kr

신고번호 제 2012-000055호(1980년 2월 4일)
ISBN 979-11-5813-818-9 [93150]

정가 26,000원

이 책은 구민사가 저작권자와 계약하여 발행했습니다.
본사의 서면 허락 없이는 어떠한 형태나 수단으로도 이 책의 내용을 이용할 수 없음을 알려드립니다.

미용경락

Cosmetics Meridian

김미정·염윤정·장매화 공저

구민사

머리말

현대 사회는 경제성장과 더불어 점차 풍족한 생활을 영위하게 되었다. 삶이 풍족해짐에 따라 여유가 생기고 차츰 사람들의 관심사가 건강하고 아름다운 외모에 집중되고 있다. 특히 인간의 자연치유력을 최대한 증진시켜 건강한 삶을 유지하려는 관심은 '예방의학'과 '대체의학'으로 이어지고 있으며, 다양한 대체요법 중에서도 최근 남녀노소 할 것 없이 관심을 보이는 분야가 피부미용이다.

인체에 나쁜 영향을 끼치는 각종 스트레스와 항생제, 다양한 약물에 노출되어 있는 현대인들에게 인간 본연의 자연치유력을 증진시키는 방법으로 '동양철학'과 '한방요법'이 증가추세를 보이고 있고 최근 들어 경락의 원리가 피부미용산업의 실질적인 학문으로 연구되며 세계적인 주목을 받기도 한다.

동양의학과 동양철학에 기초를 둔 미용경락 이 작은 책자가 부디 미용인과 미용과 관련된 학문을 공부하는 이들에게 기본적이고 자연적인 생체원리를 조금이라도 더 쉽고 자연스럽게 터득하여 미용과 연계시킴으로써 한 차원 높은 미용시술을 제공할 수 있는 능력을 함양하기 바라는 마음으로 원고를 정리하여 보았다.

미용적인 측면에서는 질병의 치료가 목적이 아닌 예방 목적으로 자연요법이 성행하고 있으며 여러 자연요법이 있지만 그 중 경락요법은 동양의학과 중의학에서 파생되어 나온 수기요법이다. 이 '수기요법'은 손을 이용하여 머리에서 발끝까지 경락선과 신경을 자극하여 기혈순환과 신진대사 작용을 도와 인체가 자연적으로 건강한 상태를 유지하도록 도와준다.

따라서 본 교재는 미용 산업에서 두루 사용되고 있는 미용과 경락에 관한 이론 및 실기를 체계적으로 공부하는 모든 피부미용인들에게 도움이 되기를 바라며 여러 가지 미흡한 점은 추후 지속적으로 수정하여 개선하도록 할 것이다. 책이 출간되기까지 여러 가지로 도움주신 교수님들과 늘 큰 힘이 되어주는 사랑하는 가족에게 감사드립니다. 또한 이 책의 출판을 위해 적극적으로 후원해 주신 도서출판 구민사 조규백 대표님과 직원 여러분께 깊은 감사를 드립니다.

저자 일동

목차

part 1. 동양의학의 기초이론

목차

Chapter 7. 중의식이와 중국의 고전

part 2. 경락미용의 실전

Chapter 1. 경락의 이론

Chapter 2. 경락요법의 수기 종류와 방법

Chapter 3. 각 부위 수기요법

Chapter 4. 부위별 경락요법의 실전

part 1

동양의학의 기초이론

chapter 1

동양의학의 기초이론

우리 몸에는 눈에 보이지 않는 에너지가 흐르고 있다. 이 에너지는 가로로도 흐르고 세로로도 흐른다.

그물 도양으로 얽어서 흐르고 있다. 이것을 경락이라고 부른다. 예를 들어 지하철 안에는 여러 호선과 구간이 있다. 밖에서는 아무것도 보이지 않지만 지하철 안에서는 활발하게 움직이고 있는 것이다. 고속도로도 경부, 영동, 중부선 등 여러가지 길이 있다. 이 큰 도로들을 경락에 비유를 하고 고속도로에서 나가는 분지들을 경혈이라고 비유할 수 있다.

우리 몸에는 12개의 경락이 흐르고 있으며 365개의 혈점들이 있다. 우리의 체온은 36.5℃이다. 이렇듯 경락이라는 것은 우리 몸과 흡사한 부분이 많다.

인간은 하나의 소우주이며 인체의 결합체이다. 병리적 이상이나 생리기능이 근육, 근막, 골막, 힘줄 및 피하조직 등의 조직에 영향을 미쳐 특정 부위의 반응이나 지각에 이상이 나타난다는 사실이다.

12개월 1년 12달(갈비뼈), 4지(팔다리) 4계절과 숲(머릿결), 산봉우리(가슴), 계곡(하복부) 등으로 이루어진 대우주(대자연) 의 축소판이다. 우리의 피부는 몸속의 기운과 피, 즉 기혈과 밀접한 관련이 있어 조그마한 이상이 몸속에 생기면 건강상태가 피부를 통해 나타나게 된다.

예로부터 한방에서는 피부가 마음과 몸의 상태를 보여주는 가장 중요한 곳으로 인식하여 피부를 완전히 이해한 후에 건강에 대한 유효한 처방을 내릴 수 있다.

동양의학은 질병의 발생에 대하여 자연계에서 그 원인을 찾는 것에 그치지 않고 인체 내부에서 질병의 근거를 찾아 병리변화를 설명한다.

한방 미용이란, 동양의학의 한방재료를 적용하여 관리함으로써 기초이론인 음양오행, 장부이론, 경락 등을 함께 익혀 그 체질에 맞게 여러 음식을 섭취하고 인체에 알맞는 건강하고 아름다운 피부와 신체를 유지한다고 볼 수 있다. 한방 미용의 특징은 인체를 전체적인 관점에서 바라봄으로써 피부만의 치료가 아니라 피부질환을 일으키는 원인을 파악하여 총체적인 균형과 피부문제를 전반적으로 개선하고 근본적인 문제에 역점을 둔다.

경락이란, 인체에 생긴 이상을 찾아내어 정신적, 생리적 이상상태를 조정해 줌으로써 병이 낫도록 한다. 체질은「목, 화, 토, 금, 수」의 다섯가지 체질로 이해할 수 있으며 각각의 체질에 맞는 관리 방법을 적용하는 것이다.

인체 내의 장기를 음양오행의 법칙에 따라 오장육부로 나누며 피부와 두발 또한 내부 장기와 연결된다. 내장의 기능에 따라 오장과 육부로 나뉘며 음양오행의 법칙에 따라 인체의 생리현상을 말한다.

음양과 오행은 모두 자연을 인식하고 자연현상을 해석하며 자연규율을 탐구하는 방법론이다. 음양오행설(陰陽五行說)은 한방 기초이론의 가장 중요한 부분을 이루고 있다. 음양론에서는 우주는 물론 모든 사물에 양과 음이 있으며, 음기와 양기의 운동이 사물의 변화로 이루어진다고 보는데 반해, 오행론에서는 모든 사물이「목, 화, 토, 금, 수」다섯가지 성질의 운동변화에 의해 조화가 이루어진다고 보는 개념이다. 고대 동양 철학가들은 만물을 구성하는 가장 기본적인 요소를 기(氣)로 인식하여 천지를 통하는 것은 하나의 기(氣) 라고 명확하게 밝히고 있다. 또한 동양의학 이론으로서 기혈, 장상, 경맥의 이론이 성립된다. 또한 자연계의 모든 현상을 해석하며 의학이 이론적인 계통이 되며 임상치료 경험을 통해 진화를 거듭한다. 한방의 자연관과 인체의 생리(生理)와 병리(病理)에 대한 인식과 함께 진단(診斷), 치료(治療), 약물(藥物) 등에 대한 이해는 모두 음양오행을 기초로 하는 이론에 바탕을 두고 있기 때문이다.

자연발생[변증법(辨證法)]적인 관점에서 수천년 동안에 실제로 많은 객관적 의료 규율을 총괄할 수가 있었던 한방이론은 수천 만의 인체실험을 통해 얻은 통계이므로 과학적이라고 말할 수 있는 것이다. 따라서 한방의 음양오행설의 실용가치와 과학적 연구 가치는 각 나라의 특성에 맞게 계속 연구·발전되고 있다.

미용에 있어 한방이론은 미용인 스스로가 인체의 근본적이고 자연적인 생체, 인체 원리를 터득하여 미용과 연계시킴으로써 보다 높은 미용적 기술을 제공하고 노화를 방지하는 양생의 기본이론과 능력을 배양한다.

1. 음양론(陰陽論)

음양이론은 동양의 고대철학 이론이고 자연계에서 일어나는 사물의 발전과 성질 변화의 법칙에 대한 고인(古人) 인식의 범주에 기초한다. 우주자연의 모든 현상은 변화하지 않는 것이 없는데 그 속성과 생장 및 소멸하는 이치를 인식하고 해석하며 자연규율을 연구하는 우주관이며 방법론이 바로 음양론이다. 한방에 있어서의 음양학설은 고대의 소박한 유물관, 자연발생적인 변증법의 사상방법과 의학의 실천이 결합하여 생긴 학설이다.

즉, 음양의 대립(對立)과 통일(統一), 소장(消長)과 전화(轉化)의 관점에서 인간과 자연계의 관계를 설명하고 의학의 영역에 있어서 일련의 문제를 개괄하는 것이다.

오랜 기간 음과 양을 근거로 상대적으로 연관되는 사물의 속성을 분석하였는데, 일반적으로 동적인 것, 외향적인 것, 상승하는 것, 따뜻한 것, 밝은 것은 양에 속하고 상대적으로 정적인 것, 내재적인 것, 하강하는 것, 차가운 것, 어두운 것은 음에 속한다고 확정하였다.

음양은 표 1-1의 〈음양표〉와 같이 자연계 속성의 구분이다. 불은 양, 물은 음, 남자는 양, 여자는 음으로 분류할 수 있는데, 자연계의 모든 사물과 인체의 모든 기관도 이와 같은 방법으로 나눌 수 있다.

즉, 머리와 상체 윗부분을 양, 다리와 같은 아래 부분을 음, 얼굴과 배와 같은 앞을 양, 등과 뒷머리를 음, 피부를 양, 내부 장기를 음, 내부장기 중 오장을 음, 육부를 양으로 분류한다.

표피와 내부장기 같이 큰 부분은 기(氣)와 혈(血)을 음양으로 나누고 음양은 외형에 의한 구분과 성질에 의한 구분, 위치에 의한 구분 등 다양하게 나누어 볼 수 있다. 그리고 하나의 물질 안에 음양 두 가지 모두를 가지고 있는 경우도 많다. 예를 들어 기름은 불이 붙으면 불(火)이 되어 양이지만 불이 붙지 않으면 물(水)과 같은 음이 된다.

1) 음양표

양陽	하늘	해	밝음	위	우	남	홀	따뜻함
음陰	땅	달	어두움	아래	좌	녀	짝	차가움

2) 음양의 개념표

① 음양은 자연계를 두 가지로 구별한다.

② 음양은 각각 상대적인 개념이다.

③ 음양은 서로 생성-발전-소멸의 과정을 겪는다.

④ 음양은 서로 대립하나 서로의 뿌리가 된다.

⑤ 음양의 속성 안에 다시 음양이 있다.

⑥ 음양은 극한까지 발전하면 상대의 성질로 바뀐다.

3) 동양의학에 있어서 음양의 개념

① 음양으로 인체조직을 분류하고 특성을 나눈다.

양陽	간	심	비	폐	신	심포
음陰	담	소	위	대	방광	삼초

② 인체의 생리기능을 조절하고 평행을 유지시킨다.

③ 인체의 병리현상에 관여한다. 음양의 부조화는 질병을 유발시킨다.

④ 병증을 진단하며 치료의 기준으로 삼는다.

(1) 상호대립(相互對立)

음양학설에 의하면 모든 사물은 서로 대립되는 음·양의 양면으로 한 조(組)를 이룬다.

자연계에 존재하는 모든 사물과 현상 속에는 상호 대립되는 두 개 방면이 존재한다.

예를 들면 하늘은 양, 땅은 음이고, 낮은 양, 밤은 음이며, 인체의 체표(體表)와 기능은 양에 속하고, 내장(內腸)과 물질은 음에 속하며, 기(氣)는 양, 혈(血)은 음에 속하고, 동(動)은 양, 정(靜)은 음이 되는 것 등이다.

하나의 사물은 다시 둘로 나뉘어져서 또다른 음과 양을 가지게 된다. 즉, 낮은 양이지만 오전은 양중의 양(陽中之陽)이되고, 오후는 양중의 음(陽中之陰)이 되는 것이다.

(2) 상호의존(相互依存)

음과 양은 서로 대립을 이루고 있는 동시에 서로 의존하여 그 어느 것도 다른 한 면과 분리되어 단독으로 존재하는 일이 없게 된다. 예를 들어 온열(溫熱)은 양에 속하고 한랭(寒冷)은 음에 속하는데 온열이 없다고 하면 한랭이라는 것도 없을 것이다.

음양론에 의해 상·하를 구분하면 상은 양이고 하는 음이 될 것이다. 이 때 상(上)은 양으로서, 하(下)인 음이 없으면 상이 존재할 수 없으며, 반대로 상(上)인 양이 없으면 상대적으로 하(下)인 음이 존재할 리 없을 것이다.

또한 인체의 기능은 양에 속하고 물질은 음에 속하는데, 물질이 없으면 기능이 있을 수 없고, 기능이 없다면 기혈(氣血), 진액(津液) 등의 물질도 만들어지지 않을 것이다.

(3) 상호소장(相互消長)

음양이 서로 대립하고 의존한다는 것은 이들이 정지, 불변의 상태에 있지 않고 끊임없는 소장(消長)과 운동 및 변화를 거듭하고 있다는 뜻이다. 음양은 항상 운동하고 변화한다.

예를 들면 봄이 가면 여름이 오고, 가을이 가면 겨울이 옴으로써 추위와 더위가 바뀌는데, 이것이 바로 음양소장의 과정이다. 겨울에서는 봄과 여름에 이르기까지 한기는 점차 감소하는 반면 열기는 계속 증가하므로 봄에는 따뜻하고 여름에는 덥다. 또한 여름부터 가을과 겨울에 이르기까지는 열기가 점차 사라지고 한기는 증가하므로 가을에는 서늘하고 겨울에는 춥다. 이러한 사계절의 기후 변화가 음양소장(陰陽消長)의 과정이다.

인체의 각종 기능은 양에 속하는데, 각 기능들의 활동이 이루어지기 위해서는 음에 속하는 영양 물질이 반드시 소모되어야 하고 각종 영양물질의 신진대사는 일정한 에너지를 필요하므로 이러한 음양의 상호소장(相互消長)이 상대적인 평행 상태를 유지하지 못하면 질병이 발생하게 된다.

(4) 상호전화(相互轉化)

전화(轉化)란 전환과 변화이다. 음과 양이 극한까지 발전하면 반대의 방향으로 바뀌어간다. 음양의 전화란 곧 음양이 일정한 조건에서 음은 양으로, 양은 음으로 바뀜을 말한다. 사물은 그의 발전과정에서 일정한 단계에 이르면 각자 그와 상반되는 쪽으로 변하여 음은 양이 되고 양은 음이 되기도 한다. 음양의 소장이 음양의 양적 변화라고 한다면 음양의 상호전화는 질적 변화라 할 수 있다. 즉, 음은 절대 음으로만 존재하는 것이 아니라 이미 양의 속성을 내재한 상태이므로 음이 극한에 이르면 양의 속성이 점차 자라나게 되므로 양으로 전화된다.

2.
오행론(五行論)

오행은 동양의 고대 철학 이론이며 고대인의 물질, 속성 및 상호관계에 대한 인식의 범주에 속한다. 한방에 있어 오행학설(五行學說)은 고대의 소박한 유물관, 자연발생적인 변증법의 사상방법과 의학의 실천이 결합하여 생긴 이론이다.

'오(五)'는 목(木), 화(火), 토(土), 금(金), 수(水)의 다섯 종류의 사물을 가리키고 각각의 기능을 말한다.' 행(行)'은 하늘에서는 오기의 흐름을 보고, 땅에서는 세상의 쓰임이 되는 것이다. 즉, 운동을 말한다. 이 학설은 다섯 가지 속성을 가지고 인체의 장부기관과 관련시켜 다시 오장을 중심으로 '상생(相生)',' 상극(相克)',' 상승(上乘)',' 상모(相侮)'의 이론을 응용시켜 생리현상과 병리변화를 설명하고 그것에 의하여 임상경험을 총괄하는 것이다.

목(木)의 성질은 물에 뜨며 나무가 휘는 것을 보고 바람을 일고 쉽게 불에 탄다. 화(火)는 뜨겁고 정열적이며 적극적이다. 그리고 불은 위로 올라가는 성질이 있고 물에 약하다. 토(土)는 어머니처럼 자애롭고 모든 것을 잘 포용한다. 자연계의 모든 사물이 흙 위에 존재하고 흙의 에너지원에 의존한다.

금(金)은 강하나 불에 녹는다. 나무를 쓰러뜨리는 것은 쇠로 만든 도끼이다. 수(水)는 차고 생명이 탄생하는 기원이다. 즉 나무는 물을 공급받아야 자랄 수 있다.

구분(오행)	목(木)	화(火)	토(土)	금(金)	수(水)
오장	간장	심장	비장	폐	신장
오부	담	소장	위장	대장	방광
오색	청, 녹	적, 홍	황	백	흑
오방	동	남	중앙	서	북
오계	봄	여름	장하	가을	겨울
오미	산(신맛)	고(쓴맛)	감(단맛)	신(매운맛)	함(짠맛)
오기	풍	열	습	조	한
오관	눈	혀	입	코	귀
오정	노(분노)	희(기쁨)	사(생각)	비(슬픔)	공(공포)
오액	눈물	땀	침	콧물	가래
오성	호(호통)	언(말)	가(노래)	곡(외침)	신(신음)
오취	누린내	탄내	단내	비린내	썩은내
오체	근(힘줄)	혈(힘줄)	육(고기)	피(피부)	골(뼈)
오상	인(仁)	예(禮)	신(信)	의(儀)	지(智)
오곡	맥(보리)	서(기장)	석(조)	도(벼)	두 (콩)
오수	3,8	2,7	5,10	4,9	1,6

1) 오행의 특성

(1) 목의 특성

목왈곡직(木日曲直)" 곡(曲)"은 굽어서 휜다는 뜻이고 "직(直)"은 곧다는 뜻이다. 곡직은 수목의 생장 형태에 있어서 나타나는 특징인 '가지는 굽고 줄기는 곧다'는 데에서 나왔다.

후에는 나무가 위를 향하여 곧게 성장하고 사방으로 자라며 나뭇잎의 무성해지는 등의 현상으로부터 한층 더 추상화하여 생장, 발전 등의 특성으로 확대 해석하였다.

목은 따스함이다. 목의 본질은 시작에 있으며 희망적이다. 형태는 긴 사각형이며 피부는 청색을 띄며 머리는 작고 얼굴은 길다. 목이 굵은 편이며, 어깨 폭이 넓고, 등이 곧으며 발목이 두껍고 손발이 작다. 성격은 인자하고 남을 배려하는 마음이 있다. 사색을 좋아하므로 심로(혈의 손상)가 많고 힘이 약하다. 바람을 싫어하며 한숨을 잘 쉰다. 가을과 겨울에 질병에 걸리기 쉽지만, 봄과 여름에는 의외로 건강하다. 미용상의 문제점은 기미, 닭살, 넓은 모공, 튼살, 정맥류, 피부탄력저하, 눈, 목, 고관절, 편도선 등이 있다.

(2) 화의 특성

화왈염상(火日炎上) 이라고 하였다. 염은 불꽃이 위를 향하여 타오르고 매우 뜨거운 것을 뜻한다.

염상은 물질이 탈 때 나타나는 불꽃·열기가 위로 치솟는 현상에서 비롯되었다. 따라서 온열과 성장, 무성, 추진의 추상적 속성으로 한다.

화의 본성은 밝음에 있다. 특성은 분열과 성장이라는 새로운 모습으로 탈바꿈하며 불타오르는 화는 주변을 밝혀주고 훨훨 타오르는 강한 기세는 오행 중에서 가장 강한 것으로 취급된다.

형태는 역삼각형으로 표현된다. 피부는 적색을 띠며, 머리는 작고 얼굴이 앞으로 뾰족하게 튀어나온 편이다. 어깨와 등, 대퇴부와 복부의 발육이 좋은 체형이며, 성격은 예의는 바르나 조급하고, 어깨를 흔들면서 행동하고, 금전을 소중히 여기지 않으므로 신용이 없는 편이다. 관찰력이 뛰어나지만 조급한 성격 때문에 사고를 당하는 경우가 많다. 예술적이며 운동을 좋아하고 정열적이고 희생한다. 너무 지나친 기쁨과 열정은 심장에 무리를 가져올 수가 있다. 봄과 여름에는 건강하지만 가을과 겨울에 지리병에 걸리기 쉽다.

화의 기가 상승하게 되면 신체 상부에 열기를 느끼며 얼굴이 달아오르거나 심장이 두근거리는 느낌을 자주 갖는다.

미용상의 문제점은 팔의 저림과 열성 여드름, 부종, 건조성 예민, 상체 비만, 가슴 비대 등이 있다.

(3) 토의 특성

토원가색(土垣稼穡)이라고 하였다. 원은 왈과 통하고 가는 곡물을 심는 것이고 색은 곡물을 거두는 것을 뜻한다. 가색이란, 실제로 인간이 곡식을 심고 수확하는 농사활동을 말한다. 후에 토는 만물을 받아들이고 화생하니 만물의 어머니이자 귀속되는 것이다.

토는 중용이며 기운은 몸체에 있으며 피부는 황색을 띠며 얼굴은 둥글고 머리가 크다. 어깨에서 등에 걸친 선이 아름답고 배가 크다. 손발은 작고 근육질이 많으며 상하의 균형을 이룬다. 다리에도 적당히 살집이 붙어서 빠르게 달린다. 성격은 신의가 있으며 안정되어 다른 사람에게 친절하고 조용하며, 남의 의견을 잘 받아들인다.

토의 부조화는 트림을 잘 하며, 단 것을 좋아하고 생각하는 것을 좋아한다. 가을과 겨울에는 건강하지만, 봄과 여름에는 체력이 약하다.

미용상의 문제점으로는 입술이 마르거나 입냄새가 심하며, 피부처짐과 습열성 피부염, 허벅지 비대, 무릎 안쪽의 경직 등을 들 수 있다.

(4) 금의 특성

"금왈종혁"이라고 하였다. 종은 순종한다는 뜻이고 혁은 변경, 개혁을 뜻한다. 금의 종혁 속성은 금속물질이 사람의 뜻에 따라 녹고 달구어져서 주조된다는 뜻이다. 금속은 사람의 뜻에 따라 바뀌어 질 수 있다.

금은 강하고 견고함이다. 피부는 백색을 띠며 얼굴은 각이 졌고, 승모근 주변이 비대하고 어깨가 구부정하고 S자형 형태를 띠기 쉽다.

성격은 청결한 것을 좋아하고, 명예를 중히 여기고 위험이 있으며 결단성이 있다. 조용하지만 일할 때는 매우 적극적인 경향을 보인다. 직업은 공무원이 적당하다. 비관적이며 잘 슬퍼하고 우울해한다.

특히 가을철에 외로움을 많이 느낀다. 재치기를 잘하고 매운 것, 비린 것을 좋아하며 건조한 것을 싫어한다. 가을과 겨울에는 건강하지만 봄과 여름에는 체력이 약해진다.

미용상의 문제점으로는 볼이 예민하고, 실핏줄이 보이며, 턱의 여드름과 상완의 비대, 엉덩이 상부가 처짐을 들 수 있다.

(5) 수의 특성

"수왈윤하"라고 하였다. 윤은 적셔 윤택하게 하는 것이다. 윤하란, 물이 아래로 흘러가 만물을 윤택하게 하는 것이다. 물은 위로 흐르지 않고, 불은 아래로 타지 않는다. 때문에 오행은 「목, 화, 토, 금, 수」 다섯 가지 물질 자체의 의미에서 벗어나 이들이 가지고 있는 작용과 속성으로 각종 사물의 오행 속성을 추단 연역하였음을 알 수 있다.

수는 생명창조의 기본이 된다. 눈 속의 봄을 기다리듯 준비하는 생명이 있다. 형태는 물방울 모양 즉, 삼각형의 형태를 이루고 있다.

피부는 흑색을 띠고, 머리는 크고, 얼굴 윤곽이 뚜렷하고, 턱이 각이졌고, 어깨가 작고, 배가 크고, 키가 큰 편이며 쉬지 않고 손발이 움직인다.

수형인은 발목이 굵어지기 쉽고, 턱 밑의 주름과 눈 밑이 검어지기 쉽다. 부종에 의한 비만이 많다.

성격은 슬기롭고 총명하며 계교가 많으므로 사람을 잘 속이는 경향이 있다. 가을과 겨울에는 건강하지만 봄과 여름에 체력이 약하다.

미용상의 문제점으로는 귀앓이, 이빨, 체모, 탈모, 피부노화, 피지부족, 눈주위의 주름과 색소침착, 부종에 의한 비만과 신체탄력 저하를 들 수 있다.

이와 같이 오행으로 분류한 목형인은 간장, 화형인은 심장, 토형인은 비장, 금형인은 폐장, 수형인은 신장에 해당한다. 예를 들어 목형인은 간장이 튼튼한 사람이라고 생각할 수 있다.

2) 오행의 상호관계

(1) 상생(相生)

생(生)에는 자생(資生)/조장(助長)하고 촉진한다는 뜻이 들어있다. 상생의 순서는 목생화(木生火), 화생토(火生土), 토생금(土生金), 금생수(金生水), 수생목(水生木)으로 되어 있다.

동양의학에서의 사례는 수생목(水生木)은 물에서 나무가 자라니, 수(水)는 신장이고, 목(木)은 간이며, 간의 어미(母)로 신장과 간은 모자(母子)와 같다.

우주 만물은 목(木), 화(火), 토(土), 금(金), 수(水)의 다섯 가지 기운을 기본으로 서로 생성되고, 성장하고, 소멸해 가면서 변화를 갖게 된다.

오행은 서로 상생과 상극관계로 되어 있으며, 자연계뿐만 아니라 인체의 장기, 병리, 생리, 진단, 치료 등에 두루 작용된다.

오행의 상생론은 모자관계에 비유한다. 목은 화를 생하고, 화는 토를 살리며, 토는 금을 금은 수를 생한다.

나무가 불을 생함은 나를 버리고 불을 살림이고(목생화), 내 몸을 불태워서 재로 남음으로써 땅을 비옥하게 하며(화생토), 땅은 은근함으로 오랜 세월 묻어두었던 금을 토해내고(토생금), 바위가 많은 곳에서 흐르는 물은 맑고 깨끗하며(금생수), 물은 땅으로 스며들어 나무의 뿌리에 수분을 공급한다(수생목).

(2) 상극(相克)

극(克)에는 억제 / 제약한다는 뜻이 들어있다. 상극의 순서는 목극토(木克土), 토극수(土克水), 화극금(火克金), 금극목(金克木)으로 되어 있다. 동양의학에서 화극금(火克金)은 금(金)은 폐이며 화(火)는 심장인데, 심장의 화기(火氣)가 실한 것은 철(鐵)에 해당하는 폐장을 녹일 수 있음으로 폐에 큰 해를 준다.

오행의 상극론은 부부의 관계로 비유된다. 이는 한쪽이 다른 한쪽을 지배하는 형상이며 위계질서를 나타내고 직장에서의 상하관계로도 볼 수 있다.

목으로 표현되는 나무는 땅에 뿌리를 내려서 땅의 양분을 흡수하고(목극토), 토로 표현되는 흙은 논의 물꼬를 가두며 물의 흐름을 저해하고(토극수), 수인물은 불을 끄며(수극화), 화인불은 금을 녹이고(화극금), 금은 도구로써 나무를 벤다(금극목).

(3) 상승(相乘)

승(乘)이란, 허한 틈을 타고 침입한다는 뜻으로써 지나친 억제를 가리킨다. 상승이란, 제약이 과도하여 정상적인 제약의 한계를 벗어나는 것을 말한다. 다시 말하면"상극"은 정상적인 생리활동이고, 상극의 정도가 지나친 것은 병리현상인데 이것이 곧"상승"이다.

(4) 상모(相侮)

모(侮)에는 자신의 강함을 믿고 약한 것을 깔보며 모욕한다는 뜻이 있다. 상생과 상극은 정상적인 상황에서 매우 밀접이 관련되어 있다. 즉, 생(生)함이 없으면 성장이 되지 않고, 극(克)함이 없으면 정상적인 변화와 발전이 이루어지지 않는다. 또는 생(生)하는 가운데 극(克)함이 있고, 극(克)하는 가운데 생(生)함이 있어야 상호간의 협조가 유지되어 끊임없는 운행(運行)이 이루어지는 것이다. 상승과 상모는 사물이 발전 / 변화하는 과정에서 나타나는 비정상적인 현상을 말한다. 또한 사물간의 정상적인 협조 / 조화관계를 벗어난 하나의 표현이다.

3. 장상(臟象)학의 기본개념

1) 장부(臟腑)의 정의

장(臟)이란, 장(藏)을 뜻하며 평정(平定)하게 장축(藏蓄)한다는 의미이다. 좀 더 쉽게 풀이하자면 동양의학에서 인체의 생리, 병리변화에 대한 관찰을 통해 각 장부·조직기관의 생리기능과 병리변화 및 그 상호관계를 연구하는 분야이다.

즉, 정(精), 신(神), 기(氣), 혈(血), 혼(魂), 백(魄) 등을 장축하여 정기(精氣)를 유통시키는 것을 말하는 것이다. 인체 내장기관의 병리변화에 대하여 인체내장기관의 형태구조와 외부로 나타나는 생리, 병리적 현상을 말한다.

2) 장부(臟腑)와 음양(陰陽)

장상학은 장부를 기초로 한다. 장부는 내장의 총칭이다. 장부의 생기기능 특징에 따라 장, 부기항지부로 나눌 수 있다. 장은 "저장하다" 뜻이며, 정기를 저장한다는 뜻이다.

부(腑)는"모으다"는 뜻이며, 창고라는 의미가 있다.

기항지부(奇姮之賦)의 기(奇)는 특이함을 가리키고 항(姮)은 일정함이다. 기항지부는 부(賦)의 형태와 생리기능이 육부와는 같지 않음을 말하며, 뇌(腦), 골(骨), 수(髓), 맥(脈), 담(膽), 여자포(女子胞)를 포괄한다.

인체의 장부(贓腑)를 음양(陰陽)으로 구분하면 장(贓)은 음(陰)이고, 부(腑)는 양(陽)이니, 즉 간(肝), 심(心), 비(脾), 폐(肺), 신(腎), 오장(五贓)은양(陰)에 속하고, 위(胃), 대장(大腸), 소장(小腸), 방광(膀胱), 담(膽), 삼초(三焦) 등육부(六腑)는 음(陽)에 속하는 것이다.

3) 장부(臟腑)의 상합(相合)

폐(肺)의 합(合)인 대장(大腸)은 전도지부(傳導之腑), 심(心)의 합(合)인 소장(小腸)은 수성지부(受盛之腑), 간(肝)의 합(合)인 담(膽)은 중정지부(中正之腑), 비(脾)의 합(合)인 위(胃)는 수곡지부(水穀之腑), 신(腎)의 합(合)인 방광(膀胱)은 진액지부(津液之腑), 삼초(三焦)는 결독지관(決瀆之官)으로 수도(水道)가 출언(出焉)하며 방광(膀胱)에 소속(所屬)하여 고립된 부(腑)이다.

이와 같이 장·부(臟·腑)는 서로 생리적(生理的), 병리적(病理的)으로 도움을 주고 영향을 받는다.

예를 들어 간(肝)에서 담즙(膽汁)을 만들어 담낭(膽囊)에 저장하고 위(胃)의 소화 작용은 비(脾)의 도움을 받는다.

4) 오장(五臟)

오장(五臟)은 간(肝), 심(心), 비(脾), 폐(肺), 신(腎)으로 5가지의 내부조직에 충실한 장기를 말한다. 오장 생리기능의 특징은 정기를 화생하고 저장하는 것이므로 오장이란, 정기를 저장하되 배출하지 않는 까닭에 충만한 상태를 유지하지만 「육부처럼 음식물이 그 속에 가득차는 것은 아니다.」라고 하였다. 오장의 기능은 육부에서 생성된 정(精)과 기(氣), 혈(血), 진액(津液)을 저장하고 활성화하는 기능을 가지고 있으며, 정신기능의 근원인 동시에 감정 발현의 근본이 되는 장기이다.

(1) 간(肝)

간(肝)의 생리로는 간장혈(肝臟血), 간주근(肝主筋), 개규어목(開竅於目), 기화재조(其華在爪) 등으로 요약할 수 있다. 간(肝)은 횡격막 아래, 복강의 우측 상부, 우협의 내부에 위치한다. 간(肝) 자체는 음(陰)이지만 그 작용은 양(陰)으로서 동적인 것과 상승을 주관한다. 주된 생리기능은 소설을 주관하고 혈(血)을 저장하는 것이다. 간은 혼(魂)을 저장하며 정지에 있어서는 노(怒)이며, 액에 있어서는 눈물이고, 형체에 있어서는 근과 상합하며 그 정화는 손톱과 발톱에 나타난다.

간은 피를 깨끗하게 해주고 몸에 나쁜 물질이나 병균을 없애주는 해독능력을 하는 재생능력이 강한 기관이다.

① 간장혈(肝臟血), 간주근(肝主筋)

간은 혈액을 저장하고 조절하는 역할을 한다. 낮에는 간이 혈액을 전신에 보내어 몸을 움직이는 데 쓰이도록 하고, 밤에는 혈이 다시 간(肝)에 귀

속하여 쉰다. 간주근(肝主筋)은 인체의 모든 근육은 간(肝)으로부터 피를 공급받아야 움직일 수가 있다는 뜻이다. 근육에 피로가 쌓이면 간(肝)이 피곤한 이치이다.

② 간개규어목(肝開竅於目), 기화재조(其華在爪)

오장육부(五臟六腑)의 모든 기운이 눈(目)에 연결되어 있으나 특히, 간경맥(肝經脈)은 눈(目)과 이어져 있고 간(肝)의 혈(血)이 눈(目)에 공급되어 외부 사물을 볼 수 있다. 즉, 간(肝)의 질환이 있으면 눈(目)에 증상이 나타난다. 그리고 근(筋)의 나머지가 손톱이 된다. 즉, 손톱의 영양상태로 간(肝)의 상태를 살펴볼 수 있다. 눈이 피로하고 손톱의 영양상태가 불량하면 간(肝)의 영양상태도 안 좋은 것으로 본다.

(2) 심(心)

심은 흉강에 위치하고 횡격막의 상부, 양 폐 사이에 있는데 왼쪽에 치우쳐 있다. 모양은 마치 아래로 늘어진 연꽃 봉우리 같고 바깥에는 심포가 보호하고 있다. 심장은 무게가 12냥이고 7개의 구멍과 3개의 털이 있으며 왕성하면 3흡의 정즙을 만들어 낸다.

경락에서는 '모든 혈액은 심에 속한다'라고 하였다. 혈액은 심장과 연결되고 전신에 얽혀 있으며 혈액이 운행하는 통로이며 혈액은 혈관을 통해 끊임없이 전신을 모두 돌아서 혈액순환을 원활하게 하여준다.

심은 인체의 혈맥을 주관한다. 심장의 생리는 심주혈맥(心主血脈), 기화재면(其華在面), 심주신지(心主神志), 심주한액(心主汗液), 심개규어설(心開竅於舌) 등으로 기술된다.

① 심주혈맥(心主血脈), 기화재면(其華在面)

전신의 혈맥이 모두 심(心)에 귀속됨을 가리키는 것으로 심(心)은 혈액을 운동시키는 원동력이 되고 맥(脈)은 그 통로가 되며 혈(血)은 전신에 영양분을 공급한다. 전신의 혈액공급이 원활하게 되면 얼굴의 색이 윤택하게 된다. 그러므로 심장에 의한 전신의 영양공급 상태를 얼굴에서 쉽게 찾을 수 있다.

또한 심(心)은 신지(神志)를 주관한다. 신지(神志)란 정신을 지배하는 의미로 즐겁고 편안하고, 화나고, 기쁜 마음이 얼굴에 표현되는데 이는 모두 심장의 건강상태에 따라 변화를 일으킨다.

② **심주한액**(心主汗液), **심개규어설**(心開竅於舌)

한(汗)은 진액이 화생(化生)하여 이루어진 것으로 진액 중에서 피부로 나온 것을 한(汗)이라 하는데 진액 또한 혈액의 중요한 구성 성분이므로 혈액을 주관하는 것은 심(心)이고, 한(汗) 역시 진액이 화생(化生)한 것이므로 심주한액(心主汗液)이라 한다.

경혈학적으로 심(心)의 별락(別絡)이 혀(舌)에 분포되어 있어 심주설(心主舌)이라고 하며 심주설(心主舌)은 병리적으로 심장병(心臟病), 즉 중풍에 혀가 마비되는 경우가 많다. 그리고 설(舌)의 색깔로서 혈(血)의 맑고 탁한 정도를 진단할 수 있다.

(3) 비(脾)

비(脾)는 소화기계(消化器系)전체를 의미하며, 중초에 위치하며 왼쪽 횡격막의 아래에 있다. 비와 위는 막으로 연결되어 있다.

비(脾)는 운화(運化)를 주(主)하고, 통혈(統血)하고, 사지기육(四肢肌肉)을 주(主)하고, 입으로 개규(開竅)한다.

췌장은 위 바로 뒤쪽을 덮고 있는 회색기 또는 황색 내장으로 소화액을 분비한다. 췌액은 위에서 소화된 음식물을 다시 소화시키는 작용을 한다. 한편 이 내장에서 만들어지는 인슐린은 당분의 소화를 촉진시켜 금육과 조직에 적당한 분량을 공급하고 있다. 또한 비장은 하루 동안에 필요한 피의 원료와 각종 양분을 뽑아 각 기관으로 보내는 역할을 한다.

이 비장에서 만들어지는 진액들이 없으면 아무리 많은 음식을 먹더라도 곧 영양실조에 걸리고 만다.

① 비주운화(脾主運化), **비주통혈**(脾主統血)

운화(運化)란, 전화(轉化)시켜 운송(運送)한다는 뜻이다. 즉, 먹은 음식물을 몸에 필요한 물질로 바꾸어 필요한 곳에 전해준다는 뜻이다. 비주통혈(脾主統血)은 기(氣)의 고섭작용(固攝作用) 기능은 대부분 비(脾)의 기(氣)가 그 근원이 되는 것이다.

② 비주사지기육(脾主四肢肌肉), **비개규어구**(脾開竅於九)

비(脾)에서 만들어낸 영양분이 사지(四肢)나 모든 기육(肌肉)에 공급되어야 손과 발을 움직일 수가 있다. 위장으로 들어가는 음식물은 입을 통하여 들어가며 음식물을 받아들이기 곤란할 때는 입이 맛을 잃는다.

(4) 폐(肺)

폐는 흉강에 위치하는 데 좌엽은 2엽으로 나뉘고 우엽에는 3엽으로 나뉘며, 각각의 엽은 또 몇 단계로 나뉜다. 폐는 장부 중에서 가장 높은 곳에 위치하므로 "폐는 장의 우두머리이며 심의 덮개"라고 하였다.

폐의 생리(生理)는 현대의학에서 말하는 것과는 다르다. 폐(肺)는 호흡기능뿐만 아니라 수액(水液)의 조절, 기혈(氣血)의 운행, 피부표면의 방어기능 등이 있다.

우리 몸의 활동이 왕성한 미시말(오후3시)까지 동시에 피부를 지키는 것은 우리가 아침에 잠에서 깨어났을 때부터 피부 밖으로 나와 피부를 보호하다가 오후 3시경이 되면 피부 밑으로 들어가 버리는 것이다. 폐의 기능이 비정상적이면 다른 장부의 기도 실조해진다.

① **폐주호흡**(肺主呼吸), **폐주일신지기**(肺主一身之氣)

폐(肺)는 흡청호탁(吸淸呼濁)하여 인체내부의 기(氣)와 외기(外氣)를 교환해 주는 역할을 담당한다. 즉 이산화탄소를 몸에서 내보내주고 산소를 공급해주는 기능을 말한다. 폐(肺)가 주관하는 기(氣)는 두 가지로 분류할 수 있다. 첫째로 외부(外部)로부터 흡입된 천기(天氣)이고 둘째는 비위(脾胃)로부터 소화 흡수된 수곡(水穀)의 기(氣)를 말한다.

② **통조수도**(通調水道), **폐주피모**(肺主皮毛), **폐개규어비**(肺開竅於鼻)

폐(肺)가 수도(水道)를 통조(通調)한다는 것은 수액(水液) 대사를 촉진시킨다는 뜻으로 수도(水道)를 통하여 수액(水液)이 운행, 배설되는 통로(通路)라는 의미이며, 통조(通調)란 소통되는 것을 조절한다는 뜻이다.

폐(肺)가 수액대사를 조절한다는 이론이 쉽게 이해가 되지 않는 말이나 수액의 흐름, 즉 혈액의 흐름과 방광의 소변의 흐름은 오직 기(氣)의 작용에 의해 이루어지므로 기(氣)를 주관하는 「폐(肺)가 수도(水道)를 통조(通調)한다」라고 할 수 있다.

피모(皮毛)는 인체의 표부(表部), 즉, 피부(皮膚)와 한선(汗腺), 털(毛) 등을 포괄하는 것으로 외부 사기(邪氣)의 침입을 막아내는 가리개와 같다. 인체 표부에는 위기(衛氣)가 사기(邪氣)와 대응하고 사기(邪氣)가 성(盛)하여 피부(皮膚)를 거쳐 인체 내부에 들어오면 폐(肺)에 감기와 같은 증상이 나타난다.

비(鼻)와 후(喉)는 호흡의 통로이므로 폐(肺)의 이상유무는 鼻에서 찾아볼 수 있다. 즉, 코가 답답하고 콧물이 흐르면 이미 폐(肺)에 사기(邪氣)가 침입한 증후(證候)라 볼 수 있다.

(5) 신(腎)

신(腎)은 요척 좌우에 각각 하나씩 붙어 있으므로 "요(腰)는 신(腎)의 부(府)"라고 하였다.

신(腎)은 두 개가 있으며 무게는 2근 1냥이다. 즉, 신(腎)은 2개이며 정(精)이 머무는 곳이다. 척골의 제14부 하부에서 양 옆으로 각각 1촌 5푼 되는 부위에 있다. 형태는 마치 강낭콩과 비슷한데 서로 마주보고 구부러져 있으며 척추에 붙어있다. 겉은 황색의 지질로 쌓여있고 내부는 백색, 외부는 흑색이며, 각각 두 가지를 갖고 있다. 장상학에서는 신(腎)은"선천의 정"을 저장하는 장부 음양 기본이고 생명의 근원이므로"선천의 본"이라 한다.

신(腎)의 생리(生理)로는 정(精)을 장(藏)하고, 수액(水液)과 진액(津液)을 주(主)하며, 귀(耳)로 개규(開竅)하고 그 화(華)가 발(髮)에 있다. 신(腎)은 정(情)을 저장하며 생장, 발육, 생식을 주관하고 전신의 수액대사를 주관하는 기능이 있다.

신장은 피를 걸러내고 정화하여 노폐물을 제거한다. 신은 인체의 중요한 장기로서 '선천의 정'을 저장하는 장부로서 음양의 근본이고 생명의 근원이므로 '선천의 본'이라 한다. 신은 생장, 발육, 생식을 주관하고 전신의 수액대사를 주관하는 기능이 있다.

① 신장정(腎藏精), 신주수(腎主水)

정(精)이라 함은 오장육부의 수곡(水穀)의 정기(精氣)와 신장 자체의 정(精)을 가리킨다. 신장 자체의 정(精)은 선천지정(先天之精)이고 수곡의 정(精)은 후천지정(後天之精)을 말하는데 先天의 정(精)은 부모로부터 물려받은 것이고, 後天의 정(精)은 음식물을 섭취하여 생긴 것이다.

신주수(腎主水)란, 인체의 수액대사를 주관하는 것으로 첫째로 음식물 중에 들어있는 진액을 전신에 보내는 것이고 다른 하나는 각 조직에서 이용되어진 후 수분을 체외로 배출하는 것으로 방광에 모아진 수분을 신(腎)의 氣化작용에 의해 배출하는 것이다.

② 신개규어이(腎開竅於耳), 기화재발(其華在髮)

귀(耳)의 외형적 모양이 신(腎)과 비슷하게 생겼고, 신(腎)의 기능이 약해짐으로 인해 점차 정력(精力)이 저하된다. 두발(頭髮)의 영고(榮枯)는 신정(腎

精)의 성쇠(盛衰)와 밀접한 관계를 갖고 있다.

발위혈지여(髮爲血之餘)는 "두발의 혈액은 나머지이다"라는 뜻인데 신정(腎精)이 풍부하면 두발(頭髮)의 색과 윤택의 정도가 좋아지며, 부족하거나 나이가 들어 늙어감에 따라 신정(腎精)이 부족해지면 흰머리가 나는 것도 같은 이유이다.

(6) 심포(心包)

심포(心包)는 심장의 겉면을 둘러싸고 있는 막과 거기에 분포되어 있는 낙맥(洛脈)을 말한다. 심장을 둘러싸서 심장을 보호하고 그 기능을 돕는 작용을 한다. 또한 심포(心包)는 심과 함께 정신사유 활동에 관계한다. 즉 열성질병 때 사열(邪熱)이 심포(心包)에 침입하면 신명을 주관하는 심장의 기능에 장애가 발생하여 의식이 혼미해지고 헛소리를 하며 잠을 자지 못하는 증상이 나타난다.

심포락은 삼초(三焦)와 표리관계에 있으며 수궐음심포경과 수소양삼초경과 서로 연계되어 있다.

심포는 심장을 보호해주고 심장이 한 역할을 대행하기도 하는 기관이다. 즉, 심장을 에워싸고 있는 것을 심포라 하고 심포가 독립된 내장기관으로 꼽히지 않는 이유는 고유한 형태나 고유한 기능을 가지고 있지 않으며, 다만 몸의 증추기관인 심장을 보호하는 기관으로서 심장의 명령을 실행하는 기관으로 존재하기 때문이다. 심장은 우리 몸에서 가장 중요한 기관으로 왕에 해당하는 것이며 심포경은 '제왕의 명령을 받아 정치를 펴가는 제상에 비길 수 있다.'라고 볼 수 있다.

5) 육부(六腑)

육부(六腑)는 담(膽), 소장(小腸), 위(胃), 대장(大腸), 방광(膀胱), 삼초(三焦) 등 6가지의 내부가 비어있는 장기를 말한다. 부(府)는 '보관하다'의 뜻으로 물건이나 문서를 보관한다. 육부의 기능은 외부로부터 받아들인 음식물을 소화, 흡수, 전도시켜 정(精)과 기(氣)를 만들어 전신에 공급하고 소화되고 난 찌꺼기와 체내에 생성된 노폐물을 대변과 소변으로 배출시키는 역할을 담당한다. 그러므로 음식물을 전화하되 저장하지 않으므로 차되 가득하지 않다.

오장육부는 불가분의 관계로 간 - 담, 심 - 소장, 비 - 위, 폐 - 대장, 신 - 방광이 각각 한 쌍을 이루며 표리(表裏)의 관계를 가지고 있다. 여기서는 이들 오장과 육부의 표리관계를 중심으로 설명하고자 한다.

(1) 담(膽)

담(膽)은 육부의 하나로서 기항지부에 속한다. 담(膽)은 주머니 모양으로 간의 단엽 사이에 있으며 간과 이어져 있다. 담(膽)의 주요한 기능은 담즙의 저장과 배설을 통해 음식물의 소화를 돕는 데 있다.

담(膽)은 다른 육부와 달리 음식물이나 대소변과 같은 탁한 물질을 저장하거나 수송하는 기능을 담당하지 않고 담즙(膽汁)을 통해 소화를 돕는 작용을 하며 육부 중 가장 맑은 기관이다. 그대신 담(膽)은 다른 육부와 달리 정신적인 요소에 관여하므로 "담(膽)은 중정지관(中正之官)이니 결단(決斷)이 나타난다."고 말한다. 용기가 없는 사람을 "담(膽)이 작다"고 표현하는 이유가 여기에 있다.

담즙은 간에서 생성되어 담에 저장되고 성질은 차고 맛이 쓰며 황록색을 띤다. 음식물이 소화하는 과정에서 소장으로 흘러들어가 비위의 운화를 돕는다. 담즙은 간장에서 나온 맑고 깨끗한 액이다. 간의 소설기능이 정상이면 담즙이 정상적으로 분비되고, 비위의 소화흡수기능도 왕성해진다.

(2) 소장(小腸)

소장(小腸)은 위로는 유문과 통해 위와 접해 있으며, 아래로는 난문을 통해 대장과 접해 있다. 고대 의가들은 소장(小腸)의 크기, 형태, 위치, 중량 등에 대하여 일찍이 비교적 명확하게 기록하였다. "소장(小腸)의 후면은 척부에 부착되어 있고 왼쪽 방향으로 감겨 쌓여져 있으며, 아래로는 회장과 접하고 바깥으로는 배꼽의 상부에 부착되어 있다. 열여섯 번의 굴곡을 이루며, 둘레는 2.5촌이고 직경은 8 1/3 푼이며 길이는 3장 2척으로 2말 4되의 음식물과 6되 3 2/3 홉 정도의 물을 받아들일 수 있다.

심과 소장은 오행(五行) 중 화(火)의 기운에 해당하며, 인체의 장기 중 가장 중요한 기능을 담당한다. 심은 인체의 모든 혈을 주관하여 전신으로 혈액을 보내 자양하는 역할을 담당하고 있다. 또한 심은 오장육부의 대주(大主)가 되어 각 장부가 서로 협조하고 전체적인 조화를 발휘하도록 지휘하는 위치에 있기도 하다. 이것은 오장육부의 기능 중에서도 가장 중요한 역할로써, 화(火)를 전체적으로 골고루 퍼뜨려 만물을 왕성하게 해주는 군주의 기상과도 같은 것이다.

심은 혀에 가장 많이 반영되며 영향을 주는데 이것은 혀가 혈맥이 가장 많이 분포되어 있고 미각을 가지고 있는 예민한 곳이며, 활동적인 곳으로 심에 배속되어 심의 생리나 병리변화에 따라 나타나는 것이다.

소장은 위와 대장 사이에 있는 길이 4~5미터의 소화기관이며 십이지장, 공장, 회장의 세 부분으로 나누어지며 이 내장은 소화작용과 흡수작용울 한다. 소장은 우리 몸속에서 정교한 식품가공공장이 역할을 하고 있다. 위장에서 섭취한 음식물이 비장에서 일단 혈액의 원료와 양분들을 공급되면 다시 소장으로 내려오고 소장은 마지막으로 우리 몸에 필요한 모든 양분을 흡수하여 각 기관에 공급하게 된다. 즉, 음식물이 소화되어 나온 정미물질을 흡수하여 인체에 공급하고 찌꺼기는 대장으로 운반한다.

소장(小腸)은 '수성지관(受盛之官)이니 화물출언(化物出焉)'이라 하여 위(胃)에서 내려온 부숙(소화)된 음식물을 받아 청탁(淸濁)을 분별하는 역할을 하는 것을 의미한다. 청(淸)한 것은 음식물의 정기이므로 비의 운화작용을 통해 전신에 공급하고, 탁(濁)한 것은 찌꺼기이므로 대·소변을 통해 외부로 배출한다.

이와 같은 소장의 작용은 심(心)이 군주의 위치에서 하는 활동과 흡사하므로 소장은 심에 배속되며 심과 표리의 관계를 이루는 것이다.

(3) 위(胃)

위(胃)는 횡격막 아래에 위치하며 식도와 연결되어 있고 아래로는 소장과 통한다. 위의 상구를 "분문"이라 하고 하구를 "유문"이라 한다. 위는 상·중·하부로 나뉘어지는데, 위의 상부를 상완포함, 중앙부를 중완 하부를 하완 이라 한다. 내경에서는 소장, 대장의 기능을 위에 포함 시키기도 하며 대장과 소장은 모두 위에 속한다고 하였다.

비위는 음식물을 소화, 흡수하여 온몸에 수곡(水穀)의 정기를 골고루 나누어주는 역할을 하여 사람이 생명을 유지하며 살아갈 수 있게 하는 가장 중요한 장기 중의 하나이다. 이러한 역할로 인해 비위를 '후천지본(後天之本)'이라고도 한다. 또한 비위는 몸의 중앙에 위치하여 그 작용이 미치지 않는 장부가 없으므로 오행 중 토(土)의 역할과 흡사하다. 소화작용에서도 위(胃)는 금(金)과 수(水)의 역할인 하강작용을 담당하며 비가 목(木)과 화(火)의 역할인 상승작용을 하는 것도 역시 토의 중간자적 입장에서 이해할 수 있다.

또한 비위는 인체의 혈액생성과 순환에 관여하며 인체에서 가장 활동적인 팔다리에 영향을 미치고 있으며, 비는 구순과 기육과 밀접한 관계가 있어 비의 생리, 병리의 영향이 구순과 기육에 나타난다.

(4) 대장(大腸)

대장(大腸)의 상단은 소장과 이어져 있는데 이곳을 난문이라 하고 그 하단은 광장이라 하는데, 대장(大腸) 말단인 외구가 곧 항문이다.

회장과 대장(大腸)은 해부학적으로 맹장(충수돌기)과 결장이고, 광장은 곧 직장이다. 대장(大腸)의 주요 기능은 진액과 찌꺼기의 전도를 주관하는 것이다. 대장(大腸)은 폐경맥과 연결되어 있는데, 이는 대장(大腸)의 전도작용이 폐기의 숙강기능과 관계가 있음을 가리킨다. 그러므로 폐와 대장(大腸)을 표리 관계라고 하는 것이다.

폐와 대장(大腸)은 금(金)의 기운에 해당되며, 폐는 호흡을 통해 인체의 기(氣)를 주관하고, 인체의 장기 중 가장 위에 있어 경청한 기상을 가지므로 탁한 기운은 아래로 끌어내리는 작용을 하고 있다.

이것은 전형적인 가을의 기상으로 금(金)의 수렴(收斂)작용을 의미한다. 또한 인체 수분대사에서도 비, 신과 함께 관여하고 있다. 폐는 피부에 가장 많은 영향을 미치며, 호흡의 일차 관문인 코와 인후도 폐와 연결되어 밀접한 영향을 받고 있다.

대장은 소장에서 내려온 찌꺼기를 받아들이고 다시 그 속의 수분을 대부분 흡수하므로 진액을 주관한다고한다. 또한 찌꺼기는 대장에서 대변이 되어 항문을 통해 체외로 배설된다. 이는 음식물의 소화, 흡수, 정미의 흡수 및 찌꺼기를 배설하는 과정이다.

따라서 매일 아침 묘시에는 대변을 봐서 전날 먹은 음식찌꺼기들을 방출해야 한다. 폐기능이 활발할수록 대장을 왕성하게 움직이도록 영향을 주는 적이다.

대장(大腸)은 '전도지관(傳導之官)이니 변화출언(變化出焉)'이라 하여 소장에서 내려온 찌꺼기를 대변을 통해 체외로 배출하는 것을 의미하며, 폐는 무형의 공기로써 외부와 접촉을 하고 대장(大腸)은 유형의 대변으로 외부와 직접 접촉되는 관계로 폐와 대장(大腸)을 같은 기능계로 보는 것이다. 따라서 대장(大腸)의 병변이 폐에 영향을 주며, 폐의 병변 또한 대장(大腸)에 영향을 미치게 된다.

(5) 방광(膀胱)

방광(膀胱)은 하복부의 중앙에 위치하여 소변을 전장하고 배설하는 기관이다.

방광의 중량과 크기에 대하여 '방광의 무게는 9냥 2수, 세로 넓이는 9촌, 소변이 가득 찼을 때의 양은 9되 9홉이다.'라고 하였다. 방광의 생리기능은 소변의 저장과 배설이며, 경맥으로 신과 연결되어 표리를 이룬다.

신과 방광은 수(水)의 기상에 해당하며, 오행(五行)의수(水)가 저장하는 성질이 있는 것처럼 신(腎)은 정(精)을 저장하고 있으며, 인체 수분대사에 가장 중요한 역할을 담당하고 있다. 또한 인체의 가장 단단한 조직인 뼈를 주관하며, 신의 병리변화는 상부에서는 귀에서 나타나고, 하부에서는 이음(전음과 후음)에서 밀접하게 나타난다. 즉 신은 수장(水臟)으로 인체 수분대사에 깊게 관여하므로 이음과 대소변에 영향을 주는 것이다.

방광은 신장을 통해 폐수로 처리된 오줌을 담아두는 곳이며 우리 몸이 찌꺼기를 배설시키는 일종의 폐수처리기관이라 할 수 있다. 위에서 소장으로 내려간 음식물이 충분히 소화되고 흡수되어 소용없이 되어버린 물, 즉 수액이 소장에서 빠져나와 고여있는 곳을 말한다.

이 방광기능이 왕성한 이 시간이면 위장과 폐도 방광을 도와서 내분의 모든 잔재를 깨끗이 처리하게 된다.

방광은 '주도지관(州都之官)이니 진액장언(津液藏焉)하고 기화즉능출(氣化則能出)'이라 하여 소변은 소장에서 청탁이 구별되어 삼초의 작용으로 방광에 보내지며, 진액을 저장하므로 인체의 진액과 소변 그리고 땀에 영향을 미친다.

4. 기 · 혈 · 진액

기(氣)·혈(血)·진액(津液)은 인체를 구성하고 생명을 유지하는 기본 물질이다. 기혈·진액은 장부·경락 등 인체 조직 기관의 생리활동을 통해 얻어지는 산물이자 이들 조직기관이 생리활동을 진행하는 데 필요한 물질적 기초이다.

1) 기(氣)

고대인들은 자연현상을 인식함에 있어서 이 세계(世界)를 형성하는 가장 기본적인 물질(物質)을 氣라고 하고 氣의 운동과 변화에 의하여 모든 사물이 생겨나는 것으로 보았다. 이와 마찬가지로 한방에서도 인체를 구성하는 기본 물질을 氣라고 보았으며 氣와 운동과 변화에 의해서 생명활동이 발현하는 것으로 보고 있다.

기는 우주를 구성하는 가장 기본 물질이다. 또한 기는 인체를 구성하는 가장 기본적인 요소이며, 인체의 생명을 유지하는 기본적인 물질이다.

(1) 기(氣)의 생성(生成)

氣는 인체에 분포하는 부위와 그의 작용에 따라 여러 가지로 불리워지게 되며 생성(生成)되는 내원(來原) 역시 다르다.

인체의 기는 부모에게서 받은 선천의 정기와 음식물 속의 정미(영양물질)을 가리키며 곡기라고도 약칭하기도 한다. 자연계에 존재하는 청기에서 근원하며, 폐, 비위, 신 등 장부 생리기능의 종합적인 작용을 통해 생성된다.

진기의 소재는 상초, 중초, 하초로 나뉘는데, 상초의 기는 하늘로부터 받고, 호흡을 통해 얻어지며, 중초의 기는 음식물에서 생성된 것으로 영기, 위기를 영양한다. 하초의 기는 정에서 화생된 것으로 명문에서 저장되어 삼초의 근본이 된다. 그러므로 상초에는 기해가 있어 이를 단중이라 하는데, 폐가 이를 다스리고, 하초에도 기해가 있어 이를 단정이라 하는데, 신이 이를 다스린다. 인체가 의지하는 것은 오직 기뿐이니, '기가 모이면 살고 기가 흩어지면 죽는다'라고 하였다.

기(氣)를 세 가지로 나눌 수 있는데 첫째는 신중정기(腎中精氣: 태어나면서 부모로부터 腎中에 물려받은 精氣), 둘째는 수곡지기(水穀之氣: 음식물이 脾胃의 消化, 흡수과정을 경과함으로써 얻어지는氣), 셋째는 청기(淸氣: 肺로 흡입된 자연계의 氣)로 나뉘어진다.

(2) 기(氣)의 기능(機能)

인체내의 기(氣)의 기능은 여섯가지로 분류할 수 있다.

① 추동작용(推動作用)

인체(人體)의 생장발육(生長發育)과 각 장부, 경락(經絡)의 생리활동(生理活動) 및 혈액(血液)의 순행 그리고 진액(津液)의 생성, 수송, 배설 등을 추진하고 촉진하는 작용을 한다. 보내는 수포(輸布)에 이르는 작용, 다시 말해 체내의 에너지 대사 또는 물질의 흐름을 적극적으로 밀어주는 작용이다.

② 온조작용(溫照作用)

신체의 장부, 경락, 피부, 근육과 골격 등 조직기관과 혈액, 진액을 따뜻하게 하는 작용을 말한다.

기의 온후 작용은 거의 끊임없는 운동과 장부, 경락이 생리활동을 추진하면서 생성된 열의 작용에 의해 이루어진다. 이는 운동에 의해 생기는 양기가 열로 변화된다는 동양의학론과 일맥상통한다. 체온이 일정하게 유지되고 신체의 각 장부와 경락 등 조직기관의 생리활동이 정상적으로 진행되며, 혈액과 진액이 액체상태로 유지되면서 응고되지 않고 온몸을 순환하는 것은 모두 기의 온조작용에 의한 것이다.

인체는 정상적인 체온을 유지하기 위해서 氣의 온조작용(溫照作用)에 의지하게 된다. 살아 있는 氣가 존재하여 따뜻하지만 죽은 시신에는 氣가 존재하지 않아 싸늘하다

③ 방어작용(防禦作用)

방어작용은 기, 혈, 진액, 장부, 경락 등 여러 생리기능의 종합적인 작용으로써, 기의 작용은 이러한 방어 작용에서 매우 중요한 역할을 한다. 기는 전신의 기표를 보호하고 외사의 침입을 방지하여 병을 예방한다. 외사는 일반적으로 피부나 입, 코를 통해 침입하는데, 위기가 신체의 표면을 보호하고 주리고 열고 닫음을 조절함으로써 이를 방지한다.

氣는 인체의 기표(肌表)를 호위하여 육음(六淫)의 침습을 방지하는 역할을 수행하기 때문에 외사(外邪)가 침입할지라도 氣가 그와 상쟁(相爭)하여 체외로 몰아내게 함으로써 건강을 유지한다.

④ 고섭작용(固攝作用)

고섭은 제어, 통섭의 뜻이다. 고섭작용이란, 혈, 진액, 정액 등 액체 상태의 물질이 유실되는 것을 방지하는 작용이다. 즉, 혈액을 고섭하여 맥관 속에서 흐르게 함으로써 맥 밖으로 나가는 것을 막으며, 땀, 소변, 타액, 위액, 장액 등을 고섭하여 분비량, 배설량, 배출시간 등을 통제함으로써 유실을 막는다. 또한 정액을 고섭하여 함부로 소모되지 않도록 한다.

만약 기의 고섭작용이 약해지면 체내의 액체물질이 대량으로 빠져나가 위험해지고 기가 혈액을 통섭하지 못하면 각종 출혈증상이 발생한다.

혈액을 통제하여 맥외(脈外)로 넘쳐나지 못하게 하는 것과 한(汗), 요(尿)를 통제하여 적절히 배출되도록 하는 것, 그리고 정액(精液)을 통제하여 활설(滑泄)되지 못하도록 하는 氣의 고섭작용(固攝作用)은 생리작용을 촉진시키고 활동시키는 추동작용(推動作用)과 대립되는 가운데 통일성을 유지하고있다.

⑤ 기화작용(氣化作用)

기화(氣化)란, 氣의 운동으로 발생하는 각종 변화를 의미하며, 두 가지 뜻이 내포되어 있으니 첫째는 장부(臟腑)와 관련된 기능(機能)이고 둘째가 기(氣), 혈(血), 정(精), 진액(津液) 간의 상호화생(相互化生)이다. 즉, 체내의 어떤 물질을 기의 작용의 의해 몸에서 필요로 하는 다른 어떤 물질로 바꾸는 힘을 말한다. 예를 들어 섭취한 음식물을 혈액이나 다른 에너지원으로 바꾸는 힘을 말한다.

예를 들면 비위의 운화작용에 의해 생성되는 음식물의 정기는 영기와 위기로 나뉘어 생성되는데 영기와 위기는 다시 폐로 흡입된 청기와 결합하여 종기로 변화한다. 또한 신의 선천적인 정기는 음식물에서 화생된 정기의 영양을 받아 월기로 화생된다.

둘째, 청기가 탁기로 전화되는 것이다. 기는 활동력이 매우 강하여 인체 조직에서 에너지로 변하여 쓰인 후 탁기로 전환되어 호흡과 피부주리의 땀구멍을 통해 체외로 배출된다.

⑥ **영양작용**(營養作用)

비위(脾胃)의 수곡생성(水穀生成)과 변화로 생산된 정미물질(精微物質)을 운반하고 변화하여 혈액을 조성하고 전신에 영양과 공급하는 생명유지의 원동력 작용을 한다.

2) 혈(血)

혈은 붉은 색의 액체로서 맥을 따라 전신을 운행하며, 인체를 구성하고 생명을 유지하는 데 필요한 영양물질이다. 맥을 따라 전신을 순행하는 혈액은 안으로는 여러장부, 밖으로는 사지관절의 곳곳에 도달하여 영양을 공급하고 자윤작용을 한다. 인체의 모든 부위에 잠시라도 혈액이 부족하면 창백해지고 통증을 느끼게 된다. 혈액이 부족한 상태가 지속되면 그 부분의 기능이 상실되며, 심하면 조직이 파괴된다. 혈액은 인체를 구성하는 일부분으로서 생명을 유지하는데 없어서는 안 될 기본물질의 하나이다.

혈은 혈관 내를 순행하는 적색 액체를 가리키는데 심장(心臟)과 기(氣)의 추동작용(推動作用)으로 맥중(脈中)을 잠시도 쉬지 않고 순환하면서 그 안에 함유되어 있는 영양물질을 장부(臟腑)와 조직(組織), 기관(氣管), 사지백회(四肢百會), 오관(五官), 구규(九竅)에 이르기까지 어느 곳 하나 이르지 않는 곳이 없어 양(養)하면서 순행하는 필요불가결의 요소이다.

(1) 혈(血)의 생성

혈액은 주로 영기와 진액으로 구성된다. 영기와 진액은 비위에서 음식물을 소화, 흡수하여 생성된 정미이므로 비위를 '기혈을 화생하는 원천'이라고 한다.

혈(血)은 수곡(水穀)의 정미로움과 영기(營氣) 및 정기(精氣) 등을 기초로 하여 비(脾), 위(胃), 폐(肺), 심(心), 간(肝), 신(腎) 등의 기능(機能)과 활동을 거쳐 생성된다.

(2) 혈(血)의 기능

혈액은 전신을 순행하면서 안으로는 오장육부(五臟六腑), 밖으로는 피육근골(皮肉筋骨)에 이르고 전신을 영양(榮養)하고 자윤(滋潤)시키는 작용을 하며 각각의 장부와 기관 및 조작들로 하여금 정상적으로 활동할 수 있도록 한다.

혈에는 전신을 영양하고 자윤하는 기능이 있다. 맥을 순행하는 혈은 장부, 피부와 근골에 이르기까지 끊임없이 순환하며 장부, 형체, 구규 등의 조직기관을 영양하고 자양함으로써 생리활동을 유지한다.

3) 진액(津液)

진액은 몸속에 있는 정상적인 수액을 총칭한 것으로서 각 장부조직 기관에 있는 체액 및 위액, 장액, 눈물, 콧물, 타액 등의 분비물을 포괄한다. 진액이 포괄한다는 내용은 매우 광범위한데 맥관의 혈액 이외도 기타 정상적인 액체는 모두 진액에 속한다. 진액은 수분 이외에도 영양물질을 대량 함유하고 있으므로 진액을 단순히 물로 보는 것이 아니라 모든 체액의 총칭으로 보아야 한다. 즉, 지액은 물을 위주로 영양물질을 다량 포함하고 있는 액체이다. 맥 안에서는 혈액을 자양하고 혈액을 화생하며, 맥 밖에서는 전신의 장부와 경락 등 조직기관에 영양을 공급한다.

진액은 체내에서 일정한 계통을 따라 순환하는 혈액 / 임파액 / 조직액 등 정상 체액과 음식물의 소화 /흡수 과정을 통해 얻어지는 온갖 영양 물질 및 필요에 따라 분비되는 대사(代謝)의 산물인 땀, 콧물, 눈물, 침, 가래 등의 체액을 통틀어 일컫는 동양의학의 특수 용어이다. 진액은 진과 액으로 구분된다.

진(津)은 비교적 맑고 가벼우며 멀겋다. 그것은 체내로 침입하려는 병적 요소에 대해 방어 작용을 하는 기(氣)와 함께 체표에 분포하여 피부와 근육 등을 영양으로 따뜻하게 하며 부드럽게 하고, 혈액 중의 수분을 보충해서 혈액 순환을 원활하게 해준다. 진은 때로 침, 눈물, 땀 등으로 배출된다.

액(液)은 비교적 탁하고 무거우며 걸죽하고 끈적거린다. 액은 체내에서 영양 활동을 하는 기(氣)를 따라 체내로 운행하며, 관절 / 뇌수 / 눈 / 코 / 귀 / 입 등에 분포하여 이들에 영양을 공급하고 따뜻하고 부드럽게 하여 작용을 원활하도록 한다.

진과 액은 서로 영향을 주고 이전하며 협력하여 인체가 기후 변화에 잘 적응토록 조절하고, 인체의 상대적 균형 유지에 중요한 역할을 한다. 한편, 진액의 생성 / 배분 / 배설은 기(氣)대사의 영향을 받으므로 기 대사가 불완전할 때는 진액이 부족하거나 손실이 많아진다.

진액의 손실이 많아지면 기 역시 상대적으로 소모되는데, 이것은 음식물의 에센스에서 비롯되므로 소화기 이상 때는 생성에도 이상이 오고, 부족하며 혈액 보충이 어려워져서 혈병이 생긴다. 이처럼 진액은 기 / 혈과 밀접한 관계가 있다.

5. 병인론(病因論)

1) 육음(六淫)

육음은 동양의학에서 이론체계의 중요한 구성성분 중 하나이다. 이는 각종 발명요인의 특성과 인체의 조직기능에 미치는 영향 및 발병특징에 대해 연구하는 것을 목적으로 한다. 자연계에는 각종 기후변화가 나타나는데 이를 집약하면 풍(風)/한(寒)/서(暑)/습(濕)/조(燥)/화(火)이다. 이를 가리켜 육기(六氣)라고 하는데, 육기는 정상적인 기후로서 이러한 상태에서는 병이 잘 발생하지 않는다.

그러나 기후가 이상해져서 급격한 변화를 나타내거나 인체의 저항력이 약해진 경우에는 육기가 질병의 원인으로 작용하여 인체에 침입함으로써 질병이 발생하게 되는데, 이러한 상황에서의 육기(六氣)를 가리켜 육음(六淫)또는 육사(六邪)라고도 한다. 음(淫)은 크게 지나치다(태과 - 太過)라는 뜻이다.

육음으로 인한 질병 발생의 특징은 다음과 같다. 계절에 따른 기후 변화나 주거 환경과 관련이 있다. 예컨대 봄에는 바람이 많이 불어 풍병(風病)이 많고, 여름에는 더우므로 서병(暑病)이 많고, 가을에는 건조하므로 조병(燥病)이 많으며, 겨울에는 한병(寒病)이 많다. 또한, 습기가 많은 지역에 오래 살면 습병(濕病)이 생긴다.

육음은 단독으로 병을 일으키기도 하고, 두 가지 이상이 동시에 인체를 침범하여 병을 일으키기도 한다. 육음은 발병 과정 중에서 서로 영향을 미칠 뿐 아니라 일정한 조건 하에서는 서로 변화하기도 한다. 한사(寒邪)가 인체 안으로 들어가 열로 변하고(화열 - 化熱), 서습(暑濕)이 오래되어 건조해지고(화조 - 化燥), 음을 상하게 하는 것(상음 - 傷陰)이 그 예이다. 육음에 의한 발병은 살갗 / 입 / 코 등을 통해서 일어나므로 외적 원인에 의한 질병이라고도 한다.

2) 칠정(七情)

동양의학에서는 일찍부터 정신적 요인과 질병의 관계를 중요시하여 감정상 표현을 기쁨(희 - 喜) / 노여움(노 - 怒) / 근심(우 - 憂) / 생각(사 - 思) / 슬픔(비 - 悲) / 놀램(경 - 驚) / 두려움(공 - 恐)의 7가지를 칠정(七情)이라고 하고 이는 병에도 작용하는 것으로 보았다.

외부의 객관적인 사물이나 현상에 대하여 가지게 되는 사람의 감정 상태는 매우 정상적인 것으로서, 이것 때문에 질병이 발생하지는 않는다. 그러나 정신적 자극이 급격히 발생되고 강렬하거나 장기간 지속될 경우에는 인체의 생리 기능에 영향을 미쳐 질병이 발생하기도 한다.

칠정(七情)은 내장 기관에 직접적인 영향을 주어 질병을 발생시키므로 이를 가리켜 내상칠정(內傷七情)이라고 한다. 이에 관하여 화를 내면 간을 상하게 하고(노상간 - 怒傷肝), 너무 기뻐하면 심장을 상하게 하고(희상심 - 喜傷心), 생각을 너무 하면 비장을 상하게 하고(사상비 - 思傷脾), 슬퍼하면 폐를 상하게 하고(비상폐 - 悲傷肺), 두려워하면 신을 상하게 한다(공상신 - 恐傷腎)는 말이 있다.

칠정은 질병을 일으킬 뿐만 아니라 여러 가지 질병이 발전해가는 과정에서 환자가 감정의 격농상태를 경험할 경우 병의 상태를 변화, 악화시키기도 한다.

일반적으로 외부 자극에 의해서 감정의 변화가 다르게 나타나게 마련이지만, 외부 자극이 동일하다고 해도 그 자극을 받아들이는 사람에 따라서 다른 감정상 변화가 나타날 수 있으며, 또 감정의 변화가 같다고 해도 정도에 따라서 특징적 현상들이 나타난다.

동양의학에서 환자가 감정 상태를 매우 중요시하는 까닭이 여기에 있으며 실제로 어떤 신경/정신적 질환은 그와 관련된 내장 기능의 부조화(不調和)를 바로 잡아 치료한다.

6. 그 외

1) 표리론(表裏論)

표(表)리(裏)란, 겉과 속을 의미하는 것으로 질병의 현재 위치를 잘못 인식할 경우 치료 후 인체의 반응은 매우 크다.

표(表)는 인체 겉표면, 즉 피부와 피부의 부속기관, 오관을 의미하고 리(裏)는 내부장기를 가리키는 말이다. 그리고 위(胃)나 장(腸)에 혈과 염증로 인한 복통, 땀, 열 등은 표증(表證)이라 부르고 구토, 출혈, 설사, 등의 증상을 이증(裏證)이라고 한다.

질병의 치료 중에 표(表)에 있는 병은 땀(汗)으로 배출시키고 이(裏)에 있는 병은 설사(泄)나 구토(吐)로 치료한다. 그런데 반대로 표(表)에 있는 병을 설사시키면 표(表)에 있는 병이 오히려 몸 속 깊이 들어가게 되므로 질병의 표리(表裏)인식은 매우 중요하다.

인체의 겉표면에 나타나는 색깔이나 기타 피부이상 현상은 내부장기에 질병이 존재하고 있음을 암시하는 장소이기도 하다. 예를 들어 눈이 충혈되거나 황달이 있으면 간이 안 좋다는 신호이고 귀가 잘 들리지 않거나 귀에 소리가 나는 현상은 신장의 기운이 부족하다는 암시이므로 부족한 신장의 기운을 보(補)하면 더 이상의 신장병이 악화되는 것을 막아준다.

2) 한열론(寒熱論)

한(寒)과 열(熱)은 한방에서 질병의 원인 및 증상의 대표적 표현 방법 중 하나이다. 한과 열은 자연계의 기후현상이기도 하지만 인체내에서 水와 火를 寒과 熱로 바꾸어 표현하기도 한다. 질병에 걸려서 나타나는 증상 중에 포함되며 陰과 陽이 귀속된다.

暘이란, 뜨겁고 밝고 볼록하고 에너지의 활동이므로 화(火)와 열(熱), 육부(六腑) 등이 속한다. 陰은 차고 어둡고 오목하고 그늘지고 에너지의 물질적 자원이므로 인체에서는 수(水)와 한(寒), 오장(五臟) 등이 해당된다.

자연계에서 한(寒)은 겨울의 기후이나 한(寒)의 기운이 질병의 원인으로 작용하여 인체에서 나타나는 현상은 한(寒)이 될 수도, 열(熱)이 될 수도 있다. 예를 들어 감기는 분명히 한(寒)의 기운이 몸에 들어와 열(熱)을 일으키는 질병이나 그 열(熱)이 조금 지나면 추운(寒) 증상이 나타난다.

열(熱)은 여름의 기운이며 물질의 운동성이 활발하다. 따라서 체내에서의 熱은 에너지대사의 항진을 일으키고, 체외로의 표현도 같은 의미를 내포한다. 그러나 내부장기의 기능은 극도로 허약한데 외부표피의 반응은 발열(發熱), 한출(寒出)로 나타날 수 있다. 이를 진한가열(眞寒假熱)이라 한다.

寒과 熱은 질병의 원인으로서의 작용과 질병의 증상으로서의 작용, 두 가지로 구별한다. 그리고 인체는 熱이 많은 사람, 寒이 많은 사람으로 구별이 가능하고 질병의 증상 중에 한증(寒證)이 보여도 熱이 부족한 경우와 한(寒)이 많은 경우가 있으며 열증(熱證) 또한 寒이 부족한 경우와 熱이 많은 경우가 있다.

3) 허실론(虛實論)

우리는 일상생활에서 보통 부족한 것을 허(虛), 넘치거나 넉넉한 경우를 실(實)이라고 표현한다. 이는 질병을 일으키는 상황인데 몸에 필요로 하는 정기(正氣), 즉, 외부 병원체와 싸우는 면역력 저하를 정기허(正氣虛)라 하고 사기실(邪氣實)이란 외부의 병원체가 인체내부로 들어와 질병을 일으키는 힘이 충분한 것을 말한다. 한방에서 허(虛)와 실(實)은"정기허(正氣虛), 사기실(邪氣實)"을 의미한다.

다시 말해, 인체가 병이 들었다는 것은 면역력이 저하되었거나 병원균의 힘이 강하다고 할 수 있다.

그리고 병이 발생한 인체의 증상도 虛와 實로 나눌 수 있다. 즉, 기운이 없고 미열이 나면서 통증도 은은히 나타나면 허증(虛證)이라 하고 고열이 발생하며 격심한 통증 등을 일으키는 것을 실증(實證)이라고 말한다.

허(虛)와 실(實)은 치료면에서 보(補)와 사(瀉)로 구분되는데 "허즉보(虛則補), 실즉사(實則瀉)"로 표현된다. 보(補)란 부족함을 채워 넣는 의미인데 그 부족함이 정기(精氣)이므로 精氣의 부족을 돕고 사(瀉)란 남는 것을 버린다는 뜻인데 그 남는 것은 사기(邪氣)를 의미하므로 인체 내의 邪氣를 땀이나 대변으로 빼내는 것을 말한다.

4) 정체론(整體論)

정체관념(整體觀念)이란, 동양의학적 질병의 치료와 진단에 있어 특유의 관념 중 하나로, 질병을 국한적 또는 단편적으로 관찰하려 하지 않고, 전체와의 연결를 이해함으로써 인체의 생리와 병리를 설명하고 질병을 파악하며 치료 원칙을 세우는 사고방식을 말한다.

인체의 내부 장기와 체표 조직 및 기관은 별개가 아니라, 반드시 서로 깊은 연계를 이루고 있다. 예를 들어 폐 / 대장 / 피부 / 코 / 모발 등은 각각 동떨어진 것으로 아무 연계도 없다고 본다면 폐와 대장 같은 내부 장기와 피부나 모발 같은 체표 조직 및 코 같은 기관이 각각 동떨어진 별개가 아니라 기능적으로 연계를 이루고 있다면 함께 다스리는 방법을 쓸 수 도 있을 것이다. 피부병은 피부과에서, 콧병은 이비인후과에서 치료받아야 하겠지만 실제로 동양의학에서는 맑은 콧물을 흘릴 때는 폐를 따뜻하게 하는 약을 쓰며, 비후성 비염에는 폐를 서늘하게 하는 약을 쓴다. 같은 이치로 눈을 눈으로만 보아 안과에서만 치료하는 것이 아니라 눈을 간장과 전체성을 이루는 것으로 보고 눈병에 간 기능을 다스리는 약을 쓰며, 뼈를 뼈로만 보는게 아니라 신장과 전체성을 이루는 것으로 보아 뼈 질환에 신장기능을 조절하는 약을 쓴다.

경혈(經穴)은 침 놓는 자리인데, 내부 장기와 경혈은 현저히 떨어져 있지만 그 경혈에 내부 장기의 반응이 나타나고 그 경혈에 힘을 놓아서 해당 장기의 병을 고칠 수 있다고 보는 것이 동양의학의 특징이다.

뿐만 아니라, 기후나 환경이 인체의 생리나 병리에 일정한 영향을 미친다는 생각으로 인체와 외계환경과의 통일성까지 중시하였다. 이와 같은 유사한 기능끼리의 전체성을 강조한 전체관념이 동양의학의 특징이다.

5) 변증론치(辨證論治)

변증론치는 증(證)을 살펴서 이에 따른 치료를 결정한다는 것이다. 서양의학이 주로 질병을 가늠하여 치료한다면 동양의학은 변증론치 한다고 할 수 있다.

서양 의학에서는 질병 이름이 전제(前提)되고서 치료를 시작할 수 있지만, 동양의학에서는 병명에 관계없이 우선 증(證)을 살핀다. 증(證)은 질병의 원인 / 부위 / 성질과 환자의 신체적 여건 등이 상호연계된 특징을 지니면서 각종 증상이 종합된 일종의 증후군인데, 이를테면 몇 개의 증상(症狀)이 일정한 틀 속에 공통성을 띠고 유기적으로 집합되어 있는 것이라고 할 수 있다.

그러므로 동양의학에서는 아무리 복잡한 증상들이 나타나더라도 하나 하나의 증상에 집착하기보다는 이들 증상 간에 어떠한 연계성이 있으며, 그 연계성이 어디에서 비롯되는가를 추적하게 되는데, 이러한 변증 방법은 여러 가지가 있다.

이 중에서 가장 대표적인 것은 팔강변증으로서 8개의 강령(綱領) 즉, 음(陰) / 양(陽) / 표(表) / 리(裏) / 한(寒) / 열(熱) / 허(虛) / 실(實)이 큰 줄거리이다. 병의 증후군을 가늠하는 방법이 올바른지는 그에 따른 치료의 성공과 실패 여부를 결정하는 중요한 갈림길이 되며 이것이 동양의학 이론의 핵심이다.

chapter 2

경락

1. 경락(經絡)

1) 경락의 정의

경맥과 낙맥을 총칭하는 말로서 에너지의 순환 통로이다. 모든 생명활동을 주관하는 인체 내의 에너지 (기·혈·정·신)의 순환통로이다.

경락의 내용은 12경맥(十二經脈), 기경8맥(奇經八脈), 15별락(十五別絡), 12경별(十二經別), 12경근(十二經筋) 및 365락(三百六十五絡)과 헤아릴 수 없는 손락(孫絡) 등을 포함하고 있다. 이것은 중의학의 기본원리이며 병리, 생리, 진단, 치료에 중요한 수단으로 활용하는 침구학의 한 부분이다.

'경(經)'이란 통하지 않는 경로가 없다는 뜻이고 '락(絡)'이란 그물망과 같이 교차하고 연결하여 있다는 뜻에 가깝다. 그것들은 장부의 주제에 의해 전신에 분포되어 있으면서 인체 각 부분과 서로 관련하여 유기체를 이뤄 각각 소속 계통을 조직하고 있다.

2) 역사

중국의학서인≪황제내경≫은 〈소문〉과 〈영추〉로 구성되어 있다. 〈소문〉에는 생리, 병리, 진단, 질병의 원인, 증상, 진단, 치료방법, 건강법이 담겨 있고, 〈영추〉에는 침구편에 대해 기록되어 있는데 경락은〈영추〉에 기록되어 있다.

3) 경락의 필요성

증상을 통해 원인을 파악하고 치료하는 근원적 치료방법을 선택함으로써 서양의 치료방법과의 차이를 둔다.

경락은 체내 깊숙한 곳에서부터 체외, 말단, 피부까지 연결되어 있어 체표의 문제가 생길 경우 체내장부의 이상으로 파악하여 각 기관과 장부, 뼈, 피모까지 연계해 진단과 치료를 함께하는 방법이다.

4) 경락의 작용

우리 인체의 정상적인 상황에서 규율있는 생리 활동을 진행시키는 것이다. 만약 병변이 발생한 상황에서는 약간의 병리현상이 계통적으로 표현된다. 그러므로 의사는 이런 객관적으로 존재하는 화동규율을 파악하고 병을 진단하여 치료하기 위한 근거로 할 수 있다. 그리고 경락은 사람의 기(氣), 혈(血), 정(精), 신(神)에 의해 생명을 영위한다. 경맥(經脈)은 기혈순환을 원활하게 하고 내장에 영양을 공급하며 근골(筋骨)과 관절(關節)을 튼튼하게 유지시킨다.

생리적 작용은 태어나서 성장하고 죽을 때까지 인간이 하는 생리적 활동을 말하는 것으로 항상성 유지의 작용이다.

(1) 병리적 작용

인체의 병이 발생되었을 때 경락은 병사를 막는 방어기적 작용

(2) 진단의 작용

인체의 병변이 경락 상에 여러 가지 형태로 나타나는 반응을 보고 병증을 진단할 수 있는 작용

(3) 치료의 작용

경락상에 나타난 병리적 현상을 토대로 치료, 방법을 선택하는 작용, 경락을 통해 치료함

5) 경락계통의 이해

(1) 경맥

① 경락의 계통

12경맥을 중심으로 경근, 피부, 낙맥 등의 단계적 계통의 총칭이다.

경맥은 12정경맥, 기경팔맥, 12경별이있다.

낙맥에는 15낙맥, 손락, 부락, 혈락, 세락, 12경근, 12피부가 있다.

② 경맥

경맥은 경락의 주간, 즉 제일 주요한 통로로 인체를 아래·위로 종행·세로로 운행되며 비교적 깊은 심층부위에 분포되어 있고 장부와 연결되어 팔과 다리 즉, 지체의 일정부위와 연락되며 가슴과 뱃속등체강, 뇌, 척뼈, 체표, 피모에까지 연락된다.

③ 12경맥(十二經脈)

12경맥은 내(內)에 있어서는 장부(臟腑)에 굴(屈)하고 외(外)에 있어서는 지절(指節)에 연락(連絡)한다. 이것은 경락이 내부와 외표와의 연접통로임을 설명한 것이고, 12경맥은 전체 경락계통의 가장 대표적인 것이다. 대개 오장육부 중 심포(心包)를 포함한 오장에 속한 것은 음경(陰經)이고, 육부에 속한 것은 양경(陽經)이다.

경락계통의 주체로서 정경맥이라 하고 명명은 음양, 장부, 수족의 3부분을 결합시켜 정한 것으로 삼음, 삼양의 원리와 오장육부 그리고 손과 발의 사지에 순행하는 기혈의 순환 체계를 이용하였으며 경맥의 분포에는 일정한 규칙이 있다.(유주순서, 시간, 방향이 있다.)

또한 음양으로 분류 오장육부와 연결되어 있고 서로간에 표리관계가 있으며 각 경맥에는 고유의 경혈이 있다.

십이경맥(十二經脈)의 표리(表裏)관

표경맥表經脈	리경맥經脈
수양명대장경맥手陽明大腸經脈	수태음폐경맥手太陰肺經脈
수태양소장경맥手太陽小腸經脈	수소음심경맥手少陰心經脈
수소양삼초경맥手少陽三焦經脈	수궐음심포경맥手厥陰心包經脈
족양명위경맥足陽明胃經脈	족태음비경맥足太陰脾經脈
족태양방광경맥足太陽膀胱經脈	족소음신경맥足少陰腎經脈
족소양담경맥足少陽膽經脈	족궐음간경맥足厥陰肝經脈

④ 경혈

경혈이란, 경락상 존재하는 혈(穴)이라는 뜻인데 기혈의 영위현상이 반응하는 경락의 노선 중에서도 특정한 생리적 또는 병리적인 반응이 현저하게 나타나는 곳이다. 경락 또는 기타 전신의 어떠한 곳에서 질병이 발생하였을 때에는 반드시 질병 발생처와 유기적인 관계가 있는 해당 경락에 반응하고 질병의 반응경락에서 해당경혈을 침 치료, 혹은 뜸 치료를 시술한다. 경혈은 약 365혈로 기록되어 있으며, 미용임상에 중요하다.

(2) 기경팔맥

기경팔맥은 12정경맥의 구애를 받지 않는다. 임맥, 독맥, 충맥, 대맥, 음교맥, 양교맥, 음유맥, 양유맥으로 구성되어 있다.

① 임맥 : 전신의 음경맥을 담당한다.(음맥의 바다) 임(任)은 담당 접수한다는 뜻이다. 대하, 소복부종양, 월경불순, 유산 불임과 같은 비뇨생식, 소화, 호흡방면의 증후가 나타난다.

② 독맥 : 전신의 양경을 총독한다.(양맥의 바다) 실(實)하면 주로 척추가 뻣뻣하여 뒤로 젖혀지고, 허(虛)하면 머리가 무겁다.

③ 충맥 : 12경맥의 주요한 길목에 있다. 인체의 발육과 영양작용에 중추

적인 역할을 한다. 충(衝)은 요충(要衝)이라는 뜻이다. 충맥은 위로 두부에 이르고 아래로 족에 이르며 전신을 관통하여 기혈의 요충으로 되어 십이경맥의 기혈을 조절할 수 있으므로 '십이경맥지해'라고 한다. 충맥은 또 혈해(血海)라고 하는데 부녀의 월경과 밀접히 관련된다.

④ 대맥 : 12늑골 밑에 가로로 한바퀴를 돌며 음양의 여러 경을 묶었다 (허리를 한바퀴 돌아서 마치 혁대와도 같이 종행하는 모든 경맥을 약속한다. 음양 경맥의 기를 조절하며 생식기의 신진대사를 주관한다).

⑤ 양교맥 : 눈을 뜨고 감는 것을 주관하며, 발뒤축의 양쪽에서 시작하여 발 외측으로 올라가는 맥 인체의 운동기능을 유지하는일, 외측의 근육이 긴장되고 안쪽의 근육이 이완된다.

⑥ 음교맥 : 발의 안쪽 복사뼈를 지나 하지 내측 후상방을 따라 상행하여 외생식기를 거쳐 복부, 흉부를 경과한 후 결분에 진입하여 인영혈 앞을 지나 코 옆을 지나 눈 안쪽 가장자리에 이르러 수족, 태양경, 양교맥과 만난다. 양기가 부족하고, 음기가 편승하여 잠이 많음, 여자는 대하가 멈추지 않는다.

⑦ 양유맥 : 외측 복숭아 뼈 밑에서 시작하여 족소양담경과 병행하여 하지 외측을 따라 상행하며 몸통의 후외측을 지나 겨드랑이 뒤 어깨로 올라가서 목과 뺨을 지나 정수리를 지나 목덜미를 내려가 독맥과 만난다.

예 오한, 발열, 근육수축, 간질, 편마비

⑧ 음유맥 : 발뒤축의 양쪽에서 시작하여 발 내측으로 올라가는 맥으로 양교맥과 마찬가지로 운동기능을 담당하고 삼음경의 기를 삼양경에 연락하여 삼음경의 기를 조절한다. 12경맥의 주요한 길목에 있다.인체의 발육과 영양작용에 중추적인 역할을 한다.

예 가슴앓이, 흉통, 심통, 위통

(3) 오수혈

오행 중에 오행을 말한다. 각각의 오행이 다른 오행을 내포하고 있다는 것이다.

예를 들어 목은 순수한 목이지만 실제로는 다른 목, 화, 토, 금, 수를 담고 있는 것을 말한다. 즉, 경략의 유주 순서와는 관계없이 손 끝, 발 끝에서 맥기를 받아들인다.

이것은 경락과 경혈, 모두 적용된다. 특히 경혈 중에 특정한 오행의 성격이 강하게 나타나는 것을 각각의 오행으로 구분된 오행의 기능을 의미 있게 표현한 것을 오수혈(오행혈)이라고 한다.

오수혈은 음, 양, 즉 음경, 양경으로 구분하고 육장, 육부로 배치하며 음경은 목, 화, 토, 금, 수의 순서이고 양경은 금, 수, 목, 화, 토의 순서로 배열된다.

- 음경 : 정목, 영화, 수토, 경금, 합수
- 양경 : 정금, 영수, 수목, 경화, 합토
- 정 : 샘이 솟아남, 용천이라 한다. 진단혈이고 보사를 통해 치료가 가능한 혈이다. 정서불안이나 구급치료 등에 주로 쓰인다.
- 형 : 열을 내릴 때 주로 사용한다.
- 수 : 수송과 운반 주로 팔, 다리 관절염을 치유할 때 많이 쓰인다.
- 경 : 기침, 천식 등 질병의 장기화에 주로 쓰인다.
- 합 : 장, 부 중 부의 문제가 있을 때 주로 쓰인다.

(4) 사관혈

양측에 하나씩 4개의 혈을 말한다.

- 합곡 : 수양명대장경의 원혈이며, 배꼽 이상 및 기, 양의 대표혈이다.(편도선이나 열을 내려 줌)

◉ 태충 : 족궐음간경의 원혈이며, 배꼽 이하 및 혈, 음의 대표혈이다.(눈 충혈, 고혈압에 특효혈이다.)

(5) 유혈

유는 오장육부의 장부와 연결되어 있는 자극점이라는 뜻이다. 유혈에 이상 증상이 생길 때의 자극혈이다. 자극을 주면 반응을 보여 통증을 완화시키는 역할을 한다. 유혈은 방광경 줄기의 혈이다. 오장육부의 배부의 특정한 곳에 유주하는 장부의 명칭이다.

장부의 유혈

장부	배유	척추	장부	배유	척추
폐	폐유	제3흉추	위	위유	제12흉추
심포	궐음유	제4흉추	삼초	삼초유	제1요추
심장	심유	제4흉추	신장	신유	제2요추
간장	간유	제9흉추	대장	대장유	제4요추
담	담유	제10흉추	소장	소장유	미골능제1
비장	비유	제11흉추	방광	방광유	미골능제2

(6) 모혈

모혈은 '모인다. 집결하다'의 뜻이다.

장부의 기와 흉복부의 기가 특정부위에 모여 있다는 뜻이기도 하다. 모혈의 모란 모인다는 뜻이며, 흉복부에 있는 혈이다. 장부의 정을 저장하며, 양병에 많이 쓰여지며 미용적 변이를 진단하는 데 많이 쓰여진다. 양병이란 병의 초기 단계에 오는 발열 동통이 있는 것을 의미한다. 인체를 음양으로 구분하면 복부는 음이고 배부는 양이다. 복부에 있는 압통 등에 반응이 잘 나타나므로 이 혈들을 쓰는 경우가 많다.

장부의 12모혈

쌍혈		단혈	
장부	모혈	장부	모혈
폐	중부	심포	단중
간	기문	심장	거궐
담낭	일월	위	중완
비장	장문	삼초	석문
신장	경문	소장	관원
대장	천추	방광	중극

(7) 수혈

음병에 쓰고 배 요부에 있다.

수란 '나른다'는 뜻이다. 만성병에 많이 쓰여지며, 뜸에도 많이 쓰여진다. 배 요부는(음양이 교류되는 관점) 음기가 응결된다. 경혈부위에 압통, 응결의 증상이 나타날 때 적용한다. 12경맥의 유혈은 배부에 있어 양이고, 12경맥의 모혈은 음이며 흉복부에 있다. 장부의 이상 증상이 가장 빠르게 나타나며, 장부와 거리가 가장 가깝게 위치하고 있다. 장부의 진단과 치료에 쓰여지며 흉복부에 모두 모여있고 복보라고도 한다. 본경에 있는 것은 아니고 임맥에 있는 것은 단혈, 정경에 있는 것은 쌍혈이다. 장부를 튼튼히 하고 다이어트에 효과가 있다.

(8) 경혈의 임상응용

임맥(任脈)과 독맥(督脈)을 포함한 12경맥의 각 혈(穴)은 그 혈이 위치하는 국부병(局部病)을 치료할 수 있고 그와 동시에 그 혈(穴)이 소속한 장부(臟腑) 질환과 밀접한 조직의 질병을 치료할 수 있다.

흉부의 경혈(經穴)은 무두 가슴(내부장부를 포함)을 치료할 수 있으며 복부의 경혈은 모두 배를 치료할 수 있다. 그리고 사지(四肢)의 무릎과 팔꿈치 아래에 있는 경혈은 원거리, 즉 두부, 안면부 및 내부장기의 질환을 치료할 수 있다.

6) 낙맥

인체의 체표부위이다. 경맥과는 달리 장부와 연락이 없으며 가로로 횡사행하며 분포된 맥을 말한다. 십오락맥은 낙맥의 주체가 되며 통상 십오대락이라 부르기도 한다. 다른 경과 경 사이에 주요한 연락 활동을 한다.

(1) 낙맥 (동맥)

낙맥은 경맥과 십오대락에서 갈라져 나와 가로로 즉 횡사로 흩어져 활동하는 맥을 의미한다.

(2) 손락맥(정맥)

낙맥에서 갈라진 가느다란 지맥을 말한다.

(3) 부락맥(림프)

손락맥에서 갈라져 나온 맥으로 체표에 떠올라 나타나는 부현하는 맥을 말한다.

(4) 혈락맥(모세혈관)

부락맥 가운데 피부에 노출된 가느다랗고 작은 낙맥 혈락맥이라 한다.

7) 특수혈

(1) 원혈

장부의 원기가 경과하고 정지하는 중요한 의의를 가진 혈위로서 단전에서 생성되는 원기를 삼초의 기화작용에 의해 전신으로 분포하므로 삼초경과 밀접한 관계가 있다.

(2) 낙혈

낙혈은 각 경맥에서 낙맥이 갈라지는 분지점을 의미하며 표리양경이 동시에 병든 때에는 낙혈이 양경을 동시에 치료할 수 있다.

(3) 극혈(급성 통증 시)

급할 때 또는 응급처치 시 사용한다.

(4) 모혈

복모혈은 장부의 기가 흉, 복부의 한 특정한 혈에 취하는 것이라 배수 수혈과 더불어 상대적이며 모는 음에 있고 수는 양에 있다.

(5) 배수혈

배부의 척추를 관통하는 독맥의 양방 1.5촌으로 방광경 제1선에 있는 경혈이며 장부의 명칭하에 수가 붙은 혈을 뜻하는데 좌우양측을 합하면 24혈이 된다.

내장의 병변이 있을 때 그 장부가 소속하는 배유진단에 해당하는 부위에 압통, 과민, 근의 강직이 나타나기 쉬우므로 장부의 진단과 치료에 유익한 혈로 구성되어 있다.

chapter 3

경락과 경혈

1.
취혈법

1) 체표 표식법

① 전면

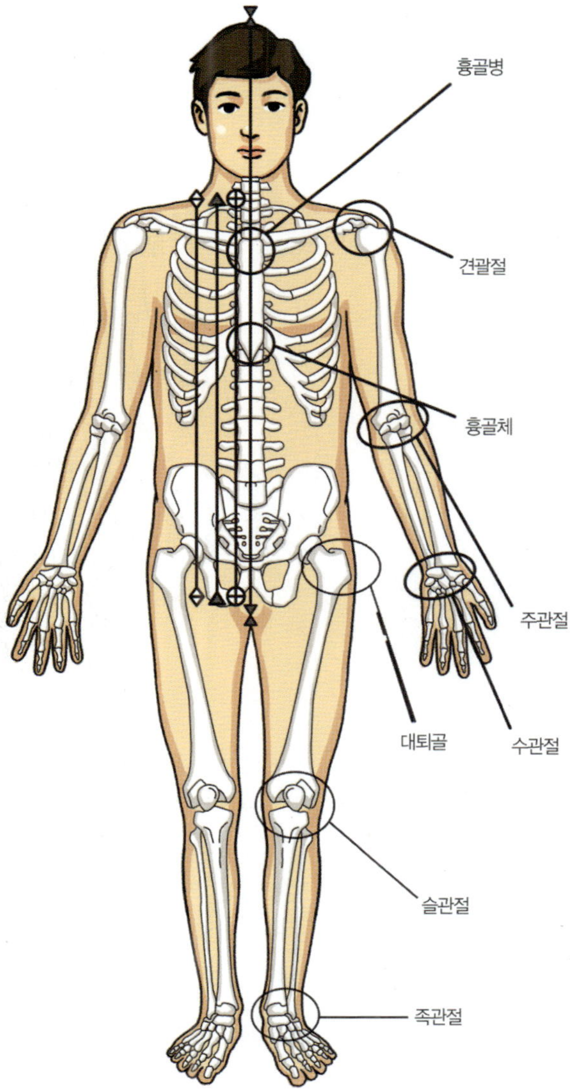

② 후면

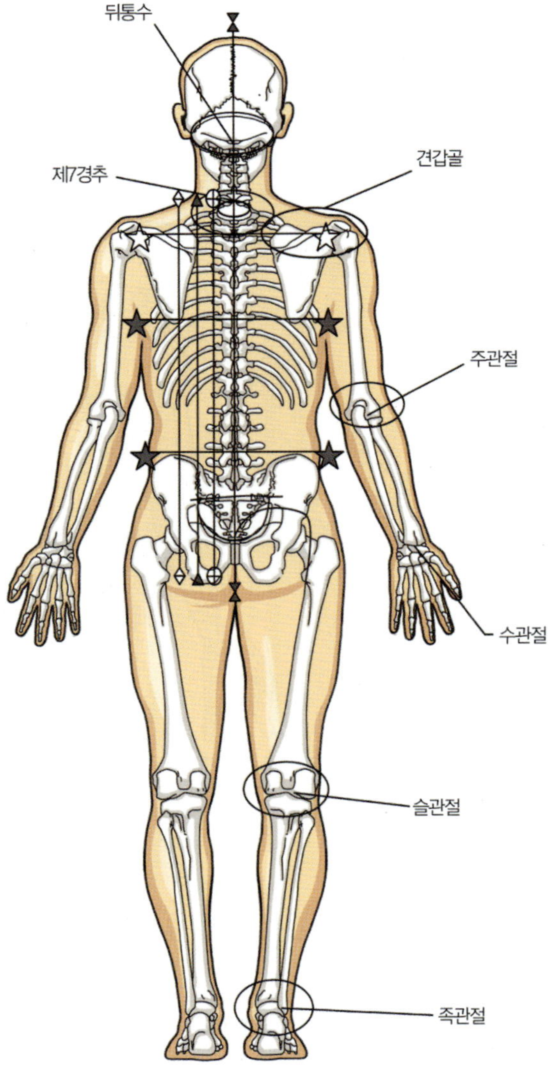

2) 골도법

① 전면

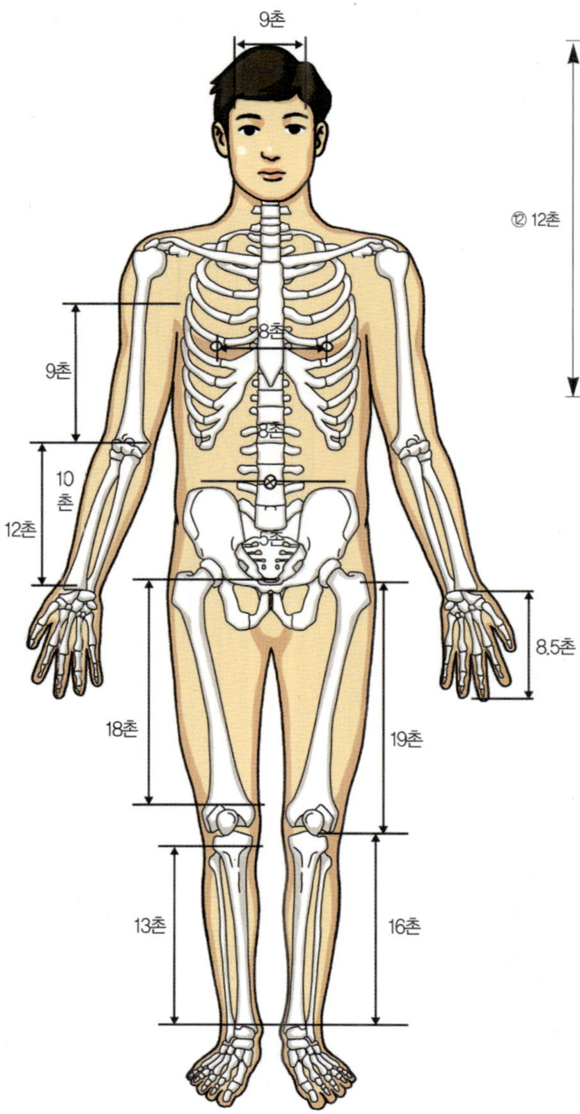

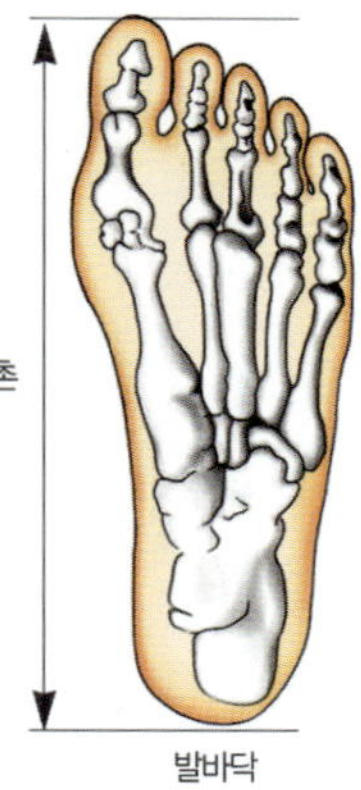

② 후면

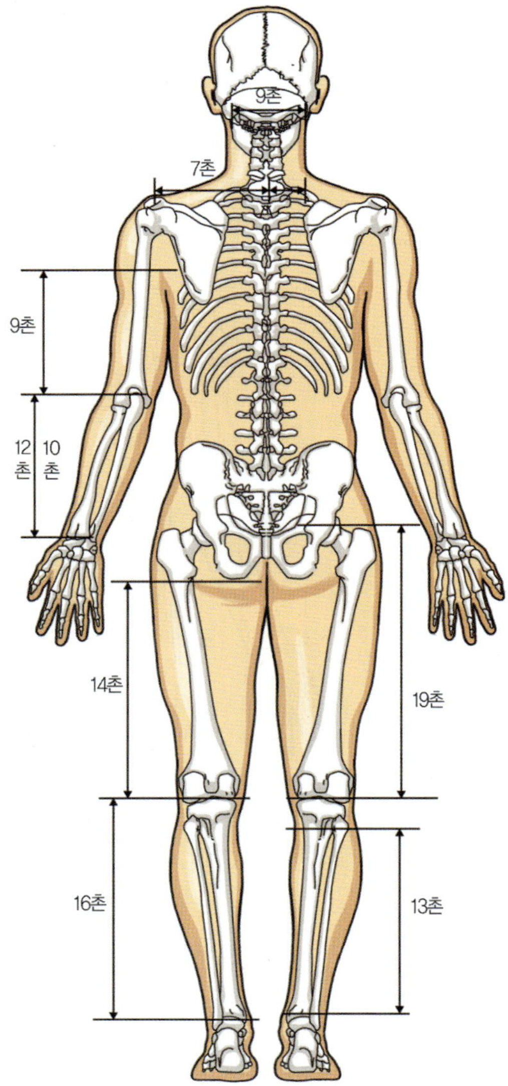

3) 수지동신촌법

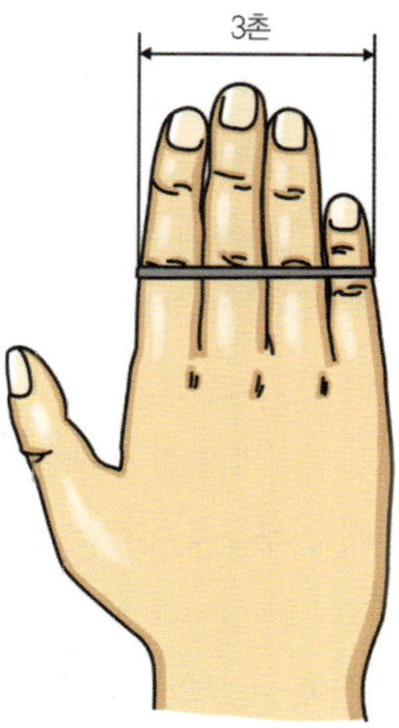

일부법(一夫法)

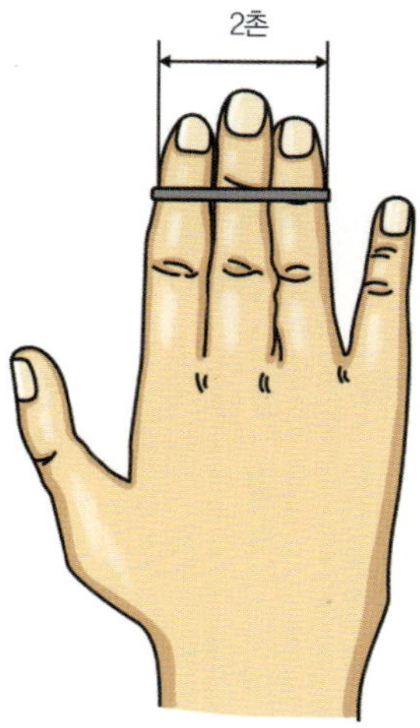

3지(三指) 동신촌(同身寸)

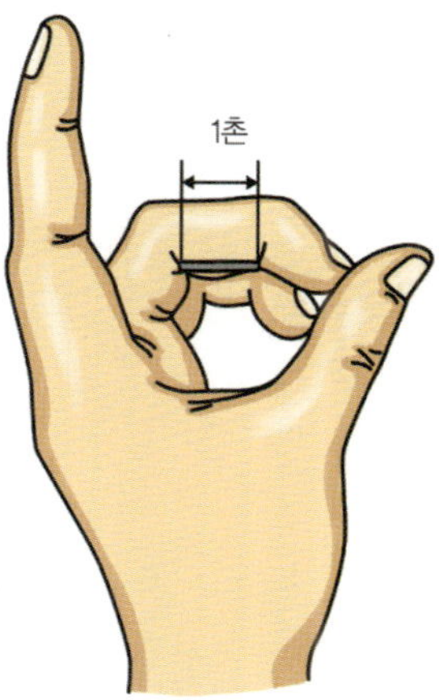

중지(中指) 동신촌(同身寸)

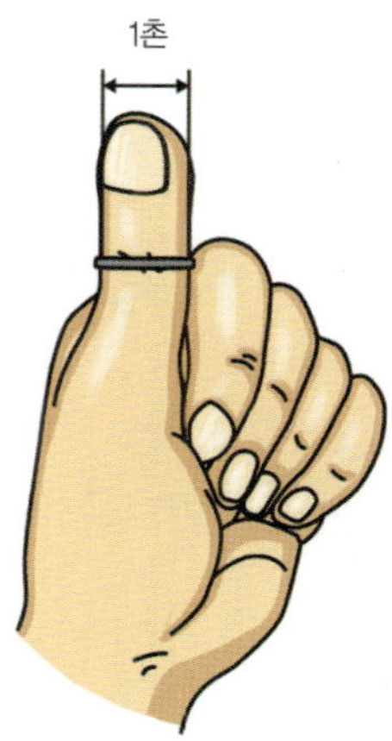

모지 동신촌(同身寸)

2. 임맥(任脈)

1) 임맥(任脈)의 적응증세(음경 전체를 주관)

얼굴에서 목가슴을 거쳐 배와 치골에 이어지는 임맥은 '앞에 임한다' 즉, '음의 앞쪽을 맡는다'는 뜻이다.

회음부에 있는 회음에서 시작되어 신궐(배꼽), 전중을 거쳐 입술 밑에 이른다. 경맥 다시 입술을 돌아 윗입술의 은교에서 독맥과 만나고 코 밑을 돌아 다시 승읍에서 눈으로 들어간다.

임맥은 원래 여성의 임신과 밀접한 관련이 있으며 부인병에 특히 잘 듣는다. 그 중에서도 회음부에서 배꼽에 이르는 회음, 곡골, 중극 등은 비뇨기 성인병에는 반드시 쓰이는 중요한 혈이다. 남성에 많이 나타나는 내결, 즉, 아랫배 부위가 단단하게 굳는 증세, 여성의 불임이나 생리이상 이외에도 전신의 기능조절이 제대로 이루어지지 않을 때에는 임맥의 혈을 잘 다루어야 한다.

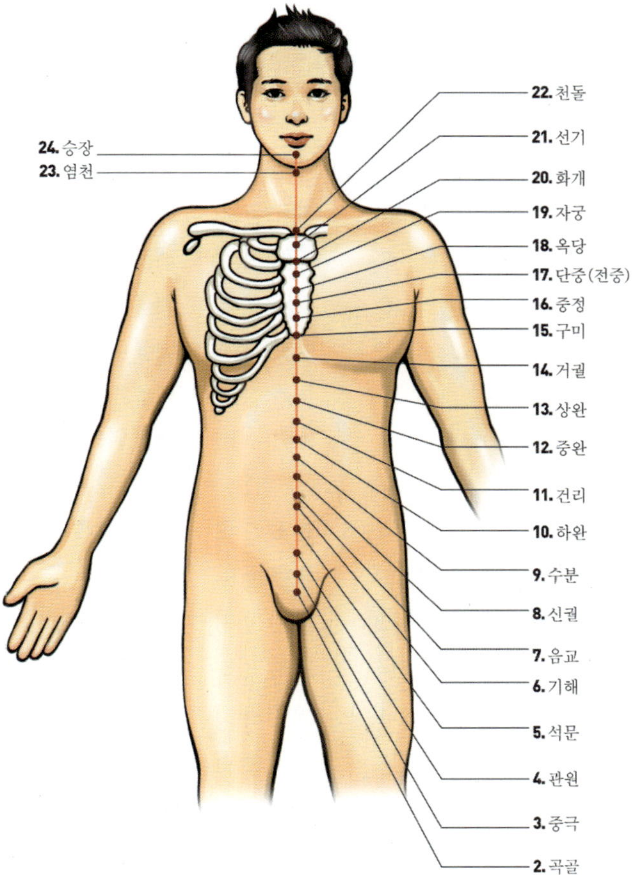
22. 천돌
21. 선기
20. 화개
19. 자궁
18. 옥당
17. 단중(전중)
16. 중정
15. 구미
14. 거궐
13. 상완
12. 중완
11. 건리
10. 하완
9. 수분
8. 신궐
7. 음교
6. 기해
5. 석문
4. 관원
3. 중극
2. 곡골
24. 승장
23. 염천

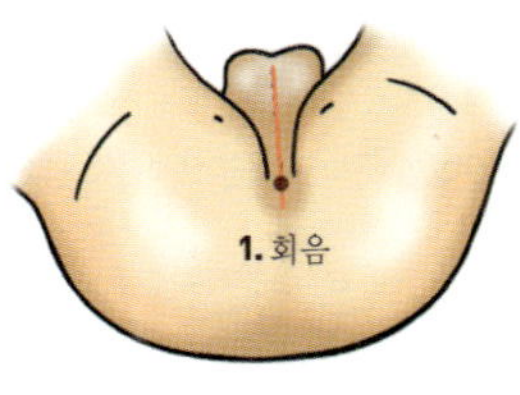
1. 회음

2) 임맥(任脈)의 혈위와 주치

順番 (순번)	經穴名 (경혈명)	穴位 (혈위)
1	會陰(회음)	음낭과 항문 중간부분
2	曲骨(곡골)	치골결합을 이은선, 배꼽 아래5촌
3	中極(중극)	배꼽 아래4촌
4	關元(관원)	배꼽 아래3촌
5	石門(석문)	배꼽 아래2촌
6	氣海(기해)	배꼽 아래1.5촌
7	陰交(음교)	배꼽 아래1촌
8	神闕(신궐)	배꼽정중앙
9	水分(수분)	배꼽 위1촌
10	脘(하완)	배꼽 위2촌
11	建里(건리)	배꼽 위3촌
12	中脘(중완)	배꼽 위4촌, 흉추골하연과 배꼽의 중간
13	上脘(상완)	배꼽 위5촌
14	巨闕(거궐)	배꼽 위6촌
15	鳩尾(구미)	배꼽 위7촌
16	中庭(중정)	흉추골하연
17	胆中(단중)	양 유두 사이
18	玉堂(옥당)	전중에서 선기까지 4등분해서 1/4되는 부분. 제3늑간 높이
19	紫宮(자궁)	전중에서 선기까지 4등분해서 2/4되는 부분. 제2늑간 높이
20	華蓋(화개)	전중에서 선기까지 4등분해서 1334되는 부분. 제1늑간 높이
21	璇璣(선기)	천돌아래1촌
22	天突(천돌)	흉골 위 함몰처
23	廉泉(염천)	턱과 후두결절과의 중앙
24	承漿(승장)	아랫입술구의 중앙 함몰처

(1) 회음

- 적응 : 임질, 치질, 음부통증 (회생혈 – 익사자 소생혈)
- 위치 : 회음부의 중앙 (생식기와 항문 사이)

(2) 곡골

- 적응 : 임질, 자궁내막염, 방광마비, 야
- 위치 : 앞 정중선상에서 치골결합 상연

(3) 중극

- 적응 : 신장염, 불임증, 자궁경련, 음부 위축, 좌골신경통, 머리 무거운데
- 위치 : 곡골과 관원의 중앙

(4) 관원

- 적응 : 신장염, 비뇨생식기질환, 자궁염, 류마티스
- 위치 : 앞 정중선상에서 곡골위 2촌
  정력증강, 사람이 태어나면서부터 타고난 선천의 기를 관장하는 혈로서 정력증강에 잘 듣는다. 그리고 소장의 모혈로도 매우 중요하다. 남녀 생식기와 밀접한 관계가 있는 이혈은 그 방면에 질병에 빼 놓을 수 없는 것이다. 너무 말라서 고민하는 사람 뿐만이 아니라, 살 쪄서 애쓰는 중년여성, 날씬하지 못한 다리를 가진 여성들은 기억해야 할 혈이다.

(5) 석문

- 적응 : 비뇨 생식기 질환, 소화불량, 맹장염, 산통, 하복부팽만 신경통 (삼초경의 모혈)
- 위치 : 배꼽 아래 2촌

(6) 기해

- 적응 : 비뇨 생식기질환, 신경쇠약, 발육부진, 하초의 냉허, 몽정(원기의 바다로 스테미너 혈)
- 위치 : 배꼽 아래 1.5촌

(7) 음교

- 적응 : 부인 생식기질환, 불임증, 산후통, 요도염
- 위치 : 배꼽 아래 1촌

(8) 신궐

- 적응 : 만성설사, 복부팽창, 물혹, 상습유산, 불임증
- 위치 : 배꼽중앙
  배꼽을 말하는 것으로 너무 세게 누르면 안된다. 따라서 장압을 해주는 것이 보통이다. 지방조직도 근육도 없이 복막과 이어진 곳이므로 갑자기 충격을 주거나 상처를 내는 것은 위험하다. 구태어 뜸을 하려면 배꼽에 소금을 듬뿍 놓고 은구를 하는 것이 좋다.

(9) 수분

- 적응 : 복부팽창, 두통, 설사, 복막염, 소변 못 볼 때
- 위치 : 배꼽 위 1촌

(10) 하완

- 적응 : 위경련, 만성 위장병, 남녀 생식기질환, 하초증세
- 위치 : 배꼽 위 2촌

(11) 건리

- 적응 : 복막염, 구토, 소화불량, 위궤양, 위하수 (하완의 보조혈)
- 위치 : 배꼽 위 3촌

(12) 중완

- 적응 : 중초증세 (위병, 식용부진, 간장병, 고혈압)
- 위치 : 배꼽 위 4촌 (배꼽과 명치의 중간)

'완'이란 자는 입을 말하는 것이다. 한방에서 말하는 위의 아래 입에 있는 혈이 하완이고, 위의 위에 있는 혈이 상완이라고 한다. 중완은 바로 중간에 있는 혈이다. 이 혈은 위를 중심으로 한 것이기 때문에 위병에는 물론이고 설사, 변비, 두드러기, 어지럼증, 귀울림, 여드름, 정력증강에도 잘 듣는다.

식사 후 위가 무직하거나 뱃속이 좋지 않을 때, 이 혈을 누른 다음 가볍게 문지르면 배가 개운해지고 가뿐해진다. 이 밖에도 흥분을 진정시키고 뚱뚱보, 홀쭉이를 조정해주는 미용혈로도 효과가 있다. 중완은 삼초의 하나로서 소화기 호흡기를 관장하는 중초의 모혈로서도 중요하다.

(13) 상완

- 적응 : 상초증세, 구토, 위통, 위산과다, 위궤양, 천식, 어지럼증
- 위치 : 배꼽 위 5촌

(14) 거궐

- 적응 : 횡경막 경련 위경련, 심장질환, 정신병
- 위치 : 배꼽 위 6촌

침구의 갑을경에 (거궐은 심의 모혈) 이라고 하였다. 심장병을 다루는 혈

로서 대단히 중요한 것이다. 거궐 근처가 굳게 엉겨 있으면, 눈에 보이는 증세가 없어도 심장에 부담을 주는 증거이므로 휴양하는 것이 상책이다. 고혈압 환자는 말할 것도 없이 가슴이 크게 뛰는 증세, 만성위병, 생리이상에도 잘 듣는다.

(15) 구미

- 적응 : 심장병, 기관지염, 천식, 편도선염, 급성위염(토하게 만드는 혈)
- 위치 : 배꼽 위 7촌

(16) 중정

- 적응 : 폐충혈, 천식, 식도협착, 소아구토, 위산과다, 심장병
- 위치 : 흉골 정중선과 제5늑간의 가로선이 만나는 곳

(17) 단중 (전중)

- 적응 : 가슴 울혈, 늑막염, 늑간신경통, 유방통, 젖부족, 협심증, 심장 판막증
- 위치 : 앞가슴 중앙

심장 등기가 심하고 가슴이 답답할 때, 기침이 나고 가슴이 아플 때, 정력부족, 뚱뚱보, 홀죽이, 젖 부족 등에 잘 듣는다. 상초의 원혈이므로 매우 중요하게 친다. 현대 의학에서도 이 부분의 중요성을 인정하여 영국의 생물학자 헨리, 헤드의 이름을 따서 '헤드의 띠'라고 부르고 있다.

(18) 옥당

- 적응 : 늑막염, 기관지염, 천식
- 위치 : 흉골 정중선과 제3늑간의 가로선이 만나는 곳

(19) 자궁

- 적응 : 늑막염, 폐충혈, 폐염, 기관지염, 천식, 흉통
- 위치 : 흉골 정중선과 제2늑간의 가로선이 만나는 곳

(20) 화개

- 적응 : 늑막염, 편도선염, 기관지염, 천식
- 위치 : 흉골 정중선과 제1늑간의 가로선이 만나는 곳

(21) 선기

- 적응 : 늑간신경통, 신경부위 신경통, 기관지염, 천식
- 위치 : 천돌아래 1촌

(22) 천돌

- 적응 : 얼굴충혈, 천식, 성간근경련, 인후염, 갑상선염, 디프테리아
- 위치 : 흉골위 함몰처

(23) 염천

- 적응 : 갑상선염, 천식, 갑자기 말 못할 때
- 위치 : 턱과 후두결절과의 중앙

(24) 승장

- 적응 : 중풍, 얼굴 신경마비, 이 신경통, 목이 뻣뻣할 때
- 위치 : 정중선상의 아랫입술 아래 오목한 부분

3.

독맥(督脈)

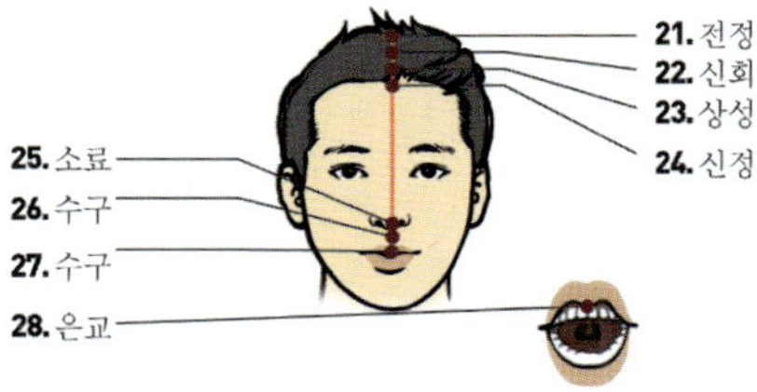
21. 전정
22. 신회
23. 상성
24. 신정
25. 소료
26. 수구
27. 수구
28. 은교

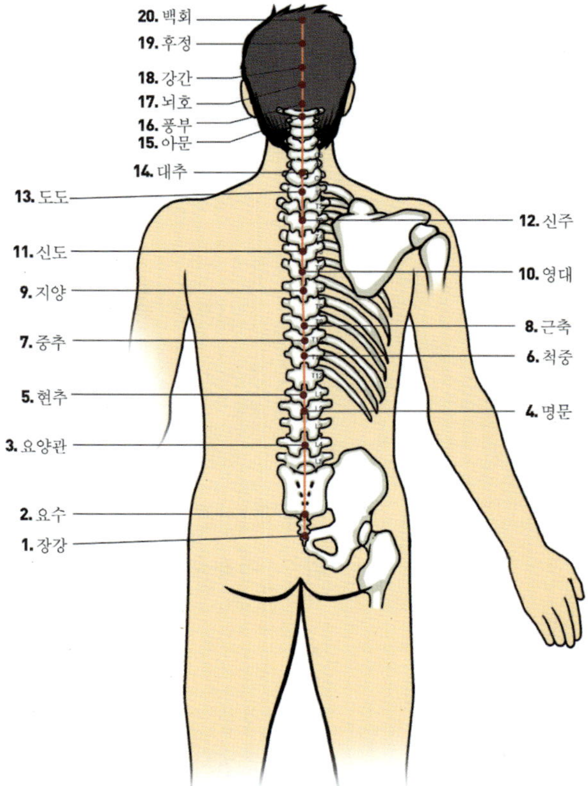
20. 백회
19. 후정
18. 강간
17. 뇌호
16. 풍부
15. 아문
14. 대추
13. 도도
12. 신주
11. 신도
10. 영대
9. 지양
8. 근축
7. 중추
6. 척중
5. 현추
4. 명문
3. 요양관
2. 요수
1. 장강

1) 독맥의 적응증세(양경전체를 주관)

독맥에 이상이 있으면 생식기 장해가 생긴다. 사람의 몸을 흐르는 12경락과 혈은 정경 12경이라고 한다. 동양의학에서는 이밖에도 기경 8맥이라고 해서 12경락 속으로 흐르는 경수, 말하자면 에너지가 과부족 없이 5장 6부를 흐르도록 조절하는 경맥이 있다고 보고있다. 독맥도 그 하나로서 이름을 들어보면 임맥, 양교맥. 음교맥, 양유맥, 음유맥, 대맥, 충맥이 그것이다.

이러한 경맥들은 12경락을 가로질러 가로 세로 좌우 비스듬히 흐르면서 연결을 지어 에너지 조절을 하고 있다. 특히 사람의 앞과 뒤, 중심부를 흐르고 있는 독맥과 임맥은 동양의학에서 말하는 삼초, 즉 가슴 속의 내장과 배 안의 내장, 그리고 골반내장 기능에 영향을 주는 에너지 순환계를 조절하는 중요한 경맥이다.

독맥은 (뒤에서 감시하고 감독한다)는 뜻으로, 머리 꼭대기에서 등허리를 거쳐 둔부에 이르는 한가운데를 흐르는 경맥이다.

성기, 항문, 척추, 머리, 코, 이에 이르기까지 중요한 부분을 거의 지나가고 있는 독맥에 이상의 생기면 여러 가지 증세가 일어나게 마련이다. 특히, 머리의 병, 성기의 장해를 가져오는 여러 증세, 소화기, 호흡기 관계 등 다양한 증세에 활용된다.

하복부에서 명치 끝으로 치밀어 오르는 증세라든가 찌르는 것 같은 통증, 목이 타는 듯한 아픔 등에 독맥의 혈이 활용된다. 대체로 독맥의 혈은 뒤쪽에서 일어나는 증세에 이르고 있지만 반드시 그렇게만 국한된 것은 아니다. 배강이라고 해서 등이 뻣뻣해지는 증세 즉, 강직성 척변형성 척추증 같은 것은 고전에도 '갈리는 곳을 다룬다'고 되어 있다. 다시 말해서 독맥과 임맥이 갈리는 혈을 중심으로 다룬다는 것이다.

2) 독맥(督脈)의 혈위와 주치

順番 (순번)	經穴名 (경혈명)	穴位 (혈위)
1	長强(장강)	미골 끝과 항문 사이에서 미골 끝 아래로 3분
2	腰兪(요유)	4천추 아래 함몰처
3	腰陽關(요양관)	4요추 아래 함몰처, 양쪽 장골 등을 이은선의 중간
4	命門(명문)	2요추 아래 함몰처, 반대편에 배꼽
5	懸樞(현추)	1요추 아래 함몰처
6	脊中(척중)	11흉추 아래 함몰처
7	中樞(중추)	10흉추 아래 함몰처
8	筋縮(근축)	9흉추 아래 함몰처
9	至陽(지양)	7흉추 아래 함몰처. 양견갑골하단을 이은 선의 중간
10	靈臺(대)	6흉추 아래 함몰처
11	神道(신도)	5흉추 아래 함몰처
12	身柱(신주)	3흉추 아래 함몰처
13	陶道(도도)	1흉추 아래 함몰처
14	大椎(대추)	7경추 아래 함몰처. 경추극돌기하 함몰처
15	啞門(아문)	후발제 위5분. 고개를 뒤로 젖히면 후발제에 두 개의 선이 나타나는데 아래에 있는 것이 아문이고 위에 있는 것이풍부이다.
16	風府(풍부)	후발제위1촌
17	腦戶(뇌호)	풍부와 백회를 4등분해서 풍부 위 1/4지점
18	强間(강간)	풍부와 백회를 4등분해서 풍부 위 2/4지점
19	後頂(후정)	풍부와 백회를 4등분해서 풍부 위 3/4지점
20	百會(백회)	머리 정중선을 양귀상단을 이어 만나는 점
21	前頂(전정)	백회와 신정을 3등분해서 1/3되는 지점
22	顖會(신회)	백회와 신정을 3등분해서 2/3되는 지점
23	上星(상성)	전발제 위1촌
24	神庭(신정)	전발제 위0.5촌 들어간 곳

順番 (순번)	經穴名 (경혈명)	穴位 (혈위)
25	素髎(소료)	코 끝 중앙
26	水溝(수구)	인중 중앙
27	兌端(태단)	수구혈 하단 윗입술 첨단
28	齦交(은교)	윗입술과 상치은(上齒齦)의 사이

(1) 장강

- 적응 : 만성임질, 소아 탈항증
- 위치 : 미골 끝 아래 0.5촌 미골 끝과 항문 사이의 중점

(2) 요유

- 적응 : 자궁내막염, 요통, 다리냉증, 월경폐쇄
- 위치 : 4천추 아래 함몰처

(3) 요양관

- 적응 : 허리신경통, 척수염, 무릎신경통, 양기부족, 하복부냉허, 만성장염
- 위치 : 4요추 아래 함몰처

(4) 명문

- 적응 : 요통, 척수질환, 비뇨생식기 질환, 신장염, 자궁염, 귀울림, 급성위급증
- 위치 : 제2요추 아래 함몰처, 반대편에 배꼽

(5) 현추

- 적응 : 요배신경통(경련), 신장염, 위장냉증

- 위치 : 제1요추 아래 함몰처

(6) 척중

- 적응 : 황달, 만성장염, 감기, 소아탈항증
- 위치 : 제11흉추 아래 함몰처

(7) 중추

- 적응 : 황달, 구토, 복통, 위통
- 위치 : 제10흉추 아래 함몰처

(8) 근축

- 적응 : 강직성 경련, 광증, 요배 신경통, 늑막염, 근육마비 (거궐, 양능천 겸용)
- 위치 : 제9흉추 아래 함몰처

(9) 지양

- 적응 : 황달, 늑막염, 기관지염, 위장병일절 (신장의 열이 나타나는 곳)
- 위치 : 제7흉추 아래 함몰처, 양 견갑골 하단을 이은 선의 중간

(10) 영대

- 적응 : 기관지염, 폐병, 오한, 감기(비장의 열기가 나타나는 곳)
- 위치 : 제6 흉추 아래 함몰처

(11) 신도

- 적응 : 뇌신경쇠약, 뇌일혈, 협거탈구 중풍 (뜸) (간의 열기 제거)
- 위치 : 제5흉추 아래 함몰처

(12) 신주

- 적응 : 뇌 척추질환, 히스테리, 호흡기질환, 소아과 질병, 피로회복 (뜸)
- 위치 : 제3흉추 아래 함몰처

(13) 도도

- 적응 : 신경쇠약, 목경련, 간혈열
- 위치 : 제1흉추 아래 함몰처

(14) 대추

- 적응 : 만성감기, 폐종기, 정신병, 뇌막염, 뇌일혈, 인후염, 목 신경통
- 위치 : 목뒤 큰 뼈 바로 밑

  알레르기 치질을 가진 사람에게 가장 민감한 반응을 보인다. 이 혈은 목과 어깨가 몹시 결리는 사람에게 효과가 있다, 편두통, 두드러기, 치질, 코감기, 위장병이 있는 사람은 이 혈에 뜸을 뜨면 신통하게 잘 낫는다.

(15) 아문

- 적응 : 두통, 뇌막염, 뇌충혈
- 위치 : 제1, 2경추 극돌기간에 위치, 후발제 정중 상방 5분

(16) 풍부

- 적응 : 풍사, 두통, 오한 땀, 양기조절
- 위치 : 아문혈에서 직상 0.5촌

(17) 뇌호

- 적응 : 뇌충혈, 삼차신경통, 얼굴 신경통
- 위치 : 풍부혈 위로 1.5촌

(18) 강간

- 적응 : 두통, 어지럼증, 소아경기
- 위치 : 뇌호혈 위로 1.5촌

(19) 후정

- 적응 : 편두통, 뇌일혈, 뇌빈혈, 광증
- 위치 : 강간혈 위로 1.5촌 (백회 후방 1.5촌)

(20) 백회

- 적응 : 두통, 뇌신경쇠약, 뇌빈혈, 뇌일혈, 중풍, 정신병, 고혈압, 콧병, 치질 (구급소생혈)
- 위치 : 머리정수리

  몸에 흐르는 모든 경맥이 합류해서 흐르는 곳으로, 모든 병에 효염을 보여주는 혈이다. 특히, 동양의학에서 말하는 상하병의 하나인 하병 중에서 치질에 잘 듣는다. 백회 앞쪽으로 3센티, 뒤쪽으로 3센티 지점에 있는 전정, 후정과 함께 병용하면 두통에 잘 듣는다. 머리가 아프고 무거운 증세에는 두 가지 이유가 있다. 하나는 눈이나, 코에 여러 증세가 있을 때, 다른 하나는 뒤통수, 목, 어깨 등이 무겁고 당기는 증세가 그것이다. 눈이나 코, 입 때문에 오는 두통이라면 백회, 전정을 다루면 되고, 뒤통수 쪽이 아프면 백회, 후정을 다루면 된다.

(21) 전정

- 적응 : 머리의 풍증, 어지럼증, 소아 감기, 콧병
- 위치 : 백회혈 앞 1.5촌

(22) 신회

- 적응 : 뇌빈혈, 신경쇠약, 위산과다, 혈압항진, 축농증
- 위치 : 백회전방 3촌

(23) 상성

- 적응 : 얼굴충혈, 코 막힌데, 눈충혈, 정신병, 노이로제
- 위치 : 백회전방 4촌

(24) 신정

- 적응 : 두통, 이마신경통, 어지럼증, 급성콧병
- 위치 : 백회전방 4.5촌

(25) 소료

- 적응 : 콧병, 코피, 신생아질식, 혼미
- 위치 : 코 끝 중앙(비첨중앙)

(26) 수구 (인중)

- 적응 : 당뇨병, 뇌충혈, 뇌빈혈, 얼굴풍증, 얼굴경련 (인사불성 회생 혈)
- 위치 : 인중중앙

(27) 태단

- 적응 : 치은염, 구내염, 입마름, 전간
- 위치 : 윗입술 끝부분, 인중혈 아래

(28) 은교

- 적응 : 잇몸, 눈물과다, 구내염
- 위치 : 윗 잇몸 아래 중앙에 위치

4.
수태음폐경 (手太陰肺經)

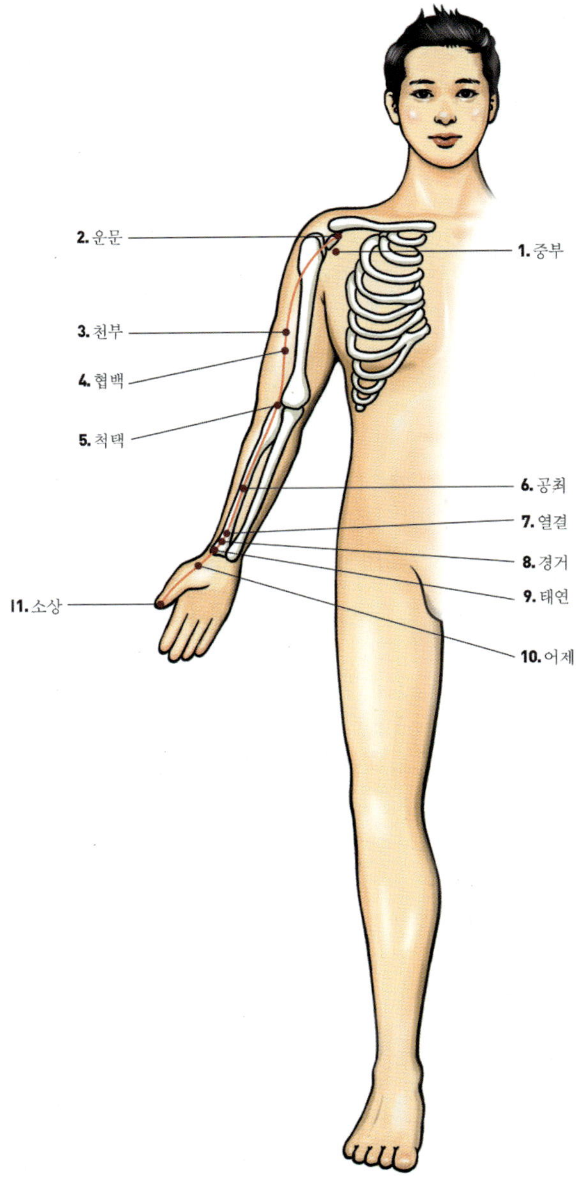

1) 수태음폐경의 적응증세

폐 질환, 호흡기 질환 폐가 나빠지면 기름기 있는 음식보다 산뜻한 음식을 좋아한다. 우선 폐를 관장하고 있는 폐경에 대해서 설명해 보자. 폐를 중심으로 하여 가슴에서 팔, 손바닥으로 내려가 엄지손톱 밑까지 이르는 경맥을 말하는 것으로 폐나 호흡기를 앓고 있는 사람에게서 볼 수 있는 여러 가지 증상을 풀어주는 혈들이 모여 있다.

폐는 인체의 오장(五臟) 중에서 맨 위에 자리잡고 있는데, 연꽃을 엎어놓은 것처럼 내장을 감싸주고 있다고 생각되어 왔다. 외부의 공기를 호흡하여 산소를 오장에 고루 분배시키는 작용을 하는 폐의 기능이 약해지면, 폐경의 흐름도 간간히 막혀 이상증세를 나타내게 된다. 이럴 때의 폐경의 혈을 눌러주면 경락의 흐름을 도와주어 폐의 기능을 소생시킨다.

그러면 폐의 기능이 약해져서 나타나는 이상증세는 어떤 것인가? 우선 얼굴이 확확 달아오른다. 입이 마르고 가슴이 답답하다. 기침이 난다. 가슴이 뛰고 숨이 차다. 팔과 손목이 저리고 아프며 손바닥이 덥다. 말소리도 가냘퍼지고 비부의 윤기가 없어진다.

공기를 체내에 끌어들이는 폐의 작용이 약화되니까 기력도 없어 보이고, 입맛도 기름진 것보다 생선 같이 산뜻한 것을 즐기게 된다. 이러한 증세가 나타나면 폐의 기능이 약해진 징조라고 보아 틀림없을 것이다. 다만 여기서 알아둘 것은 동양의학에서 말하는 폐와 현대의학에서 말하는 폐장은 좀 다르다는 것이다. 따라서 기능이 약해졌다는 말은 폐결핵이나 폐렴에 걸렸다는 뜻이 아니라 보다 폭넓은 호흡기 장해를 통틀어 말하는 것 이다.

폐경에는 앞가슴에서 엄지손톱 밑까지 11개의 혈이 있다. 앞에 말한 증세가 보일 때, 이열한혈중의 어떤 혈을 잘 만져보고 눌러보면 유달리 아프다는 것을 알게 될 것이다. 병의 증세에 따라 활동하는 혈도 다르므로 잘 알아서 가장 효과 있는 혈을 눌러야 한다.

순행부위

수태음폐경맥은 중초(中焦)에서 시작하여(임맥의 중완), 배꼽에서 아래로 내려가 대장(大腸)에 연락하고, 위상부(胃上部)를 거쳐 횡격막(橫膈膜)을 통하여 폐(肺)에 들어가며 다시 인후부(咽喉部)에서 옆쪽 겨드랑이로 나와 중부혈(中府穴)에서 시작하여 팔의 내측 혈로를 따라 엄지손가락 내측 소상혈(少商穴)에 이른다.

주치(主治)

폐기관지질환, 인후염, 천식 등

2) 수태음폐경(手太陰肺經)의 혈위와 주치

順番 (순번)	經穴名 (경혈명)	穴位 (혈위)
1	中府(중부)	흉부 정중앙선 양방 6촌에서 쇄골 아래 1.6촌인 곳
2	雲門(운문)	흉부 정중앙선 양방 6촌에서 쇄골 바로 아래 함몰처
3	天府(천부)	전액과 횡문두 아래 3촌의 상완이두근의 외측연
4	俠白(협백)	전액과 횡문두 아래 4촌의 상완이두근의 외측연
5	尺澤(척택)	주횡문중앙과 요측 끝을 이은 선의 중간
6	孔最(공최)	척택에서 태연까지 이은 선은 10촌이 되며 척택에서 태연 방향으로 3촌되는지점
7	列缺(열결)	손목횡문상1.5촌, 요골동맥 응수처
8	經渠(경거)	손목횡문상1촌, 요골동맥 응수처
9	太淵(태연)	손목횡문상0.5촌, 요골동맥 응수처
10	魚際(어제)	손바닥측 제1 중수골 중점적 백육제
11	少商(소상)	엄지 손톱근부 요측1분처

(1) 중부

- 적응 : 천식, 폐결핵, 편도선, 팔죽지신경통(募)
- 위치 : 견정(肩頂)에서 대각선 위치, 제2늑골간

옛부터 부(府)라고 하면 사람이 모이는 나라의 중심지라는 뜻으로 써왔다. 폐경 중에서 가장 중요한 혈이 바로 여기다. 폐에 이상이 생겼을 때, 여러 가지 증상이 바로 이곳에 모인다. 따라서 이상이 있는지를 알아보는 혈이다. 중(中)이라는 말은 들어맞는다는 뜻으로 이 혈을 누르거나, 비비면 그곳에 모인 병의 근원을 몰아낼 수 있다는 뜻으로 지어진 이름이다. 가슴이 답답하고, 숨이 차고, 기침이 날 때, 이 혈을 지긋이 누르고 있으면 증세가 훨씬 누그러지고 가라앉는다.

(2) 운문

- 적응 : 기침, 편도선 늑간 신경통, 팔 아픈 데
- 위치 : 흉부 정중앙선 양방 6촌에서 쇄골 아래 함몰처

(3) 천부

- 적응 : 뇌출혈, 코피, 팔 아픈 데
- 위치 : 전액과 횡문두 아래 3촌의 상완 이두근의 외측연

(4) 협백

- 적응 : 심장병, 가슴 뛰는데, 기침
- 위치 : 천부혈 하 1촌 주횡문 상 1.5촌

(5) 척택 (합습)

- 적응 : 해소, 인후염, 폐결핵, 팔 아픈 데, 팔 저린데
- 위치 : 팔꿈치 안 줄기 엄지손가락 쪽

대단히 중요한 혈이다. 팔이 아프거나 저릴 때, 손이 뜨거울 때 누르면 상당히 효과가 있다. 혈은 정확하게 누르면 손끝까지 저린 기분이 난다. 동양의학에서 말하는 기혈(氣血)이 흐르는 경락의 긴요한 줄거리에 해당되기 때문에 이런 이름이 붙혀졌다.

물 호스를 발로 밟았을 때 물 줄기가 막히듯이 이 혈을 누르면 혈액 순환이 나빠져 손끝이 저려진다. 아무런 압력도 주지 않는데 손이나 팔이 저린 것은 척택이 막혀있기 때문이라고 볼 수 있다.

지압을 하거나 침, 뜸을 시술하여 막힌 흐름을 뚫어주는 데 치료의 묘미가 있다.

(6) 공최(극郄)

- 적응 : 치질, 팔꿈치 관절염, 폐염, 편도선염
- 위치 : 척택에서 3횡지 아래쪽

저녁 때, 새벽녘에 심한 기침, 숨찬 증세에 잘 듣는다. 최(最)라는 자는 사물을 표현할 때에 무게를 주는 뜻으로 사용하는데, 여기서도 폐경의 사기(邪氣)가 가장 잘 모이는 곳임을 표현하고 있다.

이 혈은 극혈(隙穴)이라고 해서 뼈와 살이 이어지는 곳에 있는데, 급한 증세는 극으로 제거하라는 말대로 급성 발작증세를 일으켜 숨도 제대로 못 쉴 때 효과가 있다. 증세가 심할 때는 등의 폐유까지 누르면 더욱 효과가 있다.

(7) 열결 (락絡)

- 적응 : 삼차 신경통, 반신불수, 편도선, 엄지손가락 통증, 두통
- 위치 : 손목 횡문 상 1.5촌

(8) 경거 (경經)

- 적응 : 편도선, 식도경련, 구토, 춥고 열나는데 기관지염
- 위치 : 손목 횡문 상 1촌

(9) 태연 (원原, 유兪)

- 적응 : 결막염, 폐염, 숨찬데, 손목 관절염,〈폐경의 진단혈〉
- 위치 : 손목 횡문 상 0.5촌

(10) 어제 (영榮)

- 적응 : 두통, 히스테리 손 떨리는데, 엄지손가락 통증, 기침, 신열, 설사
- 위치 : 엄지손가락 마디 밑 부분 불룩한 곳

피로하거나 과로하면 몸이 약해져 감기 걸리기 쉽다. 기관지염이나 폐염의 증세가 바로 나타나는 곳이 이 부분이므로 손바닥을 펴게 하고 불룩한 곳(魚腹)을 잘 살펴보면 손이 덥고 열이 난다. 이 혈은 또 대장에 이상이 생겼을 때도 활용된다. 과음, 과식으로 설사를 할 때에 불룩한 어복(魚腹)을 눌렀다 놓으면 푸른 혈관이 돋보인다. 이럴 때에 한동안 누르고 있으면 배가 편해진다. 동양의학에서 폐와 대장은 오행(金木水火土)의 金에 속하기 때문에 깊은 관련이 있는 것으로 보고 있다.

(11) 소상(정井)

- 적응 : 뇌출혈, 황달, 인후염, 목소리의 조정
- 위치 : 엄지손가락 손톱 요측 1분처

5.
수양명대장경 (手陽明大腸經)

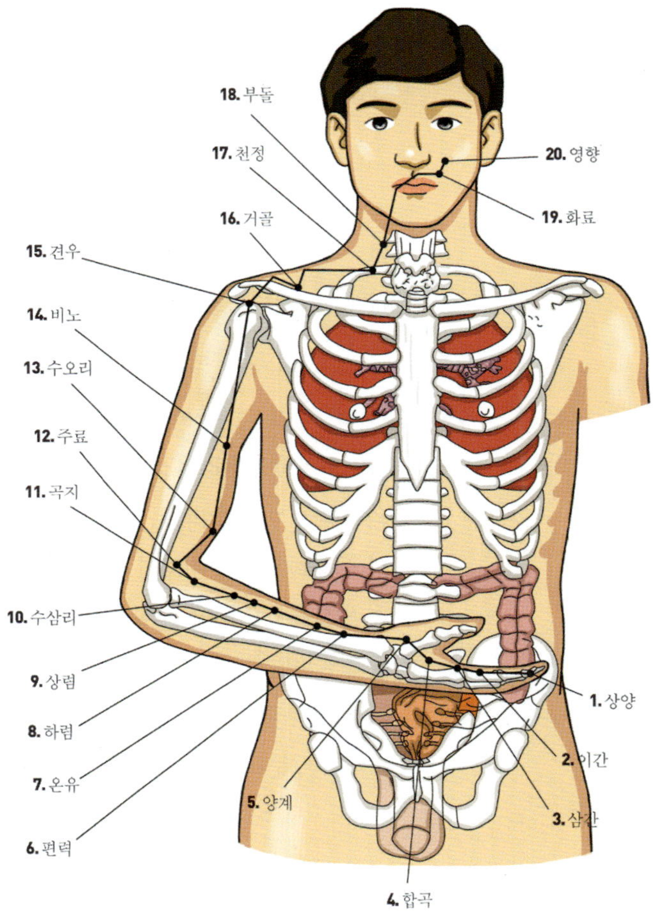

1) 수양명대장경의 적응증세(피부병, 대장질환)

대장경은 폐경과 상당히 밀접한 관계가 있는 경락이다. 폐경을 앓게 되면 영양상태가 좋지 않아서 피부색이 투명해지는 것처럼 보인다. 호흡기 계통의 병을 앓아도 마찬가지다. 이럴 때에 소화기능을 관장하고 있는 대장을 조절하면 차츰 체력이 회복되고 폐와 기타 호흡기의 기능도 좋아진다.

현대의학에서는 대장을, 소장과 이어진 길이 약 1.5미터의 소화관으로서 항문과 직결되어 있으며, 맹장(盲腸) 결장(結腸)의 세 부분으로 이루어지고 있다고 설명한다. 그러나 동양의학에서는 배꼽 위 약 3센티 자리에 있는 수분(水分)이라는 혈에서 소장까지 이어져 16번이나 겹쳐진 다음, 결장을 거쳐 항문에 이르는 것으로 보고 있다. 수분에서는 소화된 음식물이 물과 찌꺼기로 분류되는데 그 찌꺼기를 밖으로 내 보내는 곳이 대장이라는 것이다.

이 대장과 대장경에 이상이 생기면 같은 증세가 생긴다. 우선 눈의 흰자위가 누렇게 변한다. 이가 아프고 코가 막힌다. 가끔씩 코피가 나고 입이 마르고 목이 아프다. 어깨, 팔, 특히 둘째손가락으로 이어지는 줄기가 아프다. 이럴 때, 배꼽 양옆의 천추와 허리띠가 닿은 부분의 대장유를 눌러보면 매우 민감한 반응이 온다. 즉, 대장경에 이상이 생겼다는 신호다.

대장경은 둘째손가락 손톱 끝에서 시작하여 팔의 엄지 손가락쪽을 따라 팔꿈치, 팔목 거쳐 등뼈를 뚫고 나간다. 거기서 경추(經椎)를 쇄골 위의 오목한 곳을 지나 가슴속으로 해서 폐로 내려간다.

폐를 순환한 다음 대장으로 내려가 이 경락의 본줄기가 끝난다. 한편 쇄골 오목한 곳에서 갈라져 나간 가지가 목과 볼을 지나 아랫니의 이 틀을 지나 입을 돌아서 코와 입술의 중앙으로 빠진다. 좌우 쪽에서 온 경락이 거기서 엇갈려 왼쪽 것은 오른쪽으로, 오른쪽 것은 왼쪽으로 가서 콧망울 옆에 있는 영향에서 끝난다.

순행부위

수양명대장경은 둘째손가락 손톱 옆 모서리에 있는 상양(商陽)에서 시작하여 혈로를 따라 상행하여 견봉(肩峰)의 견우혈(肩髃穴)을 거쳐 뒤쪽 견갑부위혈(肩鉀部位穴)로 넘어가 거골(巨骨)에서 다시 앞쪽 목부위에서 안면부(顔面部)로 상행하여 영향(迎香)에 이른다.

주치(主治)

비염, 구안와사, 치질 등

2) 수양명대장경(手陽明大腸經)의 혈위와 주치

順番 (순번)	經穴名 (경혈명)	穴位 (혈위)
1	商陽(상양)	검지 손톱근부 요측 1분처
2	二間(이간)	검지 본절 전 요측 함몰처
3	三間(삼간)	검지 본벌 후 요측 함몰처
4	合谷(합곡)	엄지 검지 기골간 함몰처
5	陽谿(양계)	손가락을 쫙 펼 때 엄지손가락 밑 부분의 두 힘줄 사이 함몰처
6	偏歷(편력)	양계 상3촌
7	溫溜(온류)	양계 상5촌
8	下濂(하렴)	곡지 아래4촌
9	上濂(상렴)	곡지 아래3촌
10	手三里(수삼리)	곡지 아래2촌
11	曲池(곡지)	주관절 횡문상요측 함몰처
12	肘髎(주료)	90도로 굴절 시 곡지후방1.5촌, 상완골 내측연
13	手五里(수오리)	곡지 상3촌
14	臂臑(비노)	견우 아래3촌, 삼각근하연

順番 (순번)	經穴名 (경혈명)	穴位 (혈위)
15	肩髃(견우)	어깨 끝 양골 사이 함몰처
16	巨骨(거골)	쇄골 견봉 끝과 견갑극이 만나는 곳의 함몰처
17	天鼎(천정)	부돌(18번) 직하1촌
18	扶突(부돌)	결후(Adam's apple) 양방3촌, 흉쇄유돌근 정중앙, 인 혈 뒤쪽1.5촌
19	禾髎(화료)	수구양방5분
20	迎香(영향)	비익근부 바깥쪽 5분처

(1) 상양 (정井)

- 적응 : 뇌출혈, 이 아픈 데, 편도선, 코피, 설사기미
- 위치 : 검지 손톱근부 요측 1분처

(2) 이간 (영榮)

- 적응 : 편도선, 이 아픈 데, 변비, 눈 다래끼
- 위치 : 주먹을 잡고 식지요측, 중수관절 앞 오목한 부위

(3) 삼간 (유兪)

- 적응 : 어깻죽지 신경통, 둘째손가락 마비
- 위치 : 주먹잡고 제2중수 관절 뒤 오목한 부위

(4) 합곡 (원原)

- 적응 : 두통, 귀가 멍한데, 시력부족, 콧물나는데, 신경쇠약 혈압조정, 여드름(위장병 진단 반응점)
- 위치 : 엄지와 집게 손가락 마디 사이 중간점

경락 중에서 가장 중요한 혈을 원혈(原穴)이라고 하는데, 대장경의 원혈이 바로 이 합곡이다. 대장에 질병이 있는지 이 혈을 통해서 곧 알 수 있다. 이곳을 누를 때 유난히 아프면 틀림없이 대장에 이상이 있는 것이다. 합곡 있는 곳을 자연스럽게 펴고 손으로 눌러본 다음, 배의 촉감과 과히 틀리지 않으면 위장에 이상이 없다. 물론 다르면 이상이 있는 것이다. 동양의학에서는 합곡보다 배 부위가 단단한 것을 실증, 부드러운 것을 허증(虛症)이라고 진단한다.

(5) 양계 (원原)

- 적응 : 두통, 손목관절염, 아기 소회불량, 인후통, 치통, 귀울림
- 위치 : 엄지손가락을 쫙 펼 때 엄지손가락 밑 부분의 두 힘줄 사이의 함몰처

(6) 편력 (락絡)

- 적응 : 엄지손가락 마비, 지압통, 안면신경마비
- 위치 : 양계 상 3촌

(7) 온류 (극郄)

- 적응 : 대장경의 통증, 입안이 헐었을 때, 치통, 잇몸 아픈 데
  ※募모: 천추(天推)
- 위치 : 양계 상 5촌

(8) 하렴

- 적응 : 기관지염, 늑막염
- 위치 : 곡지 아래 4촌

(9) 상렴

- 적응 : 중풍, 천식, 팔 저린데
- 위치 : 곡지 아래 3촌

(10) (手)삼리

- 적응 : 뇌출혈, 뇌빈혈, 축농증, 변불순 반신불수, 팔신경통
- 위치 : 팔을 굽히고 엄지손가락쪽 3횡지 (곡지 아래 2촌)

삼리라는 혈은 다리에도 있기 때문에 이것을 구별하기 위해서 수삼리, 족삼리로 불리우기도 한다.

이 혈을 정확하게 누르면 합곡으로 반응이 간다. 삼리의 1횡지 아래가 하렴, 그 1횡지 아래가 상렴인데, 같은 혈이 한 줄기로 늘어서 있으며 그 세 번째 혈이기 때문에 삼리라는 이름으로 불리우게 되었다.

정신의 불안정한 상태를 진정시켜주는데, 뇌출혈에는 사(瀉- 세게 누른다)해주고, 뇌빈혈에는 보(補- 지긋이 누른다)해준다. 얼굴에 심한 여드름이나 부스럼이 있는 사람은 이 혈의 반응이 빠르다. 가볍게 비비거나 뜸을 하면 효과가 있다.

(11) 곡지

- 적응 : 반신불수, 뇌출혈, 고혈압, 피부병, 눈병, 갑상선 비대, 두통, 설사
- 위치 : 팔 구부린 점의 엄지손가락 쪽

글자 그대로 팔 구부린 지점인데, 사람 몸이 사기(邪氣)가 한데 모인다는 곳이다. 경락을 흐르는 모든 에너지가 일단 이곳에 모였다가 장부(臟腑)로 흘러 들어가는데, 여기 모여든 사기의 정도에 따라 대장의 증세가 좌우된다.

이 곳에 쌓여있는 사기를 제거하여 경맥의 흐름을 부드럽게 함으로써 증세를 바로 잡아준다. 대장의 여러 가지 증세 중에서도 이 혈은 특히

대장염으로 인한 설사, 두통, 열나는 데 효력이 있다. 열이 있을 때의 사기를 열사(熱邪)라고 하는데, 이때에는 삼리, 합곡을 겸해서 누르면 효과가 있다.

(12) 주료

- 적응 : 어깻죽지 관절염, 팔 저린데, 팔 뻣뻣한데
- 위치 : 팔을 굽히고 곡지혈의 외 위쪽 1촌되는 곳

(13) 수오리

- 적응 : 폐렴, 기침, 팔꿈치 관절통
- 위치 : 곡지 상 3촌

(14) 비노

- 적응 : 팔 上下굴신 불능, 팔 신경통, 손가락마비
- 위치 : 견우아래 3촌, 삼각근 하연

(15) 견우

- 적응 : 견비통 반신불수, 피부병
- 위치 : 팔을 위로 들어 오목하게 들어간 어깨 앞 부분

혈을 정확하게 누르면 가운데 손가락에 반응이 간다. 50대에 들어서면 조금만 일을 해도 어깨가 결리고 아프다. 이것을 오십견이라고 하는데, 이 증세가 특히 효과가 있다. 좌우 교대로 이 혈을 꾹꾹 눌러주면 팔을 비비거나 때리지 않아도 훨씬 가벼워진다. 뜸이나 온구도 잘 듣는 혈이다.

(16) 거골

- 적응 : 어깨 결린 데, 팔운동 불능, 임파선염 치통
- 위치 : 쇄골견봉 끝과 견갑극이 만나는 곳의 함몰처

(17) 천정

- 적응 : 편도선, 인후염, 고혈압
- 위치 : 부돌혈 직하 1촌 흉쇄유돌근의 후연

(18) 부돌

- 적응 : 기침, 천식, 가래, 고혈압
- 위치 : 후두결절 열 3촌 흉쇄유돌근의 흉골두와 쇄골두 사이

(19) 화료

- 적응 : 코피, 콧병, 삼차신경통, 입 비뚤어진 데
- 위치 : 인중혈 열 0.5촌

(20) 영향

- 적응 : 콧병, 코 막힌 데, 축농증, 안면신경 마비
- 위치 : 코망울 양 옆

  음양五행에 오향(五香)이라는 것이 있다. 여러 가지 냄새 중에서 대표적인 다섯가지 냄새를 정해서 五장의 형태와 색에 드러맞춘 것이다. 누린내는 五행의 木으로서 五장의 간, 담, 단내는 火로서 심, 소장, 구린내는 土로서 비, 위 비린내는 金으로서 폐, 대장, 썩은내 水로서 신, 방광에 해당된다. 이렇게 5장 6부를 구분하고 보면, 영향(迎香)은 대장경이 끝나고 위경을 맞아들이는 전환점이 된다.

6.

족양명위경 (足陽明胃經)

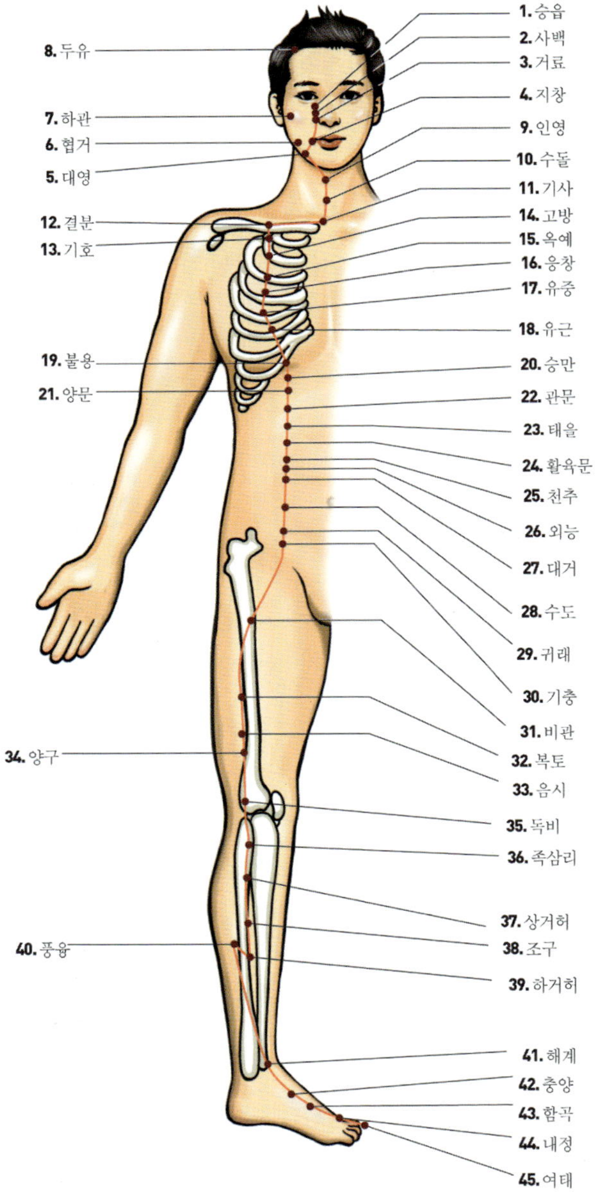

1) 족양명위경의 적응증세

위장질환 위가 나쁜 사람의 얼굴은 언제나 어둡고 검은 빛이 감돈다.

위는 가슴과 배를 갈라놓은 횡경막 아래 간장 밑에 있는 내장의 하나로서, 입으로 섭취한 음식물을 소화시키는 가장 중요한 소화 기관이다. 따라서 이 경락은 혈도 많아 머리에서 발끝까지에 이르고 있다. 앞에서 말한대로 영향에서 시작하여 코 옆에서 좌우 눈길에 교차되고, 양쪽 눈 안쪽에서 윗입술 안으로 해서 아래 입술 한 가운데서 다시 교차된다. 이것이 턱에서 두 갈래로 갈라져 한 갈래는 이마로 가고, 다른 한 갈래는 쇄골 오목한 곳에서 다시 갈라져 복부와 위장, 비장을 돈다. 이어 서계를 거쳐 대퇴부로 내려가 둘로 갈라지면서 둘째 발가락 끝까지 간다.

위경은 이상은 두통, 특히 이마와 눈 언저리 그리고 뒤통수가 아픈 증세로 나타난다. 위경은 또 코 막힌 데, 코피, 입가의 부스럼, 목 아픈 데, 배 당기는 데, 대퇴부에서 무릎, 다리가 저리고 무거운 증세를 가져온다. 위경에 이상이 있는 사람은 얼굴과 피부에 윤택이 없고 색깔이 밝지 못한다. 입술이 마르고 발음이 똑똑하지 않다. 음식도 걸죽한 것보다 산뜻한 것을 좋아한다. 이런 증세가 있는 사람은 똑바로 누워서 명치 밑과 배꼽 사이에 오른손은 아래쪽, 왼손은 위쪽을 눌러본다. 위 있는 쪽이 아프면 위에 이상이 생긴 것이다.

2) 족양명위경(足陽明胃經)의 혈위와 주치

順番 (순번)	經穴名 (경혈명)	穴位 (혈위)
1	承泣(승읍)	눈동자 직하 7분처
2	四白(사백)	눈동자 직하 1촌 안와하골궁
3	巨髎(거료)	눈동자 직하 선과 코 아래 양방을 이은 선이 만나는 곳
4	地倉(지창)	입을 다물고 양구각 4분처(입술 양쪽 끝)
5	大迎(대영)	입을 다물고 하악골 우각전1.3촌의 함몰처
6	頰車(협거)	귀 하단과 하악골 우각 사이에서 저작 시 융기처
7	下關(하관)	관골궁 후하연 함몰처
8	頭維(두유)	신정양방4.5촌, 액각에서 발제로 들어가 5분되는 곳
9	人迎(인영)	결후(Adam's apple) 1.5촌 동맥 응수처
10	水突(수돌)	인영(9)과 기사(11)의 중간흉쇄유돌근 중간
11	氣舍(기사)	인영 직하 천돌양방1.5촌
12	缺盆(결분)	천돌 양방4촌에서 쇄골 상연 함중처
13	氣戶(기호)	쇄골하연. 선기 양방4촌
14	庫房(고방)	쇄골하연. 앞면 중앙선 양방 4촌, 제1늑간근
15	屋翳(옥예)	쇄골하연. 자궁양방4촌. 제2늑간근
16	膺窓(응창)	쇄골하연. 옥당양방4촌, 제3늑간근
17	乳中(유중)	쇄골하연. 전중양방4촌, 유두 중앙
18	乳根(유근)	쇄골하연, 중정양방4촌, 제5늑간근
19	不容(불용)	거궐(임맥) 양방2촌, 배꼽 위6촌
20	承滿(승만)	상완양방2촌, 배꼽 위5촌
21	梁門(양문)	중완양방2촌, 배꼽 위4촌
22	關門(관문)	견리양방2촌, 배꼽 위3촌
23	太乙(태을)	하완양방2촌, 배꼽 위2촌
24	滑肉門(활육문)	수분양방2촌, 배꼽 위1촌
25	天樞(천추)	제중양방2촌
26	外陵(외능)	음교양방2촌, 배꼽 아래1촌

順番 (순번)	經穴名 (경혈명)	穴位 (혈위)
27	大巨(대거)	석문양방2촌, 배꼽 아래2촌
28	水道(수도)	관원양방2촌, 배꼽 아래3촌
29	歸來(귀래)	중극양방2촌, 배꼽 아래4촌
30	氣衝(기충)	극골(임맥) 양방2촌
31	髀關(비관)	슬개골의 상연위12촌, 회음과 수평으로 교차하는 점
32	伏兎(복토)	슬개골의 상연위6촌
33	陰市(음시)	슬개골의 상연위3촌
34	梁丘(양구)	슬개골의 상외측2촌
35	犢鼻(독비)	무릎을 구부릴 때 만져지는 슬개골인대 외측 함요처
36	足三里(족삼리)	경골조면 외측 독비직하3촌
37	上巨虛(상거허)	독비직하6촌, 경골골간연
38	條口(조구)	독비직하8촌, 경골골간연, 독비부터 외과점까지 중간 독비직하9촌, 경골골간연, 무릎외측 경골직하9촌
39	下巨虛(하거허)	독비직하3촌, 경골골간연, 무릎외측 경골직하9촌
40	豊隆(풍융)	조구후방1촌, 비골전연
41	解谿(해계)	십자인대 사이, 발목관절 횡문중앙 함요처
42	衝陽(충양)	해계하1.5촌, 발등 최상부 족배동 맥박동부
43	陷谷(함곡)	족2, 3지간 배면 본절후2촌
44	內庭(내정)	족2, 3지간 배면 사이 적백육제(赤白肉際)
45	厲兌(여태)	두번째 발가락 외 측지갑각 약 0.1

(1) 승읍

- 적응 : 눈병, 야맹증, 눈물과다, 원시, 근시
- 위치 : 눈동자 직하 동공 바로 밑

(2) 사백

- 적응 : 삼차신경통, 피로, 두통, 축농증
- 위치 : 눈동자 직하 1촌 안와하골궁

(3) 거료

- 적응 : 안면 신경통, 각막염, 윗니 아픈 데
- 위치 : 눈동자 직하선과 코 아래 양방을 이은 선이 만나는 곳

(4) 지창

- 적응 : 안면 신경마비, 입경련, 입삐뚤이, 침 흘리는데
- 위치 : 입가에서 0.4촌거료 밑

(5) 대영

- 적응 : 안면 경련, 입술 경련, 아랫니 신경통, 이 가는데
- 위치 : 입을 다물고 하악골 우각 사이에서 저작 시 융기처, 입을 다물 때 홈이 생기는데 홈 밑 끝부분

(6) 협거

- 적응 : 안면 마비, 턱 신경통, 목 쉰소리, 아랫니 신경
- 위치 : 하악각 앞으로 1횡지되는 오목한 부위, 저작 시 교근이 제일 높이 두드러지는 곳

(7) 하관

- 적응 : 귀 아픈 데, 이 아픈 데, 잇몸 염증
- 위치 : 관골궁 후하연 함몰처 (입을 다물면 구멍이 있고 입을 벌리면 막히는 부위)

(8) 두유

- 적응 : 뇌충혈, 눈의 풍증, 편두통, 어지러움증
- 위치 : 신정 양방 4.5촌 액각발제위로 0.5촌되는 곳

(9) 인영

- 적응 : 인후염 뇌충혈, 고혈압, 류마티스, 천식
- 위치 : 결후(Adam's apple) 1.5촌 동맥응수처

엄지와 집게 손가락을 펴서 앞 목을 가만히 대고 보면 맥이 심하게 뛰는 곳이 있다. 사람의 머리와 몸이 이어지는 가장 중요한 부위다. 거기서 뛰는 맥을 인영맥이라고 한다. 예부터 이 인영맥과 손목의 요골동맥이 뛰는 것을 비교해서 그 사람의 건강상태를 진찰해 왔다. 인영맥 구진(口診)이라는 진맥 방법이다. 이 혈은 혈압 높은 사람에게는 대단히 고마운 곳으로 여겨지고 있다. 이 혈 근처에 혈압을 조절하는 중요한 기관이 있으므로 약에 의존하지 않고 침으로 혈압을 내려줄 수 있기 때문이다. 천식, 기관지의 만성 질환, 만성 갑상선 기능을 조절하는 데도 효과가 있다.

(10) 수돌

- 적응 : 편도선, 기관지염, 천식
- 위치 : 인영과 기사의 중간, 흉쇄유돌근의 전연

(11) 기사

- 적응 : 기침, 인후염, 횡경막
- 위치 : 인영직하 천돌 양방 1.5촌

(12) 결분

- 적응 : 늑막염, 천식, 목과 어깨 부위 이상
- 위치 : 천돌 양방 4촌에서 쇄골 상연 함중처

(13) 기호

- 적응 : 늑막염, 만성 기관지염, 백일해

- 위치 : 쇄골하연, 전 중앙선 옆으로 4촌

(14) 고방

- 적응 : 뇌충혈, 기관지염, 호흡곤란
- 위치 : 제1늑간극에 해당됨

(15) 옥예

- 적응 : 기침, 늑간 신경통, 가슴 류마티스
- 위치 : 제2늑간근, 전 중앙선 옆 4촌

(16) 응창

- 적응 : 폐충혈, 늑막염, 기침
- 위치 : 제3늑간근, 전 중앙선 옆 4촌

(17) 유중

- 적응 : 유방염, 유방암
- 위치 : 유두 중앙

(18) 유근

- 적응 : 유방염, 유방종기
- 위치 : 제5늑간근 유두 바로 밑

(19) 불용

- 적응 : 위확장, 위경련, 가슴 답답증, 가슴 뛰는 데
- 위치 : 거궐 (임맥) 양방 2촌, 배꼽 위 6촌

  불용의 不자는 시작이라는 뜻이고 容자는 그릇을 말하는 것이므로 그릇의 맨위, 즉 위의 첫머리에 있는 혈이라는 말이다. 위기 좋지 않을 때

에는 명치 밑을 중심으로 양쪽 옆구리까지 아프고, 조금만 눌러도 몹시 아프다. 이 혈은 위의 모든 증세를 다스리는 데 매우 효과가 크다. 위통, 가슴이 뻐근한 데, 위가 무겁게 느껴질 때, 위가 팽팽하고 쿨렁쿨렁 소리가 날 때 잘 듣는다.

(20) 승만

- 적응 : 소화불량으로 인한 어깨 숨, 만성위염
- 위치 : 배꼽 위 5촌, 전 중앙선 옆 2촌

(21) 양문

- 적응 : 위통, 급체, 식욕부진, 담석통 〈위궤양 반응점〉
- 위치 : 배꼽 위 4촌, 전 중앙선 옆 2촌

(22) 관문

- 적응 : 급성 위염, 식욕부진, 배부종
- 위치 : 배꼽 위 3촌, 전 중앙선 옆 2촌

(23) 태을

- 적응 : 소화불량, 가슴 답답증
- 위치 : 배꼽 위 2촌, 전 중앙선 옆 2촌

(24) 활육문 〈풍사가 비장으로 가면 정신병이 된다.〉

- 적응 : 위통, 신장병, 중이염, 신경증 〈풍사가 비장으로 가면 정신병이 된다〉
- 위치 : 배꼽 위 1촌, 전 중앙선 옆 2촌

(25) 천추

- 적응 : 만성 장염, 신장병 대장병 일절, 자궁내막염

- 위치 : 배꼽 양방 2촌

배의 모든 병에 잘 듣는 혈로, 설사, 변비, 부인병에까지도 잘 쓰인다. 몸이 무겁고 자주 피곤하며 기력이 없을 때, 이 혈과 바로 안쪽에 있는 황수를 가볍게 눌러 보면 꽤 아프다. 그리고 발바닥 중심부에 반응이 오는 사람도 있다. 이것은 신허증(腎虛症)이라고 하며, 체력이 몹시 쇠약해진 증거다.

지압은 물론, 때에 따라 침이나 뜸도 좋은 효과를 가져온다. 동양의학에서는 배꼽을 경계선으로하여 상반신을 天, 하반신을 地로 나누고 있는데, 배꼽 자리가 사람의 몸을 天과 地로 나누는 추요(樞要)한 곳이라고 해서 이 이름이 붙여졌다.

(26) 외능

- 적응 : 아래 대장부위 통증
- 위치 : 배꼽 아래 1촌, 전 정중앙선 옆 2촌

(27) 대거

- 적응 : (만성)맹장염, 방광염, 부인병, 불임증
- 위치 : 배꼽 아래 2촌, 전 정중앙선 옆 2촌

(28) 수도

- 적응 : 신장염, 방광염, 고환염, 하복부 질환
- 위치 : 배꼽 아래 3촌, 전 정중앙선 옆 2촌

(29) 귀래

- 적응 : 남녀 생식기 질환
- 위치 : 배꼽 아래 4촌, 전 정중앙선 임맥의 중극 양방 2촌

(30) 기충

- 적응 : 허리 신경통, 반신불수, 남녀 생식기 질환
- 위치 : 배꼽 아래 5촌, 전 정중앙선의 임맥 곡골 양방 2촌

(31) 비관

- 적응 : 허리 신경통, 무릎 시린 데, 다리 마비
- 위치 : 슬개골의 상연 위 12촌, 회음과 수평으로 교차하는 점

(32) 복토

- 적응 : 다리 냉증, 반신불수, 중풍, 다리 저린 데
- 위치 : 슬개골의 상연 위 6촌

(33) 음시

- 적응 : 다리 냉증, 무릎 냉증
- 위치 : 슬개골의 상연 위 3촌

(34) 양구(극郄)

- 적응 : 위경련, (만성)맹장염, 설사, 무릎 관절염
- 위치 : 대퇴근의 무릎 끝쪽, 슬개골의 상외측 2촌

  위가 아픈 것은 신경성인 것과 위에 이상이 생겼을 때의 두 가지 경우가 있다. 이 혈은 뒤의 경우, 특히 위경련을 일으켰을 때에 잘 듣는다. 엄지손가락으로 힘주어 누르고 있으면 신기하리만치 아픔이 가신다. 위가 아파도 구체적인 병명을 알아내지 못하던 불안하다고 하는 사람도 많을 것이다. 그러나 동양의학에서는 증상을 중요시하고 어떻게 증상을 멈추게 하느냐가 문제이다.

(35) 독비

- 적응 : 관절 류마티스, 무릎 관절염, 누르면 통증을 느낀다.
- 위치 : 슬개골 하연, 슬개골 인대 외측의 오목한 부위

(36) 족삼리 (합合)

- 적응 : 소화불량, 입안 염증, 복막염, 팔다리 노곤할 때, 신경성 다리 통증, 눈병, 노이로제, 고협압, 상·중·하초병, 노곤할 때, 신경성 다리 통증, 눈병
- 위치 : 정강이 외측 무릎 아래 약 10cm
  예부터 무병장수하는 혈로 알려진 이곳은 우선 소화기의 이상이 생겼을 때 좋은 효과를 낸다. 간장 담낭의 이상, 당뇨병에서 오는 여러 가지 증세, 예를 들면 몸이 무겁고 살이 빠지고 목이 마른 증세에서 신경통, 뇌화증, 뇌졸중으로 인한 다리와 무릎이 무거운 증세에 잘 듣는다. 이 밖에도 호흡기 이상에서 오는 가슴답답증, 기침, 노이로제, 눈병, 콧병에 이르기까지 광범위하게 효과 있는 혈이다.

(37) 상거허

- 적응 : 각기로 인한 부종, 위열(熱) 대장질환
- 위치 : 독비 직하 6촌경골 골간연

(38) 조구

- 적응 : 다리 신경마비, 장출혈, 편도선
- 위치 : 상거혈 아래로 2촌

(39) 하거허

- 적응 : 각기, 다리마비, 경련, 만성장염, 소장질환
- 위치 : 상거혈 아래로 3촌

(40) 풍륭(락絡)

- 적응 : 변비, 다리마비, 경련, 가래, 소아마비(뭉글뭉글한 것이 만져짐)
- 위치 : 외측 복숭아뼈 위로 8촌, 조구혈 밖 1촌

(41) 해계(경經)

- 적응 : 류마티스, 다리관절염, 눈 다래끼
- 위치 : 십자인대 사이, 발목관절 횡문 중앙 함요처

(42) 충양 (원原)

- 적응 : 다리마비, 다리관절염, 노이로제
- 위치 : 족배, 동맥이 박동하는 부위

(43) 함곡

- 적응 : 둘째 발가락 마비, 발등 부은데
- 위치 : 족배, 제2, 3중족관절 뒤 오목한 부위

(44) 내정

- 적응 : 치통, (충격으로 인한) 코피, 얼굴 부종, 식중독설사
- 위치 : 족배 둘째, 셋째 발가락의 봉합된 부위

(45) 여태

- 적응 : 간장염, 뇌빈혈, 노이로제, 광증, 복수, 급성 콧병, 얼굴 저린데, 위신경증
- 위치 : 두 번째 발가락 외측 지갑각 약 0.1

7.

족태음비경 (足太陰脾經)

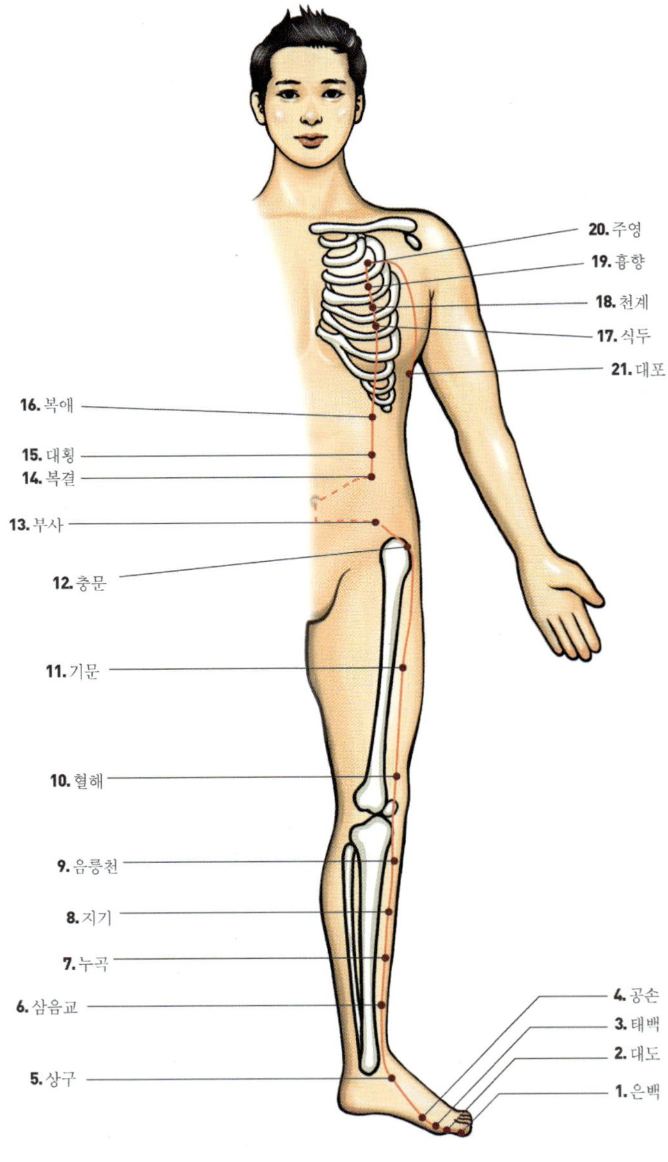

1) 족태음비경의 적응증세(소화장애, 부인병, 생리병)

상습 설사나 변비로 고생하는 사람은 비장에 이상이 생긴 때문이다. 비경은 비장(脾臟)을 중심으로 엮어진 경락인데, 이것은 현대의학의 췌장(膵臟)도 포함된 것이다. 췌장은 위 바로 뒤쪽을 나뭇잎처럼 덮고 있는 회색기 도는 황색 내장으로 소화액을 분비한다. 췌액은 위에서 소화된 음식물을 다시 소화시키는 작용을 한다. 한편, 이 내장에서 만들어지는 인슐린이라는 호르몬은 당분의 소화를 촉진시켜 조직과 근육에 적당한 분량을 보급하고 있다. 흡수된 당분이 많으면 글리코겐이라는 형태로 간장에 저장되어 근육조직에 당분이 부족할 때 포도당으로 바꾸어 보내주는 구실을 한다.

동양의학에서는 이러한 비장의 활동을 풀이하여, 5장을 덥게 하고 위를 덥혀서 위 안의 음식물 소화를 도와주는 것으로 본다. 위에서 소화된 음식물은 비장으로 가서 5장 6부로 적당량이 배분되어 몸을 양생하고 피부와 근육을 가꾸어 준다고 해석한다.

말하자면 비장은 음(陰), 위장은 양(陽)이 되어 음양의 활동이 일치하여 소화, 흡수시키는 작용을 촉진시키는 것으로 생각한다. 이러한 비장의 활동이 약화되면 혀가 굳어지고 명치 밑이나 위 언저리가 무직하고 통증을 느낀다. 속이 메스껍고 트림이 난다. 음식물의 소화가 잘 안되고 설사나 변비증이 생긴다. 다리가 냉해지고 무릎이 뻣뻣해진다. 불면증이 따르는 수도 있다.

비경은 엄지발톱 안쪽에 잇는 은백에서 시작하여 내과를 지나 정강이 안쪽으로 따라 올라간다. 이어 무릎 접시뼈 안쪽을 통해서 대퇴부 역시 안쪽을 거쳐 샅, 배로 들어가 하복부 중심부에서 다시 배꼽을 사이에 두고 두 갈래로 갈라진다. 대횡에서 또 중심부로 들어가 비장을 돌라서 위에 이른다.

경맥은 다시 가슴으로 올라가 식두, 천계를 지나 흉향·주영을 거쳐 대포에서 끝난다.

2) 족태음비경(足太陰脾經)의 혈위와 주치

順番 (순번)	經穴名 (경혈명)	穴位 (혈위)
1	隱白(은백)	대지(엄지발가락) 내측 조갑1분처
2	大都(대도)	대지 내측 본절 전방 적백육제
3	太白(태백)	대지 내측 본절 후방 적백육제 함몰처
4	公孫(공손)	대지 중족골 기저부 전하연 후방1촌
5	商丘(상구)	내과 전하방 함몰처
6	三陰交(삼음교)	족 내과정 상3촌 경골후연
7	漏谷(누곡)	족 내과정 상6촌 경골후연
8	地機(지기)	족 내과정 상8촌 경골후연
9	陰陵泉(음릉천)	경골내과 하연의 경골과 비복근 사이
10	血海(혈해)	슬개골 내측 상연위2촌
11	箕門(기문)	슬개골 내측 상연직 상8촌
12	衝門(충문)	곡골 양방4촌
13	府舍(부사)	곡골 중극4촌
14	腹結(복결)	곡골 음교4촌
15	大橫(대횡)	곡골 배꼽4촌
16	腹哀(복애)	곡골 건리4촌
17	食竇(식두)	곡골 중정 양방6촌
18	天谿(천계)	곡골 전중 양방6촌
19	胸鄕(흉향)	곡골 옥당 양방6촌
20	周榮(주영)	곡골 자궁 양방6촌
21	大包(대포)	겨드랑이 직하6촌

(1) 은백

- 적응 : 다리 발의 냉증 월경과다, 자궁경련, 하복부팽창, 흥분, 꿈과다, 소아 경기
- 위치 : 엄지발톱 외측

은백이라는 이름은 한방에서 나온 것으로 발바닥을 음, 발등을 양으로 규정하는데, 땅에 닿지 않는 발바닥 부분을 백육(白肉)이라고 부른 데서 엄지발가락 안쪽으로 발톱 밑에 있는 혈을 은백이라고 하게 되었다. 은백은 일명 귀루(鬼壘)또는 귀안(鬼眼)이라고도 하는데 흥분한 데나 소아 경기에 잘 듣는다. 鬼자는 '월래'라는 뜻으로, 현대식으로 풀어서 말하자면 정신을 말하는 것이다. 정신이 통하는 곳이라고 해서 이런 별명이 붙여진 것이다. 현대에 사는 사람들은 흥분하기 쉽고 초조한 생각을 갖기 쉬운데, 이럴 때는 은백을 좀 세게 누르면 효과가 있다.

이 밖에 배가 더부룩하다든지 발, 다리가 냉하고 저릴 때도 많이 쓰인다.

(2) 대도

- 적응 : 위경련, 허리 신경통, 복통, 토사곽란
- 위치 : 무지내측, 제1중족관절의 전연

(3) 태백

- 적응 : 위경련, 장출혈, 장산통, 비경 이상 진단용
- 위치 : 제1중족골 소두 외연

(4) 공손

- 적응 : 하복부경련, 장출혈, 위통, 소화불량
- 위치 : 제1중족골, 기저부의 전하연

(5) 상구

- 적응 : 복부팽창, 장울림, 메스껍고 토할 때, 발목 아픈 데
- 위치 : 내측 복숭아뼈 전하방 오목한 부위

(6) 삼음교

- 적응 : 남녀 생식기 질환, 월경과다, 자궁출혈, 다리 무릎 과로
- 위치 : 내과 3횡지 위쪽

삼음교는 비경의 태음, 간경의 궐음, 신경의 소음이 교차되는 중요한 혈이다. 삼음교라는 이름은 글자 그대로 세 음이 만나는 지점이란 뜻이다. 간장과 신장은 5장 중에서 가장 중요한 곳으로, 배꼽을 중심으로 위쪽에 간장이 있고 아래쪽에 신장이 있다.

사람을 대할 때, 배짱도 있고 예의바른 사람은 간장과 신장이 튼튼한 증거이다. 여기에 비장이 합쳐 세 경맥이 교차되는 곳이 삼음교로서 다리와 무릎이 아프거나 비만증, 마른증세에 잘 듣는다.

이 밖에 남녀 생식기 질환, 특히 부인병에 잘 듣는다. 옛날에는 이 혈에 침이나 뜸을 떠서 태아를 유산시킨다고 해서 더러 화제가 됐으며 대장경의 합곡과 더불어 유산(流産)혈로 꼽히기도 하였다.

(7) 누곡

- 적응 : 각기, 다리 냉증, 복부 팽창, 남녀 생식기 질환
- 위치 : 삼음교혈 위로3촌

(8) 지기

- 적응 : 다리 경통, 마비, 당뇨병, 위장병, 위산과다, 식욕증진, 정액결핍, 자궁출혈
- 위치 : 종다리 알통 중심선, 음능천혈 3촌

배가 팽팽하고 식욕이 없는 것은 모두 비장과 관계 있는 증세다. 이 혈은 급할 때에 누르는 혈로 예부터 많이 쓰이고 있다. 삼음교에서 위로 15센티쯤 올라가서 가만히 누르면 꽤 아픈 곳이 있다. 태음(太陰)의 극(郄)으로서 비경의 극혈이다. 극이란 틈새를 말하는 것으로 뼈와 살의 틈바구니에 있는 혈임을 말해준다. 한방요법에는 「위급할 때 극으로 다스리라」는 말이 있는데, 거기가 바로 이 극혈 중의 하나다.

앞에 나온 태백과 더불어 이 혈을 가만히 눌러보기만 해도 비장에 이상이 있는지를 곧 알아볼 수 있다. 당뇨병 반응치료점으로 유명하다.

(9) 음능천

- 적응 : 복막염, 장산통, 오줌 막힌 데, 역기, 월경불순, 무릎 아픈 데
- 위치 : 무릎 아래 다리 안 쪽

최근 침으로 마취시켜 외과수술을 하여 성과를 거두고 있는데, 그 마취혈 중이 하나가 바로 여기다. 다리가 냉하고 배가 아프고, 식욕이 없고 옆구리, 허리가 아플 때 이 혈을 누른다. 한방의 「고전영추 」라는 책에 보면 '병이 높고 안에 있을 때는 음능천을, 병이 높고 밖에 있을때는 양을천을 다스리라고' 하였다.

병이 높다는 것은 두통, 어지럼증, 귀울림, 기침, 숨찬증, 어깨 결리는 증세 등 배꼽 위에서 일어나는 증세를 말하는 것이며 '안에 있다'는 것은 주로 냉증, 소변이 잘 안나올 때, 월경이 불순할 때 등이며, 열이 나는 것 같은 것은 '밖에 있다'고 보면 될 것이다. 따라서 상반신 중에서도 몸을 차게 굴어 배탈이 났을 때는 이 혈을 누른다. 반대로 일사병 등으로 머리가 아플 때에는 반대쪽에 있는 양릉천을 다스린다.

(10) 혈해

◉ 적응 : 복막염, 월경불순, 자궁출혈, 자궁내막염

◉ 위치 : 무릎 위, 양구 반대쪽

예부터 비장은 피를 다스린다고 하였다. 이 혈은 피가 고여있지 않고 잘 돌아가도록 해준다고 이런 이름이 붙여진 것이다. 특히 여성 특유의 생리작용이 순조롭지 못할 때 특효가 있으며, 미용요법으로도 즐겨 활용된다. 한방에서는 생리불순으로 인한 무릎, 허리의 통증, 아랫배가 당기는데, 어깨 아픈 데, 두통 등, 어혈증을 고치는 데 중요한 혈이다.

다리를 굽히고 반듯이 누우면 혈해의 두 혈과 배꼽아래 있는 기해가 세모꼴을 이룬다. 동양의학에서는 경락에 피와 기가 흐른다고 보는데 혈해와 기해는 이 경락의 두 흐름을 잘 다듬어주는 중요한 혈이다.

(11) 기문

◉ 적응 : 임질, 유정, 음경통, 다리 신경통

◉ 위치 : 혈해혈과 충문혈의 연결선에서 혈해혈 위로 6촌

(12) 충문

◉ 적응 : 고환염, 질염, 복수난소염, 오랜 설사, 마음고통으로 번민하는 사람에게는 뜸이 효과가 있다.

◉ 위치 : 곡골 양반 4촌

(13) 부사

◉ 적응 : 변비, 설사, 복근 류마티스, 맹장염

◉ 위치 : 곡골 중극 4촌

(14) 복결

- 적응 : 복막염, 위장병, 옆구리 아픈 데, 변비 특효
- 위치 : 곡골 음교 4촌

더장에 가스가 고이면 아랫배가 팽팽하고 배꼽 언저리가 단단하게 뭉친다. 주로 만성 변비증 환자에게서 보는 증세로 이 혈을 가볍게 누르면 뱃속이 편해진다.

이 밖에도 명치 밑이 아프고 메스껍고 설사를 하는 경우에도 역시 잘 듣는다. 명치 밑이 아픈 것은 위장 카타르이고, 배꼽 근처가 아프면서 소리가 나는 것은 소장 카타르, 배가 당기면서 변이 잘 안 나오는 것은 더장 카타르라고 볼 수 있다. 배를 가볍게 문질러 보고 단단한 응어리가 잡히면 위장에 이상이 있는 증세다. 복결이란 이름도 여기서 비롯된 것이다.

(15) 대횡

- 적응 : 변비, 설사, 팔다리 경련, 월경곤란, 당뇨병, 기생충으로 인한 증세
- 위치 : 배꼽 옆으로 약 6cm 지점

이 혈은 상반신과 하반신의 기능이 잘 균형잡혀 있는지 알아보는 중요한 혈이다. 특히 변비나 설사, 장의 활동이 부진할 때 매우 효과가 잇다. 대횡에서 약 13㎝ 내려간 곳에 부사라는 혈이 있다.

이것도 변비나 설사에 잘 듣는 혈이므로 함께 기억해 두는 것이 좋다. 부사와 부는 사기가 모인다는 뜻이며 이 혈에서 비경과 간경이 엇갈린다. 이 두 경락과 관련되는 증세에 효과를 볼 수 있다.

(16) 복애

- 적응 : 위경련, 위냉증, 소화불량, 설사
- 위치 : 대횡혈 위로 3촌, 전 중앙선 옆 4촌

(17) 식두

- 적응 : 카타르성 폐염, 늑막염, 가슴답답증
- 위치 : 곡골 중정양방 6촌

(18) 천계

- 적응 : 기관지염, 가슴 답답하고 아픈 데, 유방염
- 위치 : 제4늑간근, 전 정중앙선 옆 6촌

(19) 흉향

- 적응 : 늑막염, 늑간신경통, 음식넘기기 곤란함 증세
- 위치 : 제3늑간근, 전 정중앙선 옆 6촌

(20) 주영

- 적응 : 기관지염, 늑막염, 기침
- 위치 : 제2늑간근, 전 정중앙선 옆 6촌

(21) 대포

- 적응 : 폐렴, 천식, 팔다리무력증, 전신 아프고 쑤신 데
- 위치 : 액중선에서 제1늑간근에 해당되는 곳

8.

수소음심경 (手少陰心 經)

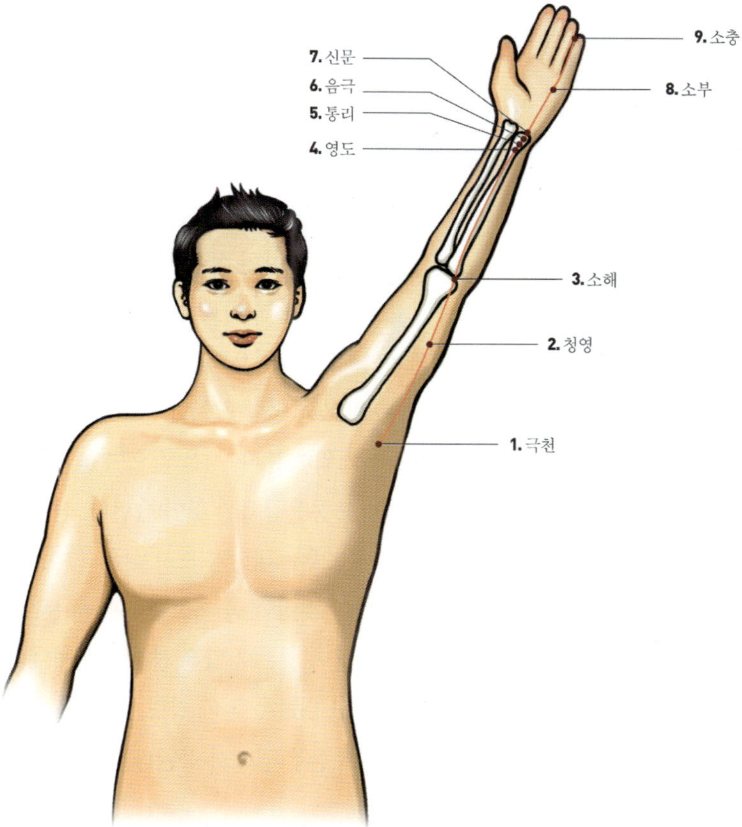

1) 수소음심경의 적응증세

심장병, 노이로제, 심장이 건전하지 못하면 눈이 충혈 된다.

심경은 심장의 기능을 좌우하는 경락으로 5장(간장, 심장, 비장, 폐장, 신장) 속에 들어 있는 중요한 경락이다. 심장은 폐 아래, 횡경막 위에 있으며 5번 흉추에 붙어 있는 연꽃 봉우리 모양의 내장이라고 동양의학에서는 설명하고 있다. 심장에 장해가 생기면 피 증상이 경락에 나타나게 되는데, 가장 빨리 나타나는 곳이 눈이다. 눈에 자주 충혈이 오고 목이 마르다. 명치 밑이 아프고, 팔과 팔꿈치, 새끼손가락이 시리고 저리고 아프다. 손바닥이 달치고 아픈 경우도 있다.

이런 증세가 나타나면 심장에 이상이 생긴 증거이므로 경락을 따라 별도 소개하는 대로 혈을 눌러 치료하는 것이 좋다. 심경에 이상이 있는 사람은 대체로 얼굴이 상기되어 있으며, 옆머리, 목, 손목, 발등, 배의 맥박이 강하게 울린다. 대화는 비교적 명랑하게 하지만 감정적으로 흐르기 쉽고 남의 일을 함께 걱정하고 즐거워해 준다. 책을 읽으면 곧 피로해지고 거궐이나 심유를 누르면 통증을 느끼고 몽울몽울한 것이 잡힌다. 심경은 심장에서 일어나 신체의 중심부로 횡격막을 뚫고 내려가 소장을 돈다. 이 본경에서 갈라진 가닥은, 심장에서 갈라져 나간 것이 목을 끼고 올라가서 눈으로 이어진다. 심경 중에서 실제로 사용되는 혈이 있는 가닥은 심장에서 폐로 빠져나가 겨드랑이 밑의 극천을 지나서 팔의 안 뒤쪽을 돌아 청령, 소해로 해서 손목 관절을 지나 새끼손가락 안쪽을 거쳐서 손톱 밑에서 끝난다.

2) 수소음심경(手少陰心經)의 혈위와 주치

順番 (순번)	經穴名 (경혈명)	穴位 (혈위)
1	極泉(극천)	겨드랑이 사이, 정중동맥 내측
2	青靈(청령)	소해 상3촌(소해부터 액와까지9촌)
3	少海(소해)	굴주시 주횡문 척추 끝과 상완골 내측상과의 중간점
4	靈道(영도)	손바닥면 손목횡문 상방1.5촌
5	通里(통리)	손바닥면 손목횡문 상방1촌
6	陰隙(음극)	손바닥면 손목횡문 상방0.5촌
7	神門(신문)	횡문상 척측 수근굴근건과 천지 굴근건 사이
8	少府(소부)	제4중수골과 제5중수골 사이, 주먹을 가볍게 쥘 때 약지 끝이 닿는 부분
9	少衝(소충)	약지 요측 손톱 부위1분처

(1) 극천

- 적응 : 심장염, 늑간신경통, 히스테리, 암내
- 위치 : 액와중앙, 액동맥 박동부위

(2) 청령

- 적응 : 두통, 팔꿈치, 관절염, 신경성 심계항진
- 위치 : 소해 상 3촌

(3) 소해

- 적응 : 광증, 어지럼증, 심장병, 눈충혈, 비만증, 축농증, 귀울림
- 위치 : 팔을 굽힌 안쪽 줄기 끝

형을 잡는 방법을 설명한 책을 보면 삼음(三陰)은 맥 뛰는 근처에서, 삼양(三陰)은 뼈 근처에서 잡으라고 되어 있다. 손바닥 쪽의 혈은 음에 해

당되고 손등 쪽은 양에 해당되므로 손바닥쪽의 혈은 맥이 뛰는 근처에 잡는 것이 좋다.

경락은 물의 흐름과 같은 것으로 풀이한다. 그래서 샘처럼 솟아나는 곳은 정혈(井穴) 골짜기의 흐름은 영혈(滎穴), 연못처럼 모여있는 곳을 유혈(滎穴) 이라고 부르고 있다. 그리고, 팔꿈치나 무릎 같은 곳에서 함께 모여 바다로 들어가는데 함께 모이는 곳을 합혈이라고 한다. 손의 소음인 심경의 큰 흐름, 즉 본경으로 들어가는 곳에 있는 소해는 소음의 바다로 들어간다는 뜻으로 붙여진 이름이다.

(4) 영도

- 적응 : 팔꿈치 관절염, 척골 신경마비, 신경마비(중풍)
- 위치 : 손목금 위로 1.5촌, 척측 손목굽힘 근건의 요측

(5) 통리

- 적응 : 두통, 히스테리, 편도선, 언어장애(중풍)
- 위치 : 손목금 위로 1촌, 척측 손목굽힘근건의 요측

(6) 음극

- 적응 : 코피(과로), 어지럼증, 협심증, 가슴 아픈 데, 심계항진
- 위치 : 손바닥면 손목횡문 상방 1촌

소음 심경의 극(郄)이라는 뜻으로, 심장을 에워싸고 있는 경락의 에너지가 고이기 쉽다는 곳이다.

따라서 이곳을 누르고 문지르고 자극을 주면 고여 있는 흐름이 뚫려 심장병이 낫는다. 심경의 이상으로 생기는 증세를 제거할 수 있다는 것이다. 특히 심장 혈관의 경화로 일어나는 급성 심장마비의 원인이 되는 협심증의 발작은 왼쪽 겨드랑이에서 새끼손가락 쪽으로 뻗은 심경

전체의 통증을 느끼는 반응을 가져온다. 이럴 때에는 이 혈과 바로 접히는 지점의 신문, 등의 심유, 그리고 전중을 눌러주면 아픔이 가라앉는다.

(7) 신문

- 적응 : 심장마비, 히스테리, 눈의 피로, 협심증, 신경쇠약, 꿈꾸는 증세 (심경의 진단혈)
- 위치 : 손목금의 척측, 척측 손목굽힘건의 요측단 오목한 부위

심장은 만물의 영장이라고 일컬어지는 인간에게 가장 오묘한 정신 작용을 통제케하는 군이라고 말할 수 있다. 그 심장과 통하는 곳에 있다고 해서 신문이라는 이름이 붙여 졌다. 동양의학에서는 정신이나 정서 같은 것이 뇌에서 나오는 것이 아니라 5장 6부에서 우러난다고 보며 특히 의식 작용은 심장에서 비롯된다고 생각하고 있기 때문에 이렇게 부른다. 이 혈은 심경의 원혈이며 심경의 이상을 알아보기 위해서 눌러보면 곧 알아낼 수 있다. 따라서 신문은 매우 중요한 혈로 손꼽힌다. 고전에 보면 신문이 위치를 「손바닥 뒤쪽 예골(銳骨)의 끝쪽 맥 뛰는 곳에 있다」고 되어 있다. 이 혈은 오래 전부터 임신 여부를 알아보기 위해서 많이 활용되었다. 임산부는 이 혈에 있는 맥이 크게 뛴다.

(8) 소부

- 적응 : 심장질환, 간혈열, 손바닥 열
- 위치 : 제4, 5중수골 사이 주먹을 잡을 때 소지와 무명지 끝 사이

(9) 소충

- 적응 : 심장병, 인사불성, 가슴 아픈 데, 손바닥 열
- 위치 : 새끼손가락 안쪽 손톱 밑

팔이 잘 구부려지지 않는다든가 손끝이 저리거나 손바닥에 열이 있을 때 이 혈을 잘 문지르면 효과가 있다. 원래 손에 열이 있다는 것은 과로한 증세이고 손에 땀이 많이 나는 것은 긴장된 상태이기 때문이다. 신경질이 많은 사람도 손에 땀이 난다. 이럴 때에는 마음을 누그러뜨리고 새끼손가락 끝 전체를 가볍게 문지르면서 쉬는 것이 좋다.

9.

수태양소장경 (手太陽小腸經)

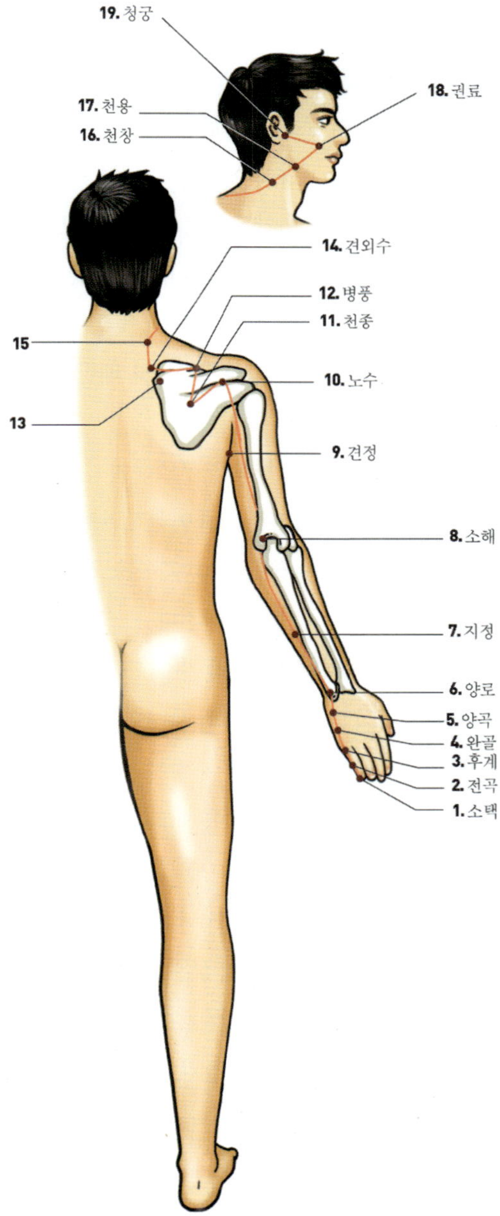

1) 수태양소장경의 적응증세(소장기능, 조혈작용이상, 팔, 어깨 목의 통증)

소장은 위와 대장 사이에 있는 길이 4~5미터의 소화기관이다. 12지장, 공장, 회장의 세 부분으로 나누어진 이 내장의 소화작용과 흡수작용을 한다. 음식이 소화될 무렵이면 위가 아프고 가슴이 쓰린 증세가 나타날 때 대체로 12지장 궤양이 아닌가 걱정한다.

소장의 활동은 동양의학이 고전에서는 아래와 같이 설명하고 있다. '소장의 길이의 세발두자이고, 왼쪽으로 열여섯번 접해져 있다. 위(胃)의 아래 부분과 접해 있는 곳이 소장의 윗부분이고 위치는 배꼽에서 두치 윗쪽에 있다. 수곡(水穀)이 이리 들어가므로 배꼽에서 한치 위를 수분(水分)의 혈로 잡는다.' 소장의 아래 끝 부분이다.

여기서 청탁을 구별하여 수분은 방광으로 들어가고, 찌꺼기는 대장으로 들어간다. 이것을 풀이하자면 배꼽에서 약 3㎝ 위쪽에 있는 수분이라는 혈에서 소장이 끝나고 대장과 이어진다. 거기서 대변과 소변이 구분되어 대장과 방광으로 각각 보내어진다

이러한 소장의 기능이 좋지 않으면 우선 눈의 흰자위가 누런끼를 띄고 귀가 잘 안들린다. 뺨이 붓고 목이 아프다. 머리가 무겁고 팔이 아프거나 저리다. 이런 증세가 있는 사람은 소장수와 관원에서 반응을 보인다. 치료법은 물론 소장경의 혈을 활용해야 한다. 소장경은 새끼 손가락 손톱 밑 소택에서 시작되어 팔과 팔꿈치 아래쪽으로 해서 소해, 견정, 노수, 천종, 병풍에서 어깨 뒤쪽으로 견중수를 지나 대추에서 좌우 엇갈려 결분으로 들어간다. 한 가닥은 가슴을 거쳐 전중, 상완, 하완에 이르고 다른 한 가닥은 목을 따라 천장, 천용, 관료를 지나 눈 앞으로 해서 귀로 가고 관료에서 갈라진 다른 한 가닥은 정명으로 들어가 방광경과 연결된다.

2) 수태양소장경(手太陽小腸經)의 혈위와 주치

順番 (순번)	經穴名 (경혈명)	穴位 (혈위)
1	少澤(소택)	약지 척측(외측) 손톱근부1분처
2	前谷(전곡)	주먹을 쥘 때 약지본절 전 척측연 함몰처
3	後谿(후계)	주먹을 쥘 때 약지본절 후 척측연 함몰처
4	腕骨(완골)	제5중수골 위 유구골과 두상골 사이
5	陽谷(양곡)	횡문상 척측의 척골 경상돌기와 두상골 사이 함몰처
6	養老(양로)	척골 경상돌기 직상에서 전완을 손끝으로 누를 때의 함몰처
7	支正(지정)	소해와 양곡 중점(완관절과 주두는 10촌이다).
8	小海(소해)	굴주시 주관절 후척골 주두와 상완골의 내측상과 사이 함몰처중앙점
9	肩貞(견정)	겨드랑이 뒤쪽 끝에서 1촌 올라간 곳
10	臑兪(노수)	견정 직상 견갑극 하연
11	天宗(천종)	견갑골 중앙 함몰처, 견갑극 중간 점작하선과 제5흉추하골평행으로 이은 선과 만나는 점
12	秉風(병풍)	견갑골 상연중간점. 곡원과 거골혈 사이
13	曲垣(곡원)	견갑골 상연 내측안
14	肩外兪(견외수)	도도양방3촌 견갑내연 상부
15	肩中兪(견중수)	대추양방2촌 견정과 대추 사이
16	天窓(천창)	흉쇄유돌근 후연으로 결후(Adam's apple) 양방3.5촌
17	天容(천용)	하악각뒤, 흉쇄유돌근 전연 턱밑
18	顴髎(권료)	광대뼈 바로 밑 권골하연 함몰부
19	聽宮(청궁)	하악골 관상돌기 후연, 입을 벌릴 때 이주(耳珠)전방 함몰부

(1) 소택

- 적응 : 두통, 통천통, 심장마비, 인사불성(구급혈), 반신불수
- 위치 : 새끼손가락 끝 외측 손톱 밑

소장경이 시작되는 혈로써 少는 끄트머리를 뜻하는 말이므로 그 이름도 짐작이 갈줄 안다. 이 혈은 옛부터 「목예(目)를 고친다. 약간 피를 낸다」고 하여 지금 흔히 말하는 백내장이나 녹내장 치료에 잘 듣는 것으로 알려져 있다. 목예라는 것은 눈의 그림자를 말하는 것으로 백내장, 녹내장, 삼눈 같은 것이 생긴 때는 소택에서 피를 약간 내면 된다고 전해진다.

중풍으로 반신불수가 되었을때에도 이 혈이 많이 활용된다. [수족 다섯손가락 손톱 끝 이형은 반신불수를 고친다]고 하여 손발 각 열 개씩의 혈에서 침으로 피를 조금씩 내는 것이다. 이것을 동양의학에서는 십정혈(十井穴) 사혈(瀉血)이라고 한다. 각각 마비되는 팔에서 사혈을 하지만, 듣지 않을 때에는 반대쪽의 팔이나 다리쪽에서 사혈한다는 침술의 원칙이 있다.

이 밖에도 가슴이 답답하고, 팔꿈치가 아프다, 기침이 난다, 머리통이 아프다. 눈이 맑게 보이지 않는다. 갑자기 졸도한 증세에 구급혈로 쓰인다.

(2) 전곡

- 적응 : 간혈열, 코 막힌데, 기침
- 위치 : 주먹을 잡고 제5중수관절 앞 오목한 부위

(3) 후계

- 적응 : 전간, 폐염, 유행성 감기, 후두통
- 위치 : 주먹을 잡고 제5중수관절 뒤 오목한 부위

(4) 완골

- 적응 : 손목 관절염, 류마티스, 두통, 구토증(소장의 허실)
- 위치 : 후계혈 바로 위, 제5중수골 기저부와 삼각골 사이

(5) 양곡

- 적응 : 어지럼증, 입안이 헐었을 때, 치은염
- 위치 : 손목금의 내측단 척골경상돌기의 앞 오목한 부위

(6) 양로

- 적응 : 견비통(경련), 팔마비, 후두통, 종기(뜸)
- 위치 : 손바닥을 가슴쪽으로 향할 때 척골경상돌기의 요측 오목한 부위

(7) 지정

- 적응 : 팔죽지 통증, 뇌신경 쇠약(마비)
- 위치 : 소해와 양곡의 중점

(8) 소해

- 적응 : 어깻죽지 팔꿈치 경련, 류마티스, 오십견
- 위치 : 팔을 굽히고 팔굽과 상완골내상과 사이 오목한 부위

(9) 견정

- 적응 : 잡는 힘 마비, 두통, 어깨통증
- 위치 : 겨드랑 뒤쪽(어깨와 팔이 붙은)

  갱년기에 들어서면서 어깨에 힘이 빠지고 쑤시는 증세가 많이 생긴다. 이른바 오십견(五十肩)에 잘 듣는 혈이다, 여기서 약 5㎝ 정도 어깨 쪽으로 올라가서 있는 노유를 함께 활용하면 더욱 효과가 있다.

이 밖에도 오십견의 치료혈론 소장경의 천종, 곡원, 대장경의 견우, 폐경의 운문, 삼초경의 견로 등 어깨 부위의 혈이 잘 듣는다.

(10) 노수

- 적응 : 뇌일혈(혈압 내리기), 후두통, 어깻죽지 신경통, 반신불수
- 위치 : 견정 위로 3횡지

노유의 자는 팔죽지를 말하는 것이므로 팔죽지에 있는 혈이라는 뜻이다. 이 혈은 특히 혈압이 높은 사람의 혈압을 내려주는 데 효과가 있기 때문에 뇌일혈, 중풍 등에 많이 쓰인다.

(11) 천종

- 적응 : 유방통, 심장병, 어깻죽기, 신경통
- 위치 : 견갑골 극하와의 중앙

(12) 병풍

- 적응 : 어깻죽지 팔죽지 신경통, 팔 어깨마비
- 위치 : 견갑골 상연 중간점, 곡골과 거골의 사이

(13) 곡원

- 적응 : 어깨 마비, 어깨 팔 통증
- 위치 : 견갑골 상연 내측안

(14) 견외수

- 적응 : 쪽골이 아픈 데, 어깨 팔 경련과 마비
- 위치 : 도도 양방 2촌 견정과 대추 사이

(15) 견중수

- 적응 : 기관지염, 천식, 어깻죽지 쑤시는 데, 목 뻣뻣한 데
- 위치 : 대추 양방 2촌 견정과 대추 사이

  어깨 부위에서 가장 많이 활용되는 혈로서, 어깨와 이어진 각 부분의 이상증세에 유효하게 쓰인다. 글자 그대로 어깨의 중심을 이루는 혈이며 호흡기 질환, 목의 뻣뻣한 증세, 잠을 잘 못 잔 탓으로 목을 돌릴 수 없을 때 목 부위를 잘 문지르고 지압을 하면 곧 효과가 나타난다.

(16) 천장

- 적응 : 반신불수, 어깨 팔의 경련
- 위치 : 하악각 뒤, 흉쇄유돌근의 전연

(17) 천용

- 적응 : 호흡곤란, 목 신경통
- 위치 : 하악각 뒤, 흉쇄유돌근의 전연 턱밑

(18) 관료

- 적응 : 삼차 신경통, 윗니가 아픈 데, 얼굴 신경마비
- 위치 : 광대뼈 바로 밑 권골하연 함몰부

(19) 청궁

- 적응 : 귀 아픈 데, 귀울림, 두통, 어지럼증
- 위치 : 하악골 관상돌기 후연, 입을 벌릴 때 이주전방 함몰부

  귓병이 나거나 혈관 장해, 정신적 흥분이 계속되면 귀에서 윙소리가 난다. 그 소리가 비교적 낮고 매미 우는 소리처럼 들리는 것은 전음성 귀울림이라고 해서 비교적 고치기 쉽지만, 금속성 소리가 날 때에는 감음

성(感音性)이라고 해서 고치기 힘들다.

宮이라고 하면 대단히 높고 거룩한 곳임을 말해내는 것인데, 그만치 귀의 모든 이상이 올 때 잘 듣는다는 뜻으로 청궁이라는 이름이 지어졌다. 귀의 모든 증세 외에도 얼굴의 신경마비, 신경통, 두통, 시력이 약해졌을 때 잘 듣는다.

10.
족태양방광경 (足太陽膀胱經)

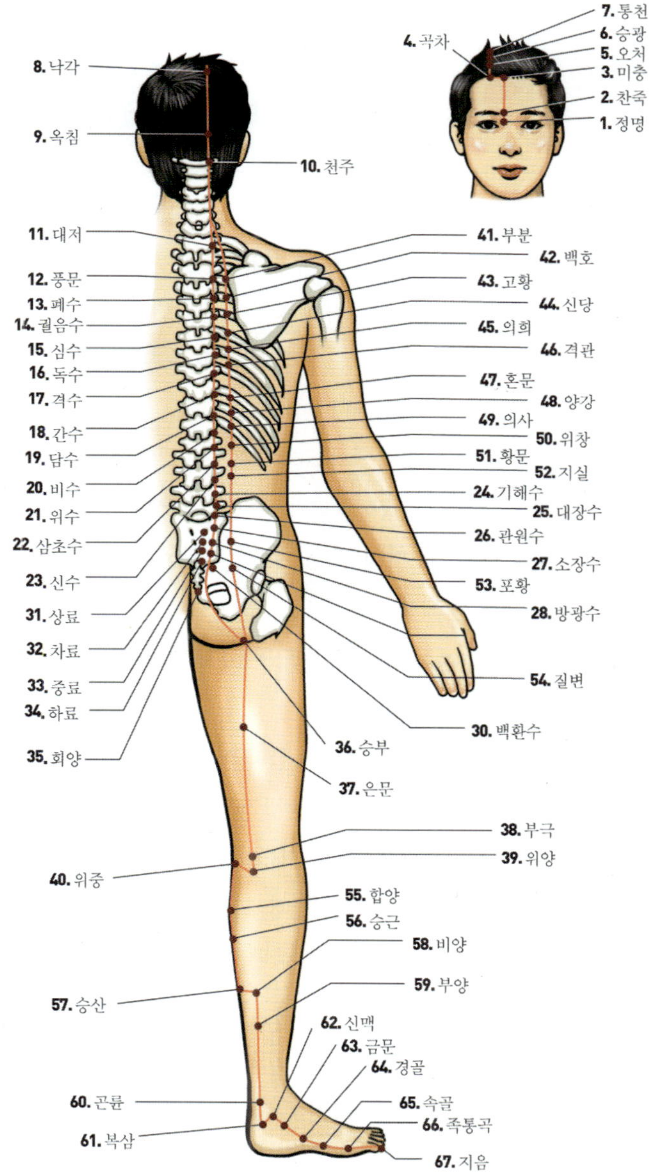

1) 족태양방광경의 적응증세(자율신경 기능 장해 5장 6부의 모든 증세)

14경락 중에서 가장 혈수가 많고 길고 따라서 중요한 혈도 많이 있는 것이 방광경이다. 동양의학에서 오랫동안 생각해온 방광은 서양의학에서 말하는 방광과 다소 다르다. 현대의학에서는 신장을 통해 폐수로 처리된 오줌을 담아두는 곳이 방광이라고 말한다. 그러나 동양의학에서는 위에서 소장으로 내려간 음식물이 충분히 소화되고 흡수되어 소용없이 되어버린 물, 즉 수액이 소장에서 빠져 나와 고여 있는 곳을 말한다.

이 방광경에 이상이 생기면 각종 증상이 다양하게 나타난다. 경락이 머리에서 어깨, 등, 허리, 선골부, 둔부, 다리에서 발 끝에 이르는 가장 긴 거리이고 혈이 많기 때문이다.

머리에서부터 따지자면 과로에서 오는 두통, 혈행이 좋지 않아서 오는 피부의 촉감, 코피가 나고 코가 막히는 증세가 있다. 목 위에서부터 등, 허리, 대퇴부, 다리, 오금, 장딴지, 뒤꿈치, 발가락에 이르는 통증을 모두 방광경의 이상에서 오는 것으로 본다,

특히, 등, 허리 둔부의 통증은 나이가 들면 차츰 심해진다. 뼈가 노화해서 굳어지고 따라서 신경을 누르거나 자극해서 목, 등, 어깨, 팔, 다리가 아프게 되고 마비되기도 한다 이밖에도 다리 팔의 관절통, 좌골신경통, 치질 같은 질환을 가져온다. 방광경에는 5장과 6부의 수혈이 늘어서 있기 때문에 호흡순환, 소화흡수, 비뇨배설 등의 질병과 직접 관련이 깊다. 따라서 5장 6부의 이상, 즉 내과적 질환일 때에는 머리에서 발끝까지에 이르는 방광경을 잘 살펴서 혈을 활용하는 것이 좋다.

경락의 이상을 찾아내는 방법은 아랫배 부위의 중극과 선골 부위 근처의 방광수를 가볍게 눌러보면 알 수 있다. 유난히 아픔을 느끼거나 쑤시면 방광이나 방광경에 이상이 있는 것이다.

방광경은 눈의 안쪽에 있는 정명에서 시작되어 찬죽을 거쳐 이마로 올라가 독맥의 신정에서 좌우로 엇갈린다. 거기서 곡차, 오처, 통천을 지나 다시 백회

에서 엇갈린다. 거기서 일부 갈라져 담경의 여러 혈과 이어진다. 주류는 다시 뇌를 거치고 돌아서 낙극, 옥침을 지나 뇌호에서 합류된다. 그것이 풍부에서 다시 갈라져 천주를 지나 대퇴에서 또 합류, 도도에서 대저로 갈라져 한 가닥은 수혈로 내려가 백환수에 이른다. 이것을 배부 제2행이라고 한다. 다른 가닥은 부분 백호를 지나 질변에 이른다. 이것을 배부 제3행이라고 한다.

배부 제2행의 끝에서 일부는 허리로 들어가 신장과 방광에 이르고, 일부는 건골부위 중앙을 끼고 8요철을 지나 회양으로 나와 둔부를 은문을 거쳐 위중으로 들어간다.

배부 제2행의 끝을 이어받은 줄기는 환도 부극을 지나 위양에서 위중으로 들어가 합쳐진다. 위중에서 도표대로 승산비양, 부양, 곤륜을 거쳐 복삼에서 지음에 이르러 끝난다.

2) 족태양방광경(足太陽膀胱經)의 혈위와 주치

順番 (순번)	經穴名 (경혈명)	穴位 (혈위)
1	睛明(정명)	목내자 1분, 즉 내안각 상방1분 함몰처
2	攢竹(찬죽)	눈썹 내측단 함몰처
3	眉衝(미충)	눈썹 내측단 직상 전발제에서 5분 들어간 곳
4	曲差(곡차)	신정양방1.5촌에서 전발제로 5분 들어간 곳
5	五處(오처)	신정양방1.5촌에서 전발제로 1촌 들어간 곳
6	承光(승광)	신정양방1.5촌에서 전발제로 2.5촌 들어간 곳
7	通天(통천)	백회양방1.5촌
8	絡却(낙각)	후정양방1.5촌
9	玉枕(옥침)	뇌호양방1.5촌
10	天柱(천주)	아문양방1.5촌
11	大杼(대저)	제1흉추 아래양방1.5촌
12	風門(풍문)	제2흉추 아래양방1.5촌

順番 (순번)	經穴名 (경혈명)	穴位 (혈위)
13	肺兪(폐수)	제3흉추 아래 양방1.5촌
14	厥陰兪(궐음수)	제4흉추 아래 양방1.5촌
15	心兪(심수)	제5흉추 아래 양방1.5촌
16	督兪(독수)	제6흉추 아래 양방1.5촌
17	膈兪(격수)	제7흉추 아래 양방1.5촌
18	肝兪(간수)	제9흉추 아래 양방1.5촌
19	膽兪(담수)	제9흉추 아래 양방1.5촌
20	脾兪(비수)	제11흉추 아래 양방1.5촌
21	胃兪(위수)	제12흉추 아래 양방1.5촌
22	三焦兪(삼초수)	제1요추 아래 양방1.5촌
23	腎兪(신수)	제2요추 아래 양방1.5촌
24	氣海兪(기해수)	제3요추 아래 양방1.5촌
25	大腸兪(대장수)	제4요추 아래 양방1.5촌
26	關元兪(관원수)	제5요추 아래 양방1.5촌
27	小腸兪(소장수)	제1천추 아래 양방1.5촌
28	膀胱兪(방광수)	제2천추 아래 양방1.5촌
29	中 兪(중려수)	제3천추 아래 양방1.5촌
30	白環兪(백환수)	제4천추 아래 양방1.5촌
31	上髎(상료)	제1천추 아래 양방1촌의 제1천골공
32	次髎(차료)	제1천추 아래 양방0.9촌의 제2천골공
33	中髎(중료)	제3천추 아래 양방0.8촌의 제3천골공
34	下髎(하료)	제4천추 아래 양방0.7촌의 제4천골공
35	會陽(회양)	미골 끝 함몰처 양방5분
36	承扶(승부)	대둔근 하부 횡문 정중앙
37	殷門(은문)	승부와 위중과의 정중선
38	浮隙(부극)	위양상방1촌
39	委陽(위양)	굴슬 시에 슬와횡문 외측 끝

順番 (순번)	經穴名 (경혈명)	穴位 (혈위)
40	委中(위중)	굴슬 시에 슬와횡문 중앙동맥 응수처
41	附分(부분)	제2흉추 아래 양방3촌
42	魄戶(백호)	제3흉추 아래 양방3촌
43	膏肓(고황)	제4흉추 아래 양방3촌
44	神堂(신당)	제5흉추 아래 양방3촌
45	譩譆(의희)	제6흉추 아래 양방3촌
46	膈關(격관)	제7흉추 아래 양방3촌
47	魂門(혼문)	제9흉추 아래 양방3촌
48	陽綱(양강)	제10흉추 아래 양방3촌
49	意舍(의사)	제11흉추 아래 양방3촌
50	胃倉(위창)	제12흉추 아래 양방3촌
51	肓門(황문)	제1요추 아래 양방3촌
52	志室(지실)	제2요추 아래 양방3촌
53	胞肓(포황)	제2천추 아래 양방3촌
54	秩邊(질변)	제4천추 아래 양방3촌
55	合陽(합양)	위중 아래2촌
56	承筋(승근)	위중 아래5촌, 합양과 승산의 중간
57	承山(승산)	위중 아래8촌(위중과곤륜중간)
58	飛陽(비양)	곤륜직상7촌
59	跗陽(부양)	곤륜직산3촌
60	崑崙(곤륜)	족외과첨과 아킬레스건 후연정중
61	僕參(복삼)	곤륜 직하1.5촌
62	申脈(신맥)	족외과 하연 아래5분
63	金門(금문)	경골과 신맥의 중간
64	京骨(경골)	제5중족골 후방팽대부 하연 적백육제
65	束骨(속골)	제5중족골 후외측 함몰처
66	足通谷(족통곡)	제5중족골 전외측 함몰처
67	至陰(지음)	제5지 발톱 근부외측0.1촌

(1) 정명

- 적응 : 눈병, 콧물 눈물 과다, 난시, 원시, 근시, 사시(눈의 이용혈)
- 위치 : 목내자 옆 0.1촌 (내악각 상방 1분 함몰처)

(2) 찬죽

- 적응 : 삼차 신경통, 두통, 눈병, 시력부족, 재채기
- 위치 : 양쪽 눈썹이 시작되는 앞쪽

  삼차신경은 얼굴이 지각신경인데, 얼굴 전체의 근육을 움직이는 안면신경과는 달리 촉각을 담당하고 있다. 이 신경이 침해를 받으면 이마나 얼굴이 아프고 눈 속이 깊숙이 아프기도 하다. 눈물, 콧물이 많이 나오고 눈이 충혈되는 수도 있다. 이 혈을 세게 오래 누르고 있으면 건강한 사람이라도 이마가 띵해진다. 서너번 계속해서 3~4초씩 눌러주면 아픔이 훨씬 가벼워진다.

  찬죽의 攢자는 긁어 모은다는 뜻이 있다, 이것을 글자풀이로 하면 「대지팡이」라는 말인데 눈에 사기(邪氣)가 몰려 눈이 나빠지니 대지팡이를 짚고 다녀야 될 형편이라는 데서 나온 이름이다.

(3) 미충

- 적응 : 두통, 코막힘, 코출혈, 간질
- 위치 : 찬죽 위로 곧게 올라가 발제에서 0.5촌 되는 곳

(4) 곡차

- 적응 : 앞 머리통, 얼굴 신경통, 코 막힌 데, 코피(정신성)
- 위치 : 신정양방 1.5촌에서 전발제로 5분 들어간 곳

(5) 오처

- 적응 : 두통, 어지럼증, 열 나는 데
- 위치 : 신정양방 1.5촌에서 전발제로 1촌 들어간 곳

(6) 승강

- 적응 : 두통, 어지럼증, 코 막힌 데, 울화
- 위치 : 신정양방 1.5촌에서 전발제로 2.5촌 들어간 곳

(7) 통천

- 적응 : 두통, 편두통, 협심증, 콧물과다
- 위치 : 백회 양방 1.5촌

(8) 낙각

- 적응 : 우울증, 귀울림
- 위치 : 후정 양방 1.5촌

(9) 옥침

- 적응 : 뇌충혈, 두통, 어지럼증, 근시
- 위치 : 뇌호 양방 1.5촌

(10) 천주

- 적응 : 두통, 불면증, 목이 뻣뻣한 데, 신경쇠약, 혈압 높아질 때, 심장병, 축농증
- 위치 : 목 근육줄기 중심 (아문양방 1.5촌)
  천주의 天은 목 위로 있다는 뜻이고 柱는 기둥, 즉 가장 중요한 곳임을 나타내는 말이다. 이 혈을 누르면 우선 머리 속이 깨끗해지고 기분이 상

쾌해진다. 동양의학 고전『영추』라는 책에 보면「열이 나고 머리나 목이 아플 때에는 뒷머리의 태양(태양 방광경의 천주를 말함)에 침을 놓으면 땀을 내면서 낫는다」고 되어 있다. 옛부터「기가 머리에 있으면 천주, 대저에서 빼낸...」고 하여 모든 머리의 증세는 이 혈과 다음에 나오는 대저(大杼)를 다루고 있다.

(11) 대저

- 적응 : 기관지염, 폐염, 척추카리에스, 어깨 신경통, 혈압 오를 때
- 위치 : 제1흉추 극돌기 밑 옆으로 1.5촌

(12) 풍문

- 적응 : 기관지염, 폐렴, 백일해, 풍사(風邪), 중풍, 늑막염
- 위치 : 제2흉추 양방 1.5촌

동양의학에서는 5장 6부에 이상이 생긴 것을 풍이라고 하며 밖에서 들어오는 풍을 풍사라고 한다.

풍의 방향은 동 서 남북과 동남 남서 서북 북동의 여덟 방향이다. 이것이 몸안에 들어와서 기능을 악화시킨다고 보고 있다. 이것을 허풍(虛風)이라고 하며, 몸의 기능을 손상시키고 열과 동통 부종을 가져오는 것을 실풍이라고 한다.

이 풍사가 들어오는 군은 제2흉추 돌기 아래 약 4센티 좌우에 있는 풍문이라는 혈인데 풍사가 처음 들어왔을 때 풍문에서 다스리지 못하면 천주 양쪽에 있는 풍지에 모여 뒷머리와 목등에 걸쳐 사기가 번지고, 이것이 더 심해지면 침골(枕骨) 바로 밑에 있는 풍부에 모였다가 뇌에 들어가 수(髓)를 범하게 되는데, 그렇게 되면 온몸의 마디에 번져 전신에 열이 난다고 풀이한다.

따라서 풍사가 들었을 때 머리가 아프고 목이 뻣뻣하면 풍문, 풍지, 풍부를 먼저 다스리는 것이 원칙으로 되어 있다.

(13) 폐유

- 적응 : 폐결핵, 폐충혈, 기침, 가슴이 뭉치고 답답한 데, 허리와 등 아픈 데(폐기능 진단)
- 위치 : 제3흉추 양 옆, 대저 3횡지 아래

자연계에 있는 모든 사기(邪氣)는 유혈을 통해서 몸에 들어가 5장6부를 침식하여 병들게 한다고 동양의학에서는 설명하고 있다. 이렇게 들어간 사기는 얼마 후에 가슴과 배에 널려 있는 모혈(募穴)로 모여든다고 한다. 이렇게 수혈과 모혈은 밀접한 관계에 있는데 수혈과 모혈을 동시에 들면 여기서 설명하는 폐유는 폐경의 중부와 밀접한 관계가 있으며 폐수는 중부라는 모혈의 수혈이다.

이곳을 누르거나 비벼보아 다른 곳보다 이상하게 아프거나, 뻐근한 기운이 돌면 폐의 기능에 이상이 있는 것이다.

가슴이 답답하고 숨차고 기침이 나고 열이 나고 머리 어깨 등이 결리는 증세가 따른다.

(14) 궐음유

- 적응 : 심장비대, 호흡질환, 가슴 답답증, 노이로제
- 위치 : 제4흉추 양방 1.5촌

두 다리로 서서 지내는 사람에게 있어서 등뼈는 매우 중요하다. 등의 자세를 바로 잡아주는 것이 등의 근육으로서 보통 선극근이라고 한다. 이 근육 속에 나타나는 여러 증상을 묘하게 잡아낸 것이 유혈이다. 궐음유는 특히 음증(陰症)이라고 해서 인체의 기능이 약화되어 병의 증세가 속으로 기어들 때에 쓰는 혈이다. 피가 잘 돌지 않고 냉한 사람에게 효험이 있다. 참을성이 적고 일에 대한 의욕도 떨어지기 쉽다. 가슴이 답답하고 심장이 뛰는 증세가 일어날 때 이 혈을 조용히 누르고 비비면 훨씬 진정 된다.

(15) 심유

- 적응 : 심장병, 협심증, 폐결핵, 위출혈, 구토, 신경쇠약, 정신병, 식은땀, 가슴 답답증, 공포증, 중풍
- 위치 : 제5흉추 양 옆, 궐음수 아래

  사기가 심장으로 들어가는 유혈로서 이 혈의 모혈은 명치 밑 거궐이다. 협심증이나 심장병 발작으로 이 부분이 아플 때에는 반드시 왼손바닥과 새끼손가락 쪽에 아픔이 이어진다. 심장병 발작이 일어날 때에는 심유는 물론, 앞가슴의 전중, 거궐 새끼손가락 끝을 지긋이 좀 세게 누르는 것이 좋다.

  심장에는 신(神)이 머무른다는 것이 동양의학의 장부론(臟腑論)이다. 인체의 중추를 이루는 가장 중요한 혈로서 정신적 쇼크가 심장의 발작과 직접 관련되는 것을 보아도 이 이론을 뒷받침해 주는 것임을 알 수 있다. 심장의 박동이 전체 내장의 움직임을 좌우해주는 것이기 때문이다.

(16) 독유

- 적응 : 심통, 흉만, 복통, 천식, 기침, 토혈, 유선염, 피부소양
- 위치 : 제6흉추 극돌기 밑 양방 1.5촌

(17) 격유

- 적응 : 천식, 식도협착, 위산과다, 만성 출혈성 질환, 빈혈, 신경성 구토, 딸국질
- 위치 : 제7흉추 극돌기 밑 양방 1.5촌

  동양의학에서는 사람의 몸을 상초(上焦), 중초(中焦), 하초(下焦)로 3등분하고 있다. 상초는 목에서 명치 밑까지, 중초는 음식물의 소화 흡수, 하초는 비뇨 배설작용을 한다. 삼초는 다시 말해서 3에너지원을 이루고 있는 것이다.

그런데 여기서 말하는 격유는 상초와 중초의 경계선 위에 있다. 따라서 이 혈은 상초와 중초에 걸친 병, 즉 호흡순환, 소화 흡수에 관련된 여러 증세에 잘 듣는 폭넓은 이용가치가 있다. 여기서 특별히 신기한 것은 딸국질에 잘 듣는다는 사실이다. 횡경막의 마비로 일어나는 것을 지압으로 자극해서 풀어주기 때문이다.

(18) 간유

- 적응 : 간장병, 황달, 위경련, 만성위염, 담석통, 눈병, 노이로제, 늑간신경통(간기능 진단)
- 위치 : 제9흉추 극돌기 밑 양방 1.5촌

입맛이 쓰고 입속이 마르고 명치 밑에서 옆구리까지 단단한 것이 잡힌다. 음식물을 삼키기가 힘들다. 이럴 때에 담유를 누르면 효과가 있다. 동양의학에서는 「간담」을 함께 붙여 말하는 곳이 많다.

서로 돕고 의지하면서 기능을 발휘하기 때문이다. 따라서 간유와 담유는 적응증세도 같다. 특히 만성 담낭염에는 두 혈에 침이나 뜸을 하면 즉효가 있다. 물론 위장이 약할 때도 잘 듣는다.

(19) 담유

- 적응 : 황달, 협통, 토혈, 비출혈, 야맹
- 위치 : 제10흉추 극돌기 밑양방 1.5촌

(20) 비유

- 적응 : 소화불량, 위하수, 위약, 위계양, 췌장이상, 당뇨 병, 건망증, 월경불순(여성생리 난소기는 조정), 팔 다리무력증
- 위치 : 제11흉추 극돌기 밑양방 1.5촌

비유라고 해도 현대의학의 비장이 아니라 췌장을 말하는 것이다. 여

기서는 인슐린이라는 호르몬이 분비되는데 그 기능이 약화되면 당뇨병이 된다.

몸이 항상 노곤하고 눈에 띄게 살이 빠지는 사람, 황달병 증세가 보이고 항상 갈증을 느끼는 사람은 췌장이 약한 증거이다. 만성 위장염, 식욕 감퇴, 흥분, 종기나 여드름이 많은 사람은 이 혈을 다스리면 효과를 본다. 특히 부인병에는 빼놓을 수 없는 치료혈이다. 비에는 생각이 깃든다고 하여 정신상태를 다스리는 혈로도 알려져 있다. 모혈은 간경의 장문이다.

(21) 위유

- 적응 : 위경련, 위궤양, 위암, 복부팽창
- 위치 : 제12흉추 극돌기 밑 양방 1.5촌

위에 이상이 있다고 생각되면 이 혈과 배꼽 위의 중완을 눌러보면 곧 알아 볼 수 있다. 위수는 위에 사기(邪氣)가 흘러 들어가는 곳이므로 가슴이 쓰리거나 일에 이상이 생겼을 때, 구역질이 나거나 배가 팽팽할 때 아기가 젖을 토할 때 많이 쓰는 혈이다.

등줄기가 무직하거나 어깨 쑤시는 증세도 위가 약할 때에 일어나는 증세의 하나로 본다. 옛부터 이 혈은 담수 비수와 함께 「위의 여섯 뜸」으로 알려져 있으며, 치질에도 치료혈로 활용되고 있다.

위경의 모혈은 배꼽 위의 중완으로서 복부 대동맥에서 갈라져 위, 췌장, 간장으로 뻗는 혈관이 갈라지는 곳이며, 내장이 기능을 조절해주는 자율신경과 엇갈려 퍼지는 곳이다. 위유와 중완으로 위의 증상을 판단하여 위경의 혈을 적당히 추려내어 치료해 나가는 것이 동양의학의 치료 원칙이다.

(22) 삼초유

- 적응 : 신경쇠약, 장염(부신관 밀접한 관계 있는), 신장 기능 불량(오줌싸개), 요통

◉ 위치 : 제1요추 양옆, 위수아래

앞에서 말한 바와 같이 인간의 열 에너지 기본을 이루고 있는 것이 삼초이다. 이 삼초에 피가 들어가는 곳이 바로 삼초수다. 과로해서 열이 나든지 소화불량, 요통, 등살이 바른 데, 원인 불명의 부스럼, 정력감퇴, 허리 삔 데, 치질 등에 많이 쓰인다.

삼초유의 모혈은 배꼽에서 약 6센티 아래쪽에 있는 석문이다. 삼초유, 석문, 전중, 중완은 사람의 신체 기능을 충분히 컨트롤하기 위한 가장 중요한 혈이다. 머리 속이 정돈이 잘 안된다든가 일할 기분이 나지 않을 때 이 네 곳을 조용히 비비고 지압을 하면 기분이 훨씬 가벼워진다.

(23) 신유

◉ 적응 : 신장염, 당뇨병, 소화기장해, 호흡기장해, 생식작용장해, 정액결핍, 월경불순

◉ 위치 : 제2요추 양옆, 삼초유 아래

동양의학에서는 신을 말할 때 「선천의 원기이며, 태어날 때부터 타고난 생명력과 정력이 깃들어 있는 곳」이라고 말한다. 이곳은 동양의학에서 말하는 부신에 해당되는데 여기를 통해서 몸의 상태를 알아보는 곳이다.

이 혈을 중심으로 해서 좌우 양쪽 근육이 굳어 있고 조금만 눌러도 아픔을 느끼거나, 돌같이 굳은 봉우리가 잡히면 과로한 까닭이다. 이런 증세가 있는 사람은 혈압이 오르고 정력감퇴, 불면증, 부스럼이 생긴다. 여성일 경우에는 생리불순, 요통, 다리 냉증이 생긴다. 제2요추를 중심으로한 좌우 신유 한가운데 명문, 배꼽 아래 약 9센티 내려가서 관원이 있는데, 몸이 약하고 빈혈, 위장 약한 사람에게 이 혈들을 활용하면 효과를 거둘 수 있다.

(24) 기해유

- 적응 : 복통, 설사, 변비, 요통
- 위치 : 제3요추 양 옆, 삼초유 아래

(25) 대장유

- 적응 : 장질환, 설사, 변비, 요통, 다리 신경통, 디스크
- 위치 : 제4요추 양옆, 신수3횡지 아래

  이 혈이 관장하는 부분은 배탈이 나서 설사를 한다든가 변비증이 있는 사람, 등살이 바르고 허리가 아픈 사람, 특히 다리 부분의 신경통에 잘 듣는다.

(26) 관원유

- 적응 : 복창, 설사, 요, 유뇨, 당뇨병, 배뇨곤란
- 위치 : 제5요추 양 옆, 삼초유 아래

(27) 소장유

- 적응 : 장염 생식기 질환, 자궁 내막염, 류마티스, 좌골신경통, 치질
- 위치 : 제1천추 아래 양방 1.5촌

  사람의 등뼈는 목 부위의 경추(頸椎), 흉추(胸椎), 요추(腰椎), 선골(仙骨), 미골(尾骨)로 구성되어 있다. 이 중에서 선골을 2등변 3각형을 이루고 일으며 그 끝에 미골이 붙어 있다. 선골은 다섯개의 선추(仙推)가 한 데 붙어버린 것으로 그 흔적을 따라 제1선추 제2선추 등으로 불린다. 소장수는 그 경우 대하가 심할 때에 효과가 있다.

(28) 방광유

- 적응 : 방광염, 요도염, 야뇨증, 요통, 좌골 신경통, 복통 설사
- 위치 : 제2천추 아래 양방 1.5촌

  방광에 사기가 들어가서 일어나는 병, 특히 야뇨증, 방광염에 특효가 있다. 이 혈을 중심으로 온구나 더운찜질만 해도 방광의 냉증은 가신다. 대체로 허리부위는 덥게 하는 치료 방법이 가장 효과적이다. 신체 구조나 기능으로 보아도 피의 순환이 잘 안되고 고여있기 쉬우므로 덥게 해서 혈행을 도와주는 것이 좋다.

(29) 중려내유

- 적응 : 장염, 당뇨병, 허리 신경통, 각기
- 위치 : 제3천추 아래 양방 1.5촌

(30) 백환유

- 적응 : 항문경련, 좌골신경통, 선골신경통, 변비
- 위치 : 제4천추 아래 양방 1.5촌

(31) 상료

- 적응 : 생식기질환(고환염, 난소염), 노이로제, 치질
- 위치 : 제1천추 아래 양방 1촌의 제1천골공

(32) 차료

- 적응 : 생식기질환
- 위치 : 제1천추 아래 양방 0.9촌의 제2천골공

(33) 중료

- 적응 : 생식기질환
- 위치 : 제1천추 아래 양방 0.8촌의 제3천골공

(34) 하료

- 적응 : 생식기 질환
- 위치 : 제1천추 아래 양방 0.7촌의 제4천골공

(35) 회양

- 적응 : 장염, 장출혈, 탈항, 치질 (독맥의 기가 발생하는 곳)
- 위치 : 미골 끝 함몰처 양방 5분

(36) 승부

- 적응 : 좌골신경통, 치질통, 생리통
- 위치 : 대둔근 하부 횡문 정중앙

대퇴부 뒤쪽에서 다리 전체가 땡기는 증세, 즉 좌골신경통에 태효가 있다. 혈이 있는 둔부의 주름있는 곳을 손으로 잘 만져보면 몽우리가 있다. 다리에 생기는 신경통을 막아내려고 둔부의 근육이 피로해져 생기는 것이다. 이 혈은 좌골신경이 골반 속에서 근육 있는 곳으로 나오는 곳이기 때문에 신경통, 특히 좌골신경통에 잘 듣는다.

이 밖에도 치질로 인한 동통, 변비, 야뇨증, 생리통에도 잘 듣는 것으로 알려져 있다.

(37) 은문

- 적응 : 좌골신경통, 대퇴부 신경통
- 위치 : 승부와 위중과의 정중선

(38) 부극

- 적응 : 방광염, 변비
- 위치 : 위양 상방 1촌

(39) 위양

- 적응 : 직복근 경련, 요배신경통, 무릎통증
- 위치 : 굴슬 시에 슬와횡문 외측 끝

(40) 위중

- 적응 : 다리신경통, 좌골신경통, 류마티스, 요통
- 위치 : 무릎 반대쪽 오금 한가운데

일어섰다 앉았다 하면 무릎 관절이 아프다는 중년기 여성이 많다. 무릎 관절의 뼈가 변형되어 근육을 압박하거나 혈액순환을 가로막기 때문이다. 이것을 변형성 슬관절증이라고 한다. 이런 증세에 많이 쓰는 혈이 위중과 위양이다.

위중의 委는 「맡긴다」 「구부린다」는 뜻으로 무릎을 구부릴 때 생기는 오금의 주름을 뜻한다. 그 한가운데가 위중이다. 전에는 열병이나 악성 질환, 위급한 증세에 종아리가 엉길 때에 이 혈에서 피를 내어 사혈을 했었다. 이 무릎 근육의 운동이 잘 안되니까 증세가 차츰 위로 올라가서 대퇴부, 둔부, 허리에까지 이른다. 따라서 다리 신경통에는 위양, 위중이 중심혈이다.

(41) 부분

- 적응 : 목근육 경련, 견배통, 팔마비
- 위치 : 제2흉추 아래 양방 3촌

(42) 백호

- 적응 : 폐위축, 기관지염, 천식, 견갑통
- 위치 : 제3흉추 아래 양방 3촌

(43) 고황

- 적응 : 폐결핵, 늑막염, 심장병, 노이로제, 망년증, 광증, 냉증, 허(虛)증
- 위치 : 제4흉추 아래 양방 3촌

고약(膏藥)이라고 하면 부스럼에 붙이는 약으로 잘 알려져 있다. 원래 이것은 잘 안낫는 병에 쓰는 약이란 뜻을 가지고 있으며 膏라는 자는 고치기 힘든 병을 말하는 것이다. 심장병 증세가 있는 사람, 협심증, 동맥경화증으로 인한 여러 가지 병이 있는 사람은 언제나 손발이 차다. 이 혈과 함께 신당을 잘 나누어 심장병을 고치면 만성 냉증도 차츰 없어지게 된다.

(44) 신당

- 적응 : 심장병 견배통, 팔 신경통
- 위치 : 제5흉추 아래 양방 3촌

(45) 의희

- 적응 : 심낭염, 폐결핵, 늑간신경통, 식은 땀, 간 허열
- 위치 : 제6흉추 아래 양방3촌

(46) 격관

- 적응 : 늑간신경통, 식도경련, 애기트림
- 위치 : 제7흉추 아래 양방 3촌

(47) 혼문

- 적응 : 간장염, 늑막염, 위경련, 소화불량, 신장내막염
- 위치 : 제9흉추 아래 양방 3촌

(48) 양강

- 적응 : 간장염, 늑막염, 담석통, 위경련(담석증 반응점)
- 위치 : 제10흉추 아래 양방 3촌

(49) 의사

- 적응 : 간장염, 위경련, 소화불량
- 위치 : 제11흉추 아래 양방 3촌

(50) 위창

- 적응 : 구토, 위경련, 담석통
- 위치 : 제12흉추 아래 양방 3촌

(51) 황문

- 적응 : 만성 내장질환, 상습변비, 신장염, 12지장 궤양
- 위치 : 제1요추 아래 양방 3촌

(52) 지실

- 적응 : 남녀생식기질환, 신장염, 요통
- 위치 : 제1요추 아래 양방 3촌

한방의학 고전에는 「신(腎)에 지(志)가 깃든다」고 하였다. 선천적으로 타고난 체력을 알아보는 혈이 바로 지실이다. 신장을 앓게 되면 의지가 깃든 곳이 약해지므로 모든 의욕이 감퇴된다. 동양의학에서 말하는 신허

(腎虛)다. 등과 허리가 아프고 배꼽을 중심으로 해서 언저리에 몽우리가 잡힌다. 소변이 시원찮거나 성욕 결핍에도 신유와 함께 효과 있는 혈이다. 이 혈을 정실(精室)이라고 부르는 것도 정력이 담겨진 곳임을 말해주는 뜻 있는 별명이다.

(53) 포항

- 적응 : 장 카타르, 변비 방광염, 요통, 좌골 신경통, 부인병
- 위치 : 제2요추 아래 양방 3촌

(54) 질변

- 적응 : 좌골신경통, 요통 다리 마비, 직장염 치질
- 위치 : 제4천추 아래 양방 3촌

(55) 합양

- 적응 : 요통, 산증, 장출혈, 고환염, 대하증
- 위치 : 위중 아래 2촌

(56) 승근

- 적응 : 요배신경통, 뒷다리 신경통, 쥐나는 데, 코피 나는 데
- 위치 : 위중 아래 5촌 합양과 승산의 중간

(57) 승산

- 적응 : 발 무릎의 과로, 변비, 쥐나는 데
- 위치 : 위중 아래 8촌 (위중과 곤륜 사이)

(58) 비양

- 적응 : 좌골신경통, 관절염, 류마티스, 코막힌 데
- 위치 : 곤륜 직상 7촌

(59) 부양

- 적응 : 토사, 허리 신경통, 다리 신경통, 자궁병
- 위치 : 곤륜 직상 3촌

(60) 곤륜

- 적응 : 두통, 어지럼증, 좌골 신경통, 다리 관절통, 방광염, 새벽설사
- 위치 : 외측 복숭아뼈 뒤 오목한 부위

(61) 복삼

- 적응 : 각기, 다리 근육통, 아킬레스 건(腱)통증, 지랄병
- 위치 : 곤륜 직하 1.5촌

(62) 신맥

- 적응 : 후두통, 중풍, 요통
- 위치 : 외측 복숭아뼈 밑 오목한 부위

(63) 금문

- 적응 : 하복통, 복막염, 무릎 마비, 지랄병(발작할 때)
- 위치 : 경골과 신맥의 중간

(64) 경골

- 적응 : 심장병, 뇌막염, 뇌충혈, 안질
- 위치 : 제5중족골 돌기

(65) 속골

- 적응 : 두통, 후두통, 결막염, 목 운동불능
- 위치 : 제5중족골 후외측 함몰처

(66) 통곡

- 적응 : 새끼손가락 마비, 어지럼증, 만성위염
- 위치 : 제5중족골 전외측 함몰처

(67) 지음

- 적응 : 반신불수, 두통, 난산
- 위치 : 제5지 발톱 근부 외측 0.1촌

11.

족소음신경
(足少陰腎經)

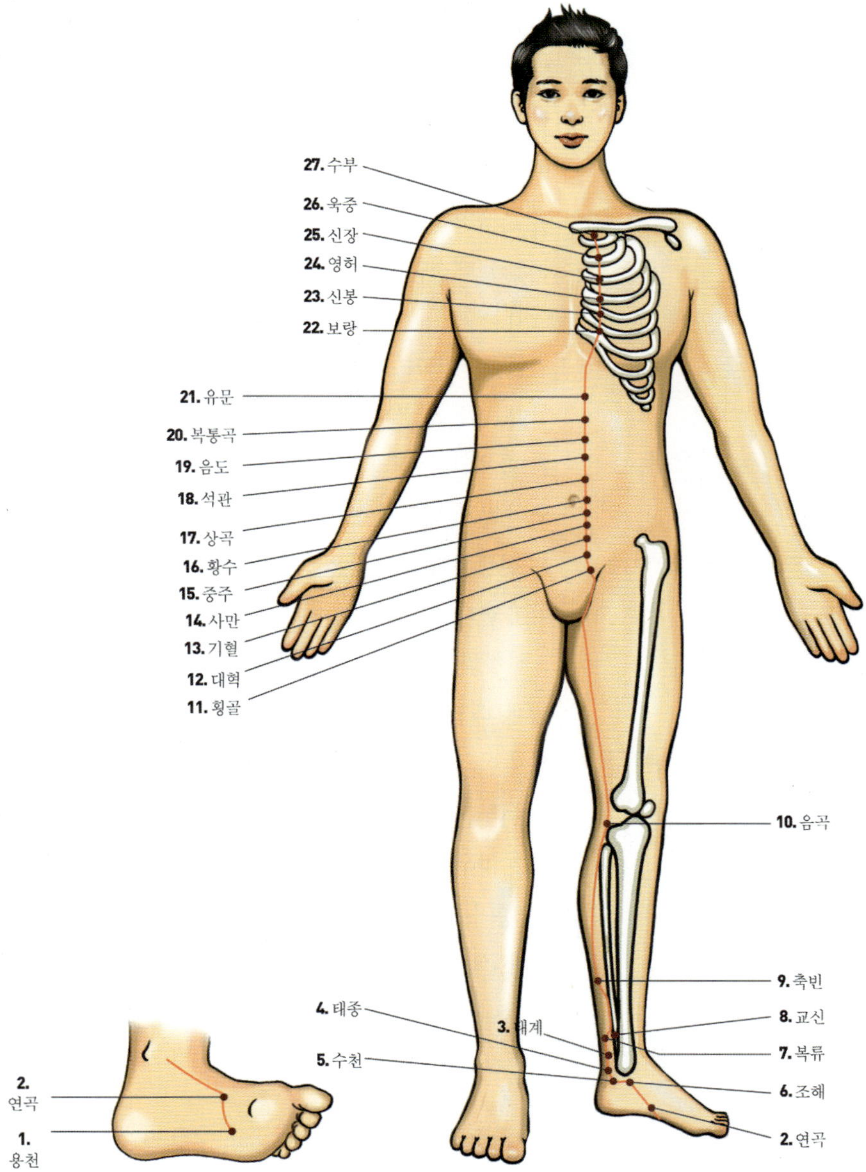

1) 족소음신경의 적응증세(신장질환, 생식기질환)

신경은 신체의 건강을 재어보는 계측기 구실을 한다. 신(腎)은 5장의 하나이다. 동양의학에서 말하는 신은 현대의학에서 말하는 부신(副腎)도 해당되며 사람이 선천적으로 가지고 태어나는 생명력이 간직되어 있는 곳이다. 부신은 황백색의 자그마한 삼각형을 이루고 있는 배분비 기관으로서 인체의 전체 기능을 조정하는 구실을 한다. 기후나 계절의 변화, 번잡한 대인관계에서 생겨나는 스트레스를 조정하고 건강을 유지하도록 기능을 맞추어주는 중요한 기관이다.

얼굴빛이 어둡고 윤기가 없으며 입안이 달치고 침이 마른다. 목이 붓고 숨차다. 배는 고픈데 식욕이 없다. 허약하고 설사를 자주 한다. 이럴 때에 신경은 활용된다. 허리는 사람의 몸의 중심부를 이루고 있으며 신의 기능이 약화되면 우선 허리를 쓰지 못하는 것이 특색이다. 인간의 활동 에너지를 담고 있는 신경은 우리 건강의 측정기라고 볼 수 있으므로 그 관찰을 게을리 하지 말아야 한다.

신경의 혈은 발바닥 중간에 있는 용천에서 시작된다. 안쪽 복숭아 뼈 밑의 대개, 대종을 돌아 종아리 안쪽으로 해서 무릎 밑의 음곡을 거쳐 대퇴부 안쪽으로 올라가 미골(尾骨) 끝에 이른다. 거기서 정강이를 돌아 인체의 앞 중앙선을 이루는 임맥의 좌우 약 1.5센티의 거리를 두고 상체로 올라가 배꼽 양옆의 있는 황우에서 신으로 들어간다. 한편 곧바로 올라가는 경락은 상곡, 석관, 음도, 통곡, 유문을 지나 간장과 횡경막을 뚫고 폐장으로 들어간다. 이 경락에는 보랑, 신봉, 영허, 신장, 욱중, 수부 등 혈을 지나 기관과 함께 위로 올라가 후두를 돌아 혀를 끼고 가다가 염천에서 끝난다.

2) 족소음신경맥(足少陰腎經脈)의 경혈위(經穴位)

順番 (순번)	經穴名 (경혈명)	穴位 (혈위)
1	涌泉(용천)	족심부
2	然谷(연곡)	족 내과 전대 골 아래1촌
3	太谿(태계)	족 내과 후5분
4	太鐘(태종)	태계혈후과5분
5	水泉(수천)	태계하1촌, 조해 직후와 태계 직하의 교차점
6	照海(조해)	족 내과직하4분
7	復溜(복류)	태계혈직상2촌
8	交信(교신)	복유혈 앞5분처
9	築賓(축빈)	족 내과상5촌
10	陰谷(음곡)	무릎 내측 포골 후대근하 소근상, 무릎 구부려서 두 인대 사이
11	橫骨(횡골)	곡골양방5분처, 배꼽 아래5촌, 복부중앙선0.5촌
12	大赫(대혁)	중극양방5분처, 배꼽 아래4촌, 복부중앙선0.5촌
13	氣穴(기혈)	관원양방5분처, 배꼽 아래3촌, 복부중앙선0.5촌
14	四滿(사만)	석문양방5분처, 배꼽 아래2촌, 복부중앙선0.5촌
15	中注(중주)	음교양방5분처, 배꼽 아래1촌, 복부중앙선0.5촌
16	肓兪(황수)	신궐양방5분처, 배꼽 옆5분
17	商曲(상곡)	하완양방5분처, 배꼽 위2촌
18	石關(석관)	건리양방5분처, 배꼽 위3촌
19	陰都(음도)	중완양방5분처, 배꼽 위4촌
20	腹通谷(복통곡)	상완양방5분처, 배꼽 위5촌
21	幽門(유문)	거궐양방5분처, 배꼽 위6촌
22	步廊(보랑)	중정양방2분처, 제5늑간극, 복부정중선의 임맥양방2촌
23	神封(신봉)	전중양방2분처, 제4늑간극, 복부정중선의 임맥양방2촌
24	靈墟(영허)	옥당양방2분처, 제3늑간극, 복부정중선의 임맥양방2촌

順番 (순번)	經穴名 (경혈명)	穴位 (혈위)
25	神藏(신장)	자궁양방2분처, 제2늑간극, 복부정중선의 임맥양방2촌
26	彧中(욱중)	화개양방2분처, 제1늑간극, 복부정중선의 임맥양방2촌
27	兪府(수부)	선기양방2분처, 쇄골 하연 천돌 옆2촌

(1) 용천

- 적응 : 부인병, 냉증, 신장장해, 심장병, 황달, 어지럼증, 요수마비, 뇌일혈, 혼수상태
- 위치 : 발바닥 중심부 움푹한 데

  사람이 선천적으로 타고난 생명력의 샘이 솟아나는 혈이라고 해서 용천이라는 이름이 붙여진 것이다. 발바닥은 옛부터 신령한 기가 흘러드는 곳이라고 해거 숙달된 사람이 아니고는 침이나 뜸을 하지 못한다고 하였다. 이렇게 어려운 곳이기 때문에 효과도 두드러지게 나타난다. 특히 부인과 질환, 허리와 아랫배, 다리 아래의 냉증이나 통증, 그리고 전신이 피로하고 쇠약해졌을 때에 누르면 큰 효과가 있다. 지압을 할 때에는 삼음교를 비롯해서 경락을 따라 무릎까지의 혈을 차례로 눌러주면 더욱 효과가 있다.

(2) 연곡

- 적응 : 심장병, 당뇨병, 요도염, 월경불순, 인후염, 발바닥 아픈 데
- 위치 : 족부 주상골돌기 밑 오목한 부위

(3) 태계

- 적응 : 열병 치른 후의 사지냉증, 신장염, 정력증진, 천식, 인후염, 발바닥 아픈 데

◉ 위치 : 안쪽 복숭아뼈 뒷꿈치, 곤륜반대쪽

태계라는 말은 큰 계곡을 뜻하는 것으로 신경의 원혈, 즉 신경의 진단 조정을 하는 데 사용된다. 우리가 선척적으로 타고난 기가 생명력이 건전한 상태에 있는지 알아보는 혈이다. 동양의학에서 말하는 신허증이 보일 때는 이 혈이 아프고 저리다. 구체적으로 나타나는 증세는 몸이 허약해서 피로하기 쉽고, 손발이 냉하고 허리가 무겁다.

(4) 태종

◉ 적응 : 입안이 헐 때, 구토, 목 신경통, 자궁경련, 노이로제, 소변장애

◉ 위치 : 태계혈 밑 0.5촌되는 곳의 조금 뒤쪽, 근건의 내연

(5) 수천

◉ 적응 : 급성신장장해, 월경불순, 방광염, 근시

◉ 위치 : 태계혈 밑 1촌

신은 5행(月, 木, 水, 火, 土)의 水에 해당된다. 따라서 이혈은 (신의샘)이라고 할수 있다. 이곳 역시 선척적인 체질의 강약이 잘 드러나는 곳으로(발의 소음 신경의주)로써 신의 급한 증세에 잘 듣는 혈이다. 예를 들면 눈이 피로해서 눈앞이 보이지 않는다. 먼 곳이 잘 안보인다. 생리불순, 아랫배 당기는 증세에 즉효가 있다. 신체 어딘가에 약점이 생기면 발목, 무릎, 허리에 이상이 온다. 중요한 혈이 많이 모여 있기 때문이다. 언제나 건강하려면 발목, 무릎, 다리의 관절, 허리가 부드러워야 한다.

(6) 조해

◉ 적응 : 불면증, 노이로제, 월경불순, 편도선염, 눈병

◉ 위치 : 내측 복숭아뼈 밑 오목한 부위

(7) 복류

- 적응 : 척수염, 복막염, 요통, 다리마비, 식은땀
- 위치 : 태계혈 위로 2촌

(8) 교신

- 적응 : 척수염, 다리 신경통, 식은땀, 급성 변비, 설사
- 위치 : 복류혈 앞 약0.5촌

(9) 축빈

- 적응 : 쥐난 데, 태독병, 독약, 독해, 독혈(뜸)
- 위치 : 족 내과 상 5촌

(10) 음곡

- 적응 : 무릎, 관절염, 성기는 위축 자궁출혈
- 위치 : 음능천 1횡지 위

  음곡은 (다리의 소음 신경(腎經)이 골짜기를 뜨하는 말로써 신경의 합혈이다. 즉 경락이 한 곳에 합쳐 흐르는 곳이다. 아랫배에서 대퇴부에 걸쳐 음에 해당되는 부위가 아플 때 다스린다. 간경의 곡천과 신경의 음곡은 몸의 피로, 정력감퇴 등으로 인한 무릎의 통증과 떨리는 증세를 다스리는 데 즉효가 있다.

(11) 횡골

- 적응 : 방광염, 요도염(생식기 관계)
- 위치 : 배꼽 아래 5촌, 전 중앙선 옆 0.5촌

(12) 대혁

- 적응 : 조루증, 생식기 질환(중극으로 다스려지지 않을 때)
- 위치 : 배꼽 아래 4촌, 전 중앙선 옆 0.5촌

(13) 기혈

- 적응 : 신경염, 허리 등의 경련, 부인병, 생식기 질환
- 위치 : 배꼽 아래 3촌, 전 중앙선 옆 0.5촌

(14) 사만

- 적응 : 장염, 부인병, 불임증, 월경통, 자궁출혈 계속
- 위치 : 배꼽 아래 2촌, 전 중앙선 옆 0.5촌

(15) 중주

- 적응 : 장염 변비, 복막염, 부인병, 요통
- 위치 : 배꼽 아래 1촌, 전 중앙선 옆 0.5촌

(16) 황유

- 적응 : 상습변비, 만성설사, 신장염, 당뇨, 부인병(신장 생식기병 반응점)
- 위치 : 배꼽 옆 0.5촌

  예부터 남자에 이상이 있어서 임신하지 못하는 경우에 많이 활용되어 온 혈이다. '신의 허실' 조절하는 지혈로 잘 알려져 있으며 배꼽 양옆에 뜸을 논다. 황수의 은혈이라는 뜻을 가지고 있는 글이므로 황수라고 하면 신경에 기가 들어가는 곳으로 풀이할 수 있다. 가슴이 뛰고 명치 밑이 아프고 위장이 약해서 설사를 잘하는 증세에는 이 혈을 다루면 효과가 있다.이밖에 정력감퇴, 흥분하기 쉬운 증세, 발의 냉증에 잘 듣는다. 바로 누워 다리를 쭉펴서 배를 나오게 한 다음 황유를 양쪽 가운데 손가

락으로 다리쪽을 향해 꾹 눌러보면 자기가 신허증이 있는지를 알아낼 수 있다. 통증이 있으면 틀림없다.

(17) 상곡

- 적응 : 위경련, 위하수, 식욕부진, 황달, 소화기계 기능 장해
- 위치 : 배꼽 위 2촌, 복부 정중선의 임맥 양방 0.5촌

(18) 석관

- 적응 : 위장병, 변비, 자궁출혈
- 위치 : 배꼽 위 3촌, 복부 정중선의 임맥 양방 0.5촌

(19) 음도

- 적응 : 폐기종, 천식, 구토, 위장병(특히 신경성)
- 위치 : 배꼽 위 4촌, 복부 정중선의 임맥 양방 0.5촌

음도의 陰은「다리의 소음」을 말한 것이며 都는 많이 모이는 곳임을 뜻한다. 따라서 소음의 사기가 모여드는 곳이라고 풀이할 수 있다. 명치 밑이 아프거나 옆구리가 결리고 답답할 때, 음식물의 소화가 잘 안될 때, 위가 무직하고 잠자리가 거북할 때 많이 쓰는 혈이다. 신경 중에서 중요한 혈로 손꼽히고 있는 이 혈은 특히 위하수로 고민하는 사람에게 꼭 알아두라고 권하고 싶다. 온구치료는 매우 효과가 있다.

(20) 통곡

- 적응 : 만성위염, 장염, 위확장
- 위치 : 배꼽 위 5촌, 복부 정중선의 임맥 양방 0.5촌

(21) 유문

- 적응 : 구토촉진, 윗배 팽창, 기관지염, 늑간 신경통, 복통설사
- 위치 : 배꼽 위 6촌, 복부 정중선의 임맥 양방 0.5촌

(22) 보랑

- 적응 : 늑간신경통, 늑막염, 심낭염, 협심증
- 위치 : 제5늑간극, 복부 정중선의 임맥 양방 2촌

(23) 신봉

- 적응 : 늑간신경통, 늑막염, 기관지염, 협심증
- 위치 : 제4늑간극, 복부 정중선의 임맥 양방 2촌

(24) 영허

- 적응 : 늑간신경통, 늑막염(심장증세 반응점)
- 위치 : 제3늑간극, 복부 정중선의 임맥 양방 2촌

(25) 신장

- 적응 : 폐충혈, 기관지염, 호흡곤란, 고혈압
- 위치 : 제2늑간극, 복부 정중선의 임맥 양방 2촌

(26) 욱중

- 적응 : 천식, 인후카타르, 기관지염
- 위치 : 제1늑간극, 복부 정중선의 임맥 양방 2촌

(27) 유부

- 적응 : 천식 기관지염, 갑상선 비대, 호흡곤란, 뇌충혈
- 위치 : 쇄골하연, 전 중앙선 열 2촌

12.

수궐음심포경 (手厥陰心包經)

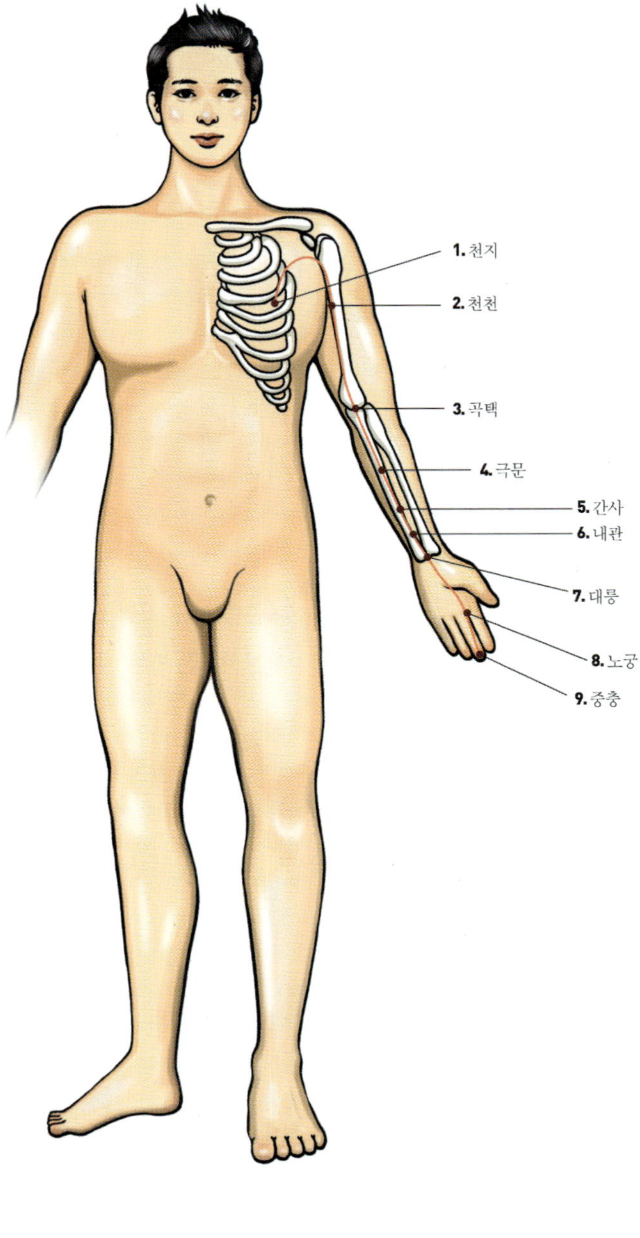

1) 수궐음심포경의 적응증세(심장병, 순환기 증세)

심장어 이상이 있으면 손바닥이 화끈거린다. 동양의학에서 말하는 심장은 5장 6부 중에서도 가장 중요한 내장기관이다. 이 심장을 에워싸고 있는 것이 심포(心包)다. 그 심포를 관장하는 것이 심포경이다. 심장을 한 나라의 제왕으로 본다면, 심포경은 제왕의 명을 받아 정치를 펴나가는 세상에 비길 수 있다. 우리가 보통 말하는 5장6부 안에는 심포가 들어 있지 않으므로 구태여 이것을 넣자면 6장 6부라고 해야 할 것이다.

심포가 독립된 내장 기관으로 꼽히지 않는 이유는 고유한 형태나 고유한 기능을 가지고 있지 않으며, 다만 사람 몸의 중추 기관인 심장을 싸고 보호하는 기관으로서, 또는 심장의 명령을 실행하는 기관으로서 존재하기 때문이다.

그러므로 〈궐음〉 심포경과 〈소음〉 심경의 적응증세는 대체로 공통적이다. 심포경은 본경(本經)이 아니고 따로 갈라진 경락으로 다루어진다. 앞장에서 설명한 신경(腎經)에서 갈라진 경락이 횡경막을 뚫고 내려가 상완, 중완, 음교의 세 혈로 갈라져 들어가 삼초를 각각 돈다. 그 갈라진 경락의 하나가 가슴의 전중으로 해서 앞가슴을 돌라 옆가슴으로, 겨드랑이 속을 지나 폐경과 심경의 중간선을 천지, 천천, 곡택 등 팔 안쪽 중심부로 혈을 따라 내려간다. 이 경맥은 손바닥의 노궁에서 갈라져 한쪽은 가운데 손가락의 엄지손가락쪽 손톱 밑에서 끝나고, 다른 한쪽은 무명지의 새끼손가락 쪽 손톱 밑에서 끝난다.

심장과 깊은 관계가 있는 이 경락에 이상이 생기면 얼굴이 상기되고 가슴이 뛰고, 눈에 노란 색이 들고 가슴과 옆구리가 땡긴다. 그리고 팔 안쪽 신경통이 생기고 저리다. 손바닥이 확 달치는 것도 심장기능의 이상이 있다는 신호라고 풀이하고 있다.

2) 수궐음심포경맥(手厥陰心包經脈)의 경혈위(經穴位)

順番 (순번)	經穴名 (경혈명)	穴位 (혈위)
1	天池(천지)	유두외측1촌, 제4늑간극
2	天泉(천천)	액와 횡문두 하방2촌, 상완이두근의 양두사이
3	曲澤(곡택)	주관절 횡문 중앙
4	隙門(극문)	대릉혈과 곡택혈 사이 정중앙
5	間使(간사)	대릉위3촌
6	內關(내관)	대릉위2촌
7	大陵(대릉)	손바닥측 왼관절 횡문 중앙
8	勞宮(노궁)	손바닥중앙, 주먹 쥘 때 가운데 손가락이 닿는 곳
9	中衝(중충)	중지손톱근 외측1분처

(1) 천지

- 적응 : 심장판막증, 뇌출혈, 유방염, 늑간 신경통, 담(찜질)
- 위치 : 유두 외측 1촌, 제4늑간극

(2) 천천

- 적응 : 심장내막염, 심계항진, 늑간신경통, 팔죽지 신경통, 기침
- 위치 : 액와 횡문두 하방 2촌, 상완이두근의 양두 사이

(3) 곡택

- 적응 : 심장염, 기관지염, 팔죽지 신경통, 수전증
- 위치 : 주관절 횡문 중앙

(4) 극문

- 적응 : 늑막염, 심장판막증, 폐결핵(각혈), 히스테리

◉ 위치 : 팔꿈치와 손목의 안쪽 중간 중심부

◉ 위치 : 손목금 위로 5촌, 두 힘줄 사이

「손의 궐음」 심포경의 극혈(穴)로서 심장병 발작이 일어나 위급할 때 구급혈로 눌러준다. 앞에서도 말했지만 극혈은 언제나 위급할 때 신통한 효과를 거두는 구급혈이라는 것을 기억해 두는 것이 좋다.

(5) 간사

◉ 적응 : 인후염, 위염, 공포증, 중풍, 자궁출혈

◉ 위치 : 손목금 위로 3촌, 두 힘줄 사이

(6) 내관

◉ 적응 : 심장염, 공포증, 메스꺼울 때, 황달, 팔죽지 신경통

◉ 위치 : 손목금 위로 2촌, 두 힘줄 사이

동양의학 고전에 보면 「심(心)계가 실할 때는 심통(心痛)하고, 허할 때는 목이 강하므로 양근 사이에 혈을 잡는다」고 하였다. 팔꿈치에서 어깻죽지에 걸쳐 오는 근육의 마비, 협심증으로 인한 심장마비 등에 잘 듣는다. 이 밖에도 명치 밑이 아프다, 눈이 충혈된다, 머리가 아프다, 팔이 아프고 저리다, 할 때에 효과있는 혈이다.

(7) 대능

◉ 적응 : 심장염, 편도선염, 두통, 발열, 중풍

◉ 위치 : 손목금 중앙, 두 힘줄 사이

(8) 노궁

◉ 적응 : 구강염, 음식물 넘기기 곤란할 목 관절염, 더위먹었을 때, 과로

◉ 의치 : 손가락을 굽혀 가운데 끝이 닿는 곳

◉ 위치 : 손바닥 중앙, 주먹을 쥘 때 가운데 손가락이 닿는 곳

노궁의 勞는 노동을 뜻하는 것이고 宮은 대궐을 말하는 것으로 과로해서 피로가 쌓인 대궐이라는 정도의 뜻으로 붙여진 이름이다. 철야작업을 하든지 밤샘을 해서 몹시 피곤할 때 손바닥이 화끈거리는 일이 있다. 피로가 그곳으로 모여들었기 때문이다. 살며시 주먹을 쥐면 가운데 손가락 끝이 닿는 부분이 바로 노궁인데, 이 혈은 과로 이외에도 관절염에 잘 듣는다.

(9) 중충

◉ 적응 : 손가락 아픈 데, 정중(正中)신경 마비

◉ 위치 : 중지 손톱근 외측

13.

수소양삼초경 (手少陽三焦經)

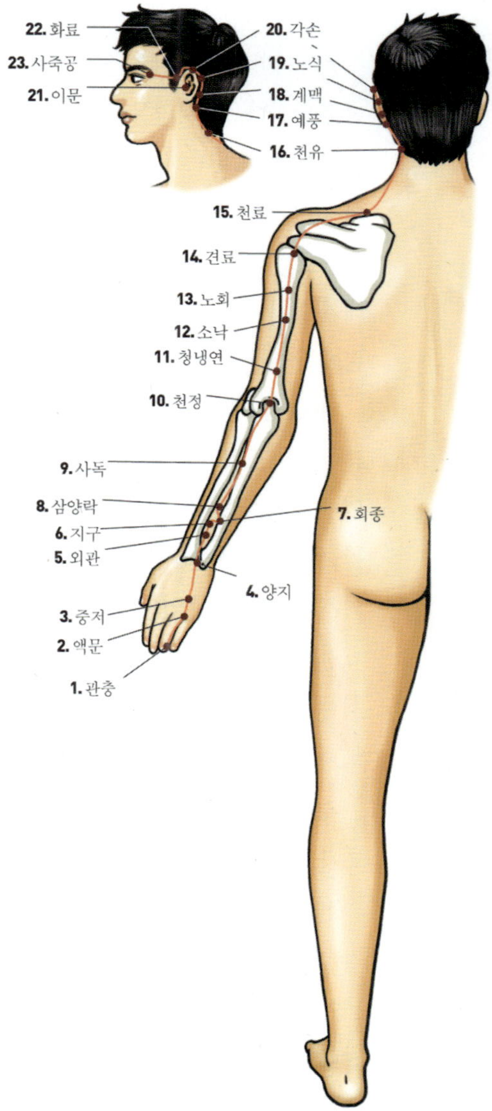

1) 수소양삼초경의 적응증세(내분비선 이상)

삼초경은 인체의 에너지 자원을 관장하는 경락이다.

동양의학에서는 삼초를 풀이할 때 "후천의 기가 사람 몸에 들어가는 곳"이라고 말한다. 즉, 사람은 태어나면서 "하늘의 기"(天氣)와 "땅의 기"를 섭취하여 5장6부에 퍼지게 하는데 이러한 "후천의 기"는 부모로부터 이어 받은 "신천의 기"를 보하고 키워주는 기관이라고 말한다.

삼초는 〈세계의 에너지 자원〉이라고 말할 수 있다. 그러나 〈이름은 있되 형태가 없다〉는 말대로 독립된 내장 기관의 밑에서 배꼽까지의 부분을 중초, 배꼽에서 아래 동체(胴體)까지를 하초로 각각 구분하여 삼초라고 말한다.

위에서 말한 삼초 부분에서는 호흡기와 순환기가 주요 구실을 하며, 중초 부분에서는 소화기와 호흡기 계통이 주로 활동적 기능을 관장하고 있다. 이 경락의 흐름은 무명지의 새끼손가락 쪽 손톱 밑에 있는 관충에서 시작되어 소목, 팔꿈치를 지나 팔의 외부쪽으로 올라가 어깨에 있는 천료, 병풍, 견정(肩井)을 거쳐 쇄골 상와에 있는 결분으로 들어간다.

경맥은 앞가슴 쪽으로 내려가 한 가운데 있는 전중에서 엇갈려 심포를 돌아서 횡경막을 뚫고 내려가 '위'의 위쪽에 있는 중완에서 상초로, 하완에서 중초로, 음교에서 하초로 각각 연결되어 내려간다.

따라서, 삼초의 기능을 조절하는 중요한 혈은 상초가 전중, 중초가 중완, 하초가 음교이다.

전중에서 갈라진 한 가닥은 목 뒤쪽으로 동맥의 대추를 지나, 귀 뒤쪽을 돌라 옆머리의 양백, 눈길 앞의 저명 그리고 광대뼈가 있는 관료에서 끝난다. 귀 뒤에 예풍에서 갈라진 다른 한 가닥은 눈앞으로 해서 눈길 끝의 동자료에서 끝난다. 이렇게 좀 복잡한 경락이지만, 신경과 더불어 매우 중요한 경락이다. 삼초경의 적응증세는 귀, 눈, 얼굴, 목, 턱, 어깨, 팔, 팔꿈치, 손등에서 엄지손가락에 걸친 여러 증세에 효과가 있다. 별로 아픈 곳이 없어도 삼초를 조사해 보고 건강상태를 알아 볼 수 있다.

명치 밑에서 배꼽까지 이어진 근육이 단단하면 위, 췌장, 간장의 기능이 약해진 때문이다. 배꼽 아래 근육이 단단하면 부인병이나 허약체질임을 알 수 있다. 배꼽을 경계선으로 해서 위·아래를 손가락으로 눌러가며 배의 근육상태 비교·조사해 보는 것도 중요하다.

2) 수소양삼초경맥(手少陽三焦經脈)의 경혈위(經穴位)

順番 (순번)	經穴名 (경혈명)	穴位 (혈위)
1	關衝(관충)	제4자 손톱 끝 외측1분처
2	液門(액문)	약지와 4지 기골 사이, 함몰처
3	中渚(중저)	약지와 4지 본절 후 함몰처
4	陽地(양지)	완관절 손등면 중앙
5	外關(외관)	양지 상2촌
6	支溝(지구)	양지 상3촌
7	會宗(회종)	지구에서 척골쪽으로1분처
8	三陽絡(삼양락)	양지상4촌, 지구혈상1촌
9	四瀆(사독)	팔뚝 앞5촌외렴
10	天井(천정)	팔뚝의 외골후 상완쪽1촌 함몰처
11	淸冷淵(청냉연)	주두 상방 천정혈 위1촌
12	消濼(소낙)	주두 상방 천정혈 위5촌, 노희와 청랭연의 중간점
13	臑會(노회)	정좌시 횡문두와1촌, 견료직하3촌
14	肩(견료)	견봉외단 후하연
15	天髎(견료)	견정과 곡원과의 중간
16	天牖(천유)	천용과 천주의 중간
17	翳風(예풍)	귀후하 첨각 함몰처, 귓불 뒤 함몰처
18	瘈脈(계맥)	유양돌기 상연으로 예풍후상1촌
19	臑息(노식)	계맥상방1촌

順番 (순번)	經穴名 (경혈명)	穴位 (혈위)
20	角孫(각손)	귀 직상 발제내
21	耳門(이문)	이주의 절흔 앞
22	和髎(화료)	귀밑머리 뒤
23	絲竹空(사죽공)	미초 눈썹 끝부분의 오목한 곳

(1) 관충

- 적응 : 두통, 각막염, 팔죽지 신경통
- 위치 : 제4지손톱 끝 외측0.1촌

(2) 액문

- 적응 : 척골신경통, 두통(뇌빈혈성), 어지럼증(중초 이상을 찌르거나 침 놓아 기절했을 때의 소생혈)
- 위치 : 약지와 4지 기골 사이, 함몰처

(3) 중저

- 적응 : 관절염, 두통, 귀울림, 고열(땀내는 혈)
- 위치 : 액문혈 뒤로 1촌, 주먹을 잡았을 때 4, 5 중수골 소두 뒤의 오목한 부위

(4) 양지

- 적응 : 자궁 위치 이상, 당뇨병, 견비통, 손목
- 위치 : 손등, 척골, 경상돌기의 앞 오목한 부위

삼초경의 원혈이다. 삼초경의 진단을 내리는 데는 매우 중요한 혈이며 팔이 아프거나 정력감퇴에 잘 듣는 것으로 알려져 있다. 동양의학에는

옛부터 「사람이 남쪽을 바라볼 때 왼쪽이 양(陽)이다」 하는 원칙이 있다. 음양설에 보아도 남쪽은 언제나 반성하는 방향으로 꼽힌다.

(5) 외관

- 적응 : 반신불수, 수전증, 팔운동 불능, 난청
- 위치 : 손등, 손목금 위로 2촌, 요골과 척골 사이

(6) 지구

- 적응 : 어깨팔의 경련, 늑막염, 심장병
- 위치 : 손등, 손목금 위로 3촌, 요골과 척골 사이

(7) 회종

- 적응 : 팔죽지 신경통, 협심증
- 위치 : 지구혈 바깥쪽 1촌

(8) 삼양락

- 적응 : 팔죽지의 신경통, 수전증, 중풍
- 위치 : 지구혈 위로 1촌 요골과 척골 사이

(9) 사독

- 적응 : 팔죽지의 신경통, 팔마비, 편두통, 견배통
- 위치 : 팔굽 밑으로 5촌, 요골과 척골 사이

(10) 천정

- 적응 : 기관지염, 기침, 편도선, 편두통, 팔, 어깨, 목 아픈 데
- 위치 : 팔을 굽히고 팔굽 위 1촌 되는 오목한 부위

(11) 청냉연

- 적응 : 팔운동불능
- 위치 : 팔을 굽히고, 천정혈 위로 1촌

(12) 소락

- 적응 : 팔죽지신경통, 두통, 목운동불능
- 위치 : 주두 상방 천정혈 위 5촌

(13) 노회

- 적응 : 팔죽지 신경통, 두통, 목운동, 불능
- 위치 : 팔굽 끝과 견료혈의 연결선에서 견료 밑 3촌, 삼각근의 후연

(14) 견료

- 적응 : 견비통, 류마티스, 팔 부자유
- 위치 : 견봉 뒤, 팔을 수평으로 벌릴 때 견우혈 뒤의 오목한 곳

(15) 천료

- 적응 : 목부위 신경 경련, 고혈압, 중풍, 오한
- 위치 : 견갑골의 상각, 곡원혈 위로 1촌되는 곳

(16) 천유

- 적응 : 목 부자유, 안면부종, 눈충혈, 귀울림, 인후염, 메스꺼울 때
- 위치 : 유양돌기 뒤쪽 아래, 하악각과 수평을 이루는 곳 (흉쇄유돌근의 후연)

(17) 예풍

- 적응 : 이명, 이롱, 치통, 구안와사

◉ 위치 : 유양돌기 앞쪽 아래 귓방울 뒤 오목한 부위

(18) 계맥

◉ 적응 : 두통, 이명, 소아경풍
◉ 위치 : 유양돌기 중앙, 예풍혈과 각손혈의 이륜 연결선의 밑 1/3되는 곳

(19) 노식

◉ 적응 : 두통, 이명, 이롱, 소아경풍
◉ 위치 : 귀 뒤 예풍혈과 각손혈의 이륜 연결선의 밑 1/3되는 곳

(20) 각손

◉ 적응 : 치통, 뺨부위 부종
◉ 위치 : 이첨부위에 해당되는 곳에 발제

(21) 이문

◉ 적응 : 이명, 이롱, 치통
◉ 위치 : 이주의 절흔 앞, 하악골, 관상돌기 뒤의 오목한 부위

(22) 화료

◉ 적응 : 두통, 이명, 안면신경마비
◉ 위치 : 귀밑머리 뒤, 이곽근 앞

(23) 사죽공

◉ 적응 : 두통, 안면신경마비, 사시
◉ 위치 : 미초 눈썹 끝부분의 오목한 곳

14.

족소양담경 (足少陽膽經)

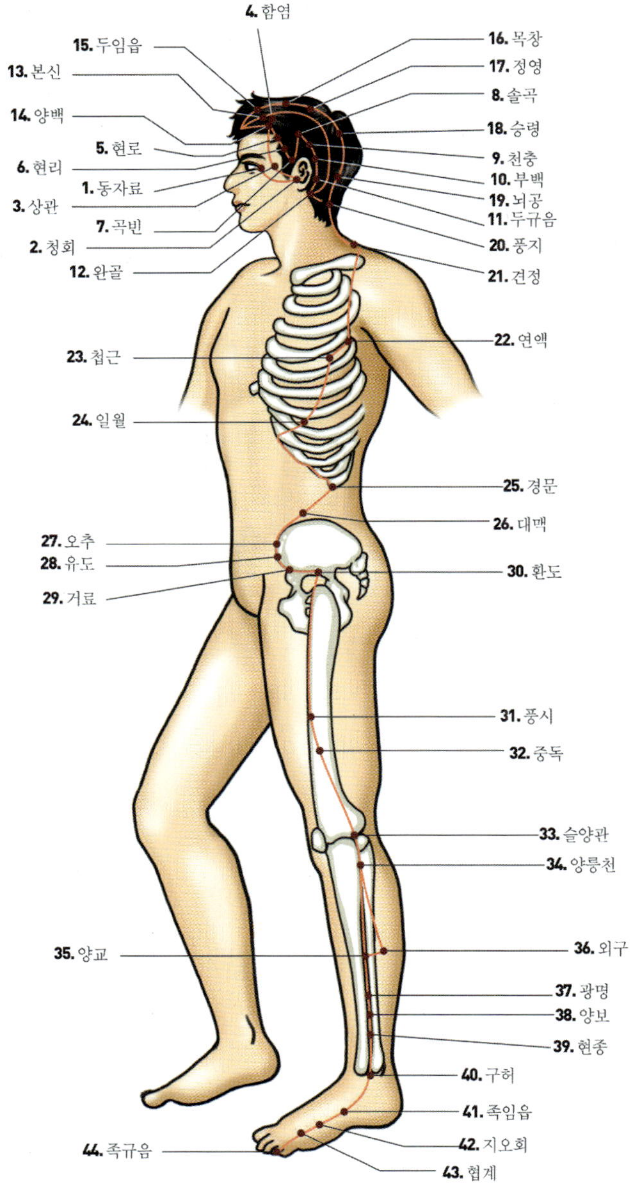

1) 족소양담경의 적응증세(담 기능장해, 풍증)

기름끼 있는 음식을 좋아하는 사람은 담낭이 좋지 않다. 삼초경에 이어 담을 에워싸고 있는 것은 담경이다. 한방 문헌을 보면「담의 부는 그 형상이 호리병처럼 생겼고 간장 밑에 숨겨져 있다. 그 맛은 매우 쓰다.「담은 간의 부로서 5행의 木에 속한다」고 되었다. 즉 담과 간은 다함께 목에 속하며 서로 표리관계에 있어 간이 활동을 도와주는 구실을 하는 것이 담이다.

담경은 머리에서 발까지 이르는 긴 경락을 가지고 있으며 44개의 혈이 있다. 눈길의 동자료에서 시작되어 귀뒤의 완골로 들어가 이마로 빠져 정명에서 만난다. 경맥은 다시 임읍, 뇌공을 지나 풍지로 들어가서 두갈래로 갈라진다. 풍지에서 갈라진 한 가닥은 어깨로 내려가고 다른 한 가닥은 귀 뒤로 들어가서 아래 턱 볼을 돌아 쇄골상와로 나온다. 이 경맥은 또 제 9늑골 끝에 있는 일월에서도 갈라져 간장을 돌고 담의 부를 돌아 다리 관절에서 본줄기와 만난다.

본경은 일월에서 제10늑골 끝이 경문을 지나 옆구리로 해서 다리 관절로 들어가 갈라졌던 경맥과 합류, 대퇴부의 바깥쪽으로 해서 다리로 내려가, 넷째 발가락 발톱 밑에서 끝난다. 이처럼 넓은 부위를 돌고 있으므로 담경을 그만치 넓은 적응 범위를 가지고 있다.

두통, 편두통, 겨드랑이, 옆구리, 무릎 다리의 바깥쪽, 얼굴, 피부, 귀, 목, 발등 거의 모든 부문이 이상이 생길 때 활용된다. 간, 담에 이상이 생긴 사람은 눈이 푸르스름해 보이고 힘이 없으며, 말소리가 높고 가냘프다. 봄철이 되면 몸이 노곤해지고 음식물은 시큼한 것, 기름에 튀긴 것, 중국음식을 특히 좋아한다.

이런 증세를 확인해보려면 제 9늑골 끝에 있는 일월, 등의 제11흉추 양 옆에 있는 담유를 가볍게 눌러본다. 통증을 느끼거나 땡기는 기운이 있으면 틀림없이 간, 담에 이상이 있다고 보아야 한다.

2) 족소양담경맥(足少陽膽經脈)의 경혈위(經穴位)

順番 (순번)	經穴名 (경혈명)	穴位 (혈위)
1	瞳子髎(동자료)	눈외자 외측 5분
2	聽會(청회)	이하수 전 함중처
3	上關(상관)	협골궁 상렴. 개구 시 구멍이 나타나는 곳
4	頷厭(함염)	액각 발제의 등 후방1촌 두유와 곡빈응이 어위로1/4되는 점
5	懸顱(현로)	함염과 현리의 중간, 두유와 곡빈의 중간 점
6	懸厘(현리)	액하렴. 현아래1촌 곡빈과 두유음이어 밑으로1/4되는점
7	曲鬢(곡빈)	귀첨부 횡선과 귀앞 직선의 교차점
8	率谷(솔곡)	귀위발제상1.5촌
9	天衝(천충)	귀후발제2촌에서 후방으로2분처
10	浮白(부백)	천충후하방1촌
11	頭竅陰(두규음)	완골상침골하
12	完骨(완골)	유양돌기 루연의 하방 끝2분처
13	本神(본신)	신정혈 양방3촌
14	陽白(양백)	눈썹위1촌, 눈동자 직상
15	頭臨泣(두임읍)	눈위발제5분 들어간 곳, 양백혈위 발제5분
16	目窓(목창)	두임 읍후1.5촌
17	正營(정영)	목창 후1.5촌
18	承靈(승령)	정 후1.5촌
19	腦空(뇌공)	풍지 후1.5촌
20	風池(풍지)	완골과 천추의 중간
21	肩井(견정)	결분위1촌반, 유두 직상방 견부 최고부위
22	淵液(연액)	겨드랑이 아래3촌
23	輒筋(첩근)	겨드랑이 아래3촌에서 흉부로1촌
24	日月(일월)	유두직하7, 8 늑골간
25	京門(경문)	제12늑골하단

順番 (순번)	經穴名 (경혈명)	穴位 (혈위)
26	帶脈(대맥)	11늑골 끝과 장골릉의 중간점
27	五樞(오추)	대백 아래3촌
28	維道(유도)	장문 아래5촌
29	居髎(거료)	중극 양방5촌
30	環跳(환도)	대전자와 요수를 잇는 선의1/3지점 함몰처
31	風市(풍시)	서서 손끝을 내렸을 때 손끝이 다리에 닿는 곳
32	中瀆(중독)	풍시직하2치
33	膝陽關(슬양관)	양릉천상3촌
34	陽陵泉(양릉천)	슬하1촌 비골소두의 내직하
35	陽交(양교)	족외과상7촌, 하지 외측 중간
36	外丘(외구)	양교혈전방3분, 족외과상6촌
37	光明(광명)	족외과상5촌
38	陽輔(양보)	족외과상4촌
39	懸鍾(현종)	족외과상3촌
40	丘墟(구허)	족외과상전하방 함몰처
41	足臨泣(족임읍)	4지와 5진 중 맨 위 함몰처
42	地五會(지오회)	협계직상5분, 제4, 5중족골 사이 발가락 끝에서 위로1.5치
43	俠谿(협계)	4지와 5지기골사이
44	足竅陰(족규음)	4지발톱 외측 모서리0.1촌

(1) 동자료

- 적응 : 눈병일절, 얼굴신경통, 경련
- 위치 : 목외자 옆 0.5촌, 눈 바깥쪽 오목한 부위

(2) 청회

- 적응 : 귓병, 얼굴 신경마비, 턱탈골, 치통
- 의치 : 이주 밑 절흔앞, 하악골 관상돌기 뒤

(3) 상관(객주인)

- 적응 : 눈병 일절, 편두통, 어지럼증, 귀울림
- 위치 : 하관 혀 바로 위, 관궁의 상연

(4) 함염

- 적응 : 눈병 일절, 두통, 어지럼증, 귀울림
- 위치 : 두유혈과 곡빈혈을 연결한 호선 위에서 위로 1/4 되는 곳

(5) 현노

- 적응 : 뇌 신경쇠약, 편두통, 뇌출혈
- 위치 : 두유혈과 곡빈혈 호선의 중점

(6) 현리

- 적응 : 삼차 신경통, 편두통, 안질, 뇌충혈
- 위치 : 두유혈과 곡빈혈 호선의 밑 1/4되는 곳

(7) 곡빈

- 적응 : 술 중독으로 인한 경련, 반신불수
- 위치 : 귀 앞 귀밑머리 후연으로 곧게 올라가 각손혈과 수평을 이루는 곳

(8) 술곡

- 적응 : 경련 (술중독) 편두통, 구토, 목아픈 데
- 위치 : 귀위발제상1.5촌

(9) 천충

- 적응 : 어지럼증, 잇몸 염증
- 위치 : 귀후발 제2촌에서 후방으로 2분처

(10) 부백

- 적응 : 귀울림, 두통, 이 신경통, 편도선염
- 위치 : 귀후발 제2촌에서 후방으로 2분처

(11) 규음

- 적응 : 죄막염, 삼차 신경통, 사지 경련, 귀울림
- 위치 : 귀뒤쪽(구멍과 평행선)

구음의는 뼈에 뚫려 있는 구멍, 즉 귀를 말하는 것이며, '음' 응달, 다시 말해서 귓구멍 뒤에 있다는 뜻이다. 귀 근처에는 많은 혈이 있으나 그 중에서도 규음은 귓병에 잘 듣는 혈로 알려져 있다. 특히 노인들이 피로하든지, 귀가 잘 안들릴 때 이 혈을 지압하고 은단알을 반창고로 붙여두면 상당한 효과가 있다. 이 혈은 담경과 방광경의 교차점을 이루고 있는데, 신허(정력감퇴)와 깊은 관계가 있다. 신허는 귀와 두 음(성기와 항문)에 그 증세가 가장 두드러지게 나타난다고 한다.

(12) 완골

- 적응 : 얼굴부증, 편두통, 말불능, 목통증, 신경쇠약, 불면증
- 위치 : 유양돌기 뒤쪽 아래 오목한 부분

(13) 본신

- 적응 : 뇌충혈, 어지럼증, 목부위 경련
- 위치 : 신정혈 양방 3촌

(14) 양백

- 적응 : 눈병 삼차 신경통, 야맹증, 머리 무거운 데
- 위치 : 동공에서 곧게 올라가 눈썹으로 1촌되는 곳

(15) 두임읍

- 적응 : 눈물과다, 두통, 중풍, 열병
- 위치 : 양백혈에서 곧게 올라가 발제에 0.5촌 되는 곳

(16) 목창

- 적응 : 눈충혈, 시력장해, 축농증
- 위치 : 두입읍혈 뒤로 1촌

(17) 정영

- 적응 : 두통, 뇌빈혈, 편두통
- 위치 : 목창혈 뒤로 1촌

(18) 승령

- 적응 : 코피, 천식, 발열(오한)
- 위치 : 정혈혈 뒤로 1.5촌

(19) 뇌공

- 적응 : 가슴 뛰는 데, 머리 풍증, 후두통
- 위치 : 풍지혈 위로 1.5촌

(20) 풍지

- 적응 : 각종 두통, 눈병, 시력감퇴, 콧병, 반신불수, 신경증
- 위치 : 흉쇄유돌근과 승모근 사이 오목한 부위

(21) 견정

- 적응 : 뇌신경쇠약, 견배통, 늑막염, 반신불수
- 위치 : 목과 어깨 끝의 중간 위치

머리가 무직하고 어깨가 결린다. 눈이 피로하고 귀가 울린다. 어깨 팔이 아프다. 뱃속이 좋지 않다. 몸의 마디마다 쑤시고 아프다. 이런 증세에 빼놓을 수 없는 치료혈이다. 견정이란 말은 어깨를 중심으로 한 여러 혈이 근원인 샘 구실을 한다는 뜻으로 어깨나 목의 이상이 있을 때는 즉각 효과가 나타난다. 한가지 조심할 것은, 너무 비비거나 두드리거나 하는 것은 고혈압 환자에게는 특히 해롭다. 옛말에도 「초심자는 이 혈을 특히 조심하라.」고 이 혈에 침을 놓는 것은 매우 신중하게 다루고 있다. 너무 깊이 찌르면 뇌빈혈을 일으키지만, 효과는 상당히 빠르다. 지압치료 때는 환자를 눕히고 누르면 안전하다.

(22) 연액

- 적응 : 늑막염, 발열(오한), 결릴 때(장압), 담들 때(찜질)
- 위치 : 겨드랑이 아래 3촌

(23) 첩근

- 적응 : 구토, 아랫배 팽창
- 위치 : 겨드랑이 아래 3촌에서 흉부로 1촌

(24) 일월

- 적응 : 위병, 간질환, 담석통, 히스테리, 우울증, 황달
- 위치 : 제9늑골 끝 부분

담경의 기가 배로 통하는 곳이다. 담의 모혈로 가슴, 배가 몹시 아프거나 숨쉴 수 없이 결릴 때 많이 활용된다. 등에 있는 방광경의 담유와 더불어 담의 기능을 알아보는 중요한 기능을 가지고 있으며, 기름기의 소화를 도와주는 담즙을 저장해 두는 담낭의 이상을 알아보는 데도 이 혈을 쓴다. 우선 자리에 똑바로 누워 입을 조금 벌려 힘을 빼고 두 손가락을 일월에 댄채 숨을 크게 쉬게 한다.

오른쪽 옆구리에 통증이 오면 담낭에 이상이 생긴 것이다.

(25) 경문

- 적응 : 만성 위장병, 요통, 심장병, 신경쇠약, 부인병
- 위치 : 제12늑골 끝

신경의 모혈로서 신장 기능을 알아보는 혈이다. 선천의 기를 간직하고 있는 신경의 위험신호를 찾아내는 매우 중요한 곳이다. 가슴과 옆구리가 결린다. 배가 울리면서 설사기가 있다. 소화불량, 트림, 어깻죽지 결린데, 이런 모든 증세는 한방에서 말하는 신허증이다. 이것을 다스리는 곳이 경문이다. 경문이란 말은, 군주가 살고 있는 도읍의 문, 즉 선천의 기가 드나드는 문이라는 뜻이다.

(26) 대맥

- 적응 : 장선통, 방광염, 하부 냉증, 부인병
- 위치 : 제11늑골과 장골릉의 중간점

(27) 오추

- 적응 : 위경련, 요통, 남녀비뇨기 질환(맹장염 반응점)
- 위치 : 대백 아래 3촌

(28) 유도

- 적응 : 맹장염〈만성〉, 신장염, 고환염, 상습변비
- 위치 : 장문 아래 5촌

(29) 거료

- 적응 : 남녀 비뇨기 질환, 요통, 다리 부자유
- 위치 : 중극 양방 5촌

(30) 환도

- 적응 : 좌골신경통, 반신불수, 다리 염증
- 위치 : 대전자와 요수를 있는 선의 1/3 지점 함몰처

(31) 풍시

- 적응 : 하지동통, 전신소양증
- 위치 : 서서 손끝을 내렸을 때 손끝이 다리에 닿는 곳

(32) 중독

- 적응 : 반신불수, 각기, 좌골신경통
- 위치 : 풍시혈 아래 2촌

(33) 슬양관

- 적응 : 무릎 관절염, 반신불수, 대퇴부 외측 마비
- 위치 : 양능천혈 위로3촌, 대퇴골 외상과 위의 오목한 부위

(34) 양능천

- 적응 : 반신불수, 다리근육 마비, 내장출혈, 대하증, 위산과다, 얼굴 신경마비
- 위치 : 비골 소두 앞쪽 밑 오목한 부위

  옛부터「소양의 맥이 합치는 곳」이라고 해서 중요시했다. 동양의학 고전에도「병이 높고 안에 있으면 음이 능천을 다스리고, 병이 높고 밖에 있으면 양의 능천을 다스리라」고 하다. 즉 배꼽 위의 부위가 냉한 음의 증세를 보이면 음능천을 다스리고, 열기와 부종, 통증 등 외부에 증세가 나타나면 양능천을 다스리라는 말이다. 한방에서는 자주 상하병이란 말을 쓰는데, 상반신과 하반신이 증세가 아주 다른 증세를 보일 때가 있다. 상열하한의 증세와 상한하열의 증세가 그것이다. 이런 때,「상반신의 병에는 하반신의 혈을 다스린다」는 것이 치료의 원칙이다.

  이처럼 사람의 음에서 일어나는 증세가 여러 가지로 변화할 때 양능천은 예부터 중요시해온 혈이다. 특히 음양 두 능천을 함께 쓰면 더욱 효과를 거둘 수 있다.

(35) 양교

- 적응 : 신경통, 근육마비, 천식〈양능천 보조혈〉
- 위치 : 족외과상 7촌, 하지 외측 중간

(36) 외구

- 적응 : 목운동 불능, 옆구리 통증, 늑막염
- 위치 : 양교혈 전방 3분, 족외과상 6촌

(37) 광명

- 적응 : 다리 신경통, 마비, 각기, 눈신경
- 위치 : 족외과상 5촌

(38) 양보

- 적응 : 무릎 관절염, 허리냉증, 가슴 옆구리 통증
- 위치 : 족외과상 4촌

(39) 현종

- 적응 : 다리 신경통, 반신불수, 소아마비, 골수염, 척수염, 각기, 발목 삔 데
- 위치 : 족외과상 3촌

(40) 구허

- 적응 : 좌골신경통, 늑막염, 류마티스, 삔 데
- 위치 : 족외과상 전하방 함몰처

(41) 족임읍

- 적응 : 간헐열, 좌골신경통, 전신마지, 월경불순, 발가락 삔데〈담석통 반응점〉
- 위치 : 4지와 5지 중간 맨위 함몰처

(42) 지오회

- 적응 : 신경통, 류마티스, 각기, 귀울림
- 위치 : 제4, 5중족골 사이 소지 신근건의 내측

(43) 협계

- 적응 : 뇌충혈, 다리 마비, 좌골 신경통, 부종 어지럼증
- 위치 : 족배, 제4, 5발가락 봉합부위

(44) 규음

- 적응 : 늑막염, 심장비대, 두통, 입건조
- 위치 : 넷째 발가락 발톱 밑

15.

족궐음간경 (足厥陰肝經)

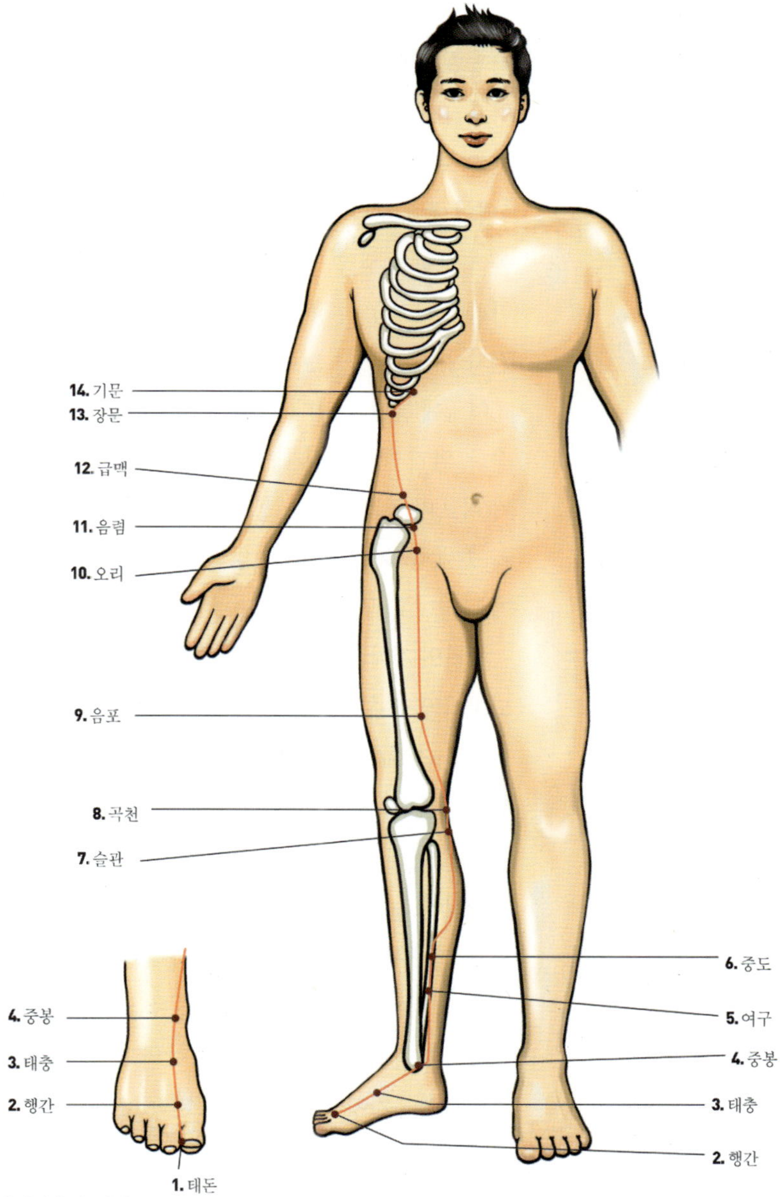

1) 족궐음간경의 적응증세(간장병, 생식기능 장해)

성기에 통증이 생기는 것은 간장에 이상이 있기 때문이다. 12경락의 마지막 부분인데 간경은 서양의학에서 말하는 간장과 약간 다른 견해를 가지고 있다. 「간장은 제9흉추에 달려 있으며 색깔은 푸르다. 모습은 나뭇잎처럼 생겼고 왼쪽 옆으로 세 잎이, 오른쪽 옆으로 네 잎이 달려 있다. 간의 부는 담이고 5행의 木에 해당된다. 지모와 깊은 생각을 조정하는 내장이다.」 간은 신과 더불어 사람의 생명 전체로서의 기능을 간직하는 데 중요한 구실을 하고 있다. 따라서 이 기능의 장해로 일어나는 증세는 육체적으로, 정신적으로 다방면에 걸쳐 일어난다.

얼굴에 윤기가 없다, 목이 마르다, 가슴이 답답하다, 속이 메스껍다, 설사가 잦다, 엄지 발가락 전체가 아프다. 오슬오슬 춥고 열이 난다. 특히 여성은 허리가 아프며 샅과 음부가 땡긴다. 결단력이 부족하고 초조하다. 이러한 여러 가지 증세 중에서도 간경은 남녀 성기와 직접 관련이 있어서 그 방면에 예민하게 나타나고, 또 잘 듣는다.

간경의 경락은 엄지발톱 밑에서 시작하며 내과 앞을 지나 신경 비경과 교차되면서 위로 올라간다.

무릎 안쪽과 대퇴부 안쪽을 지나 샅에서 하복부로 들어가서 성기를 돌아 관원에 이른다. 경맥은 여기서 좌우로 갈라져 제11늑골의 장문에서 기문을 거쳐 간을 돌고, 일월에서 담을 돈다.

간경에 속하는 혈은 이상 경락에 모두 나오지만, 경맥은 더 올라가 목을 거쳐 눈 아래서 다시 갈라진다. 한 가닥은 머리 위로 올라가 백회에서 독맥과 이어지고, 다른 한 가닥은 입술을 돌아 끝난다. 한편 제 9늑골 첫머리에 있는 기문에서도 한 가닥이 갈라져 12경락의 첫머리인 폐경과 이어진다. 12경락을 폐경에서부터 간경에 이르기까지 계속 이어져 사람의 체내를 쉬지 않고 돌고 있다는 것이 한방 이론이다.

2) 족궐음간경(足厥陰肝經)의 혈위와 주치

順番 (순번)	經穴名 (경혈명)	穴位 (혈위)
1	太敦(태돈)	대지(엄지발가락) 발톱 근부 외측1분처
2	行間(행간)	대지, 차지 기골 사이
3	太衝(태충)	대지, 차지 본절 후2촌
4	中封(중봉)	해계와 상구의 중간
5	蠡溝(여구)	족 내과상5촌
6	中都(중도)	족 내과상7촌
7	膝關(슬관)	슬하2촌 음릉천 후방1촌
8	曲泉(곡천)	슬내포골 하, 대근살 소근 하 (무릎을 굽혀 나온 횡문의 내측 끝)
9	陰包(음포)	슬상 4촌, 고내렴 양근 사이
10	五里(오리)	기충 아래 3촌동맥 응수처
11	陰廉(음렴)	기충 아래 2촌동맥 응수처
12	急脈(급맥)	곡골 양방 2.5촌, 치골결합부 양방 2.5촌
13	章門(장문)	제11늑골 첨단 아래
14	期門(기문)	거궐 양방 3.5촌, 유두직하 제6,7늑골간

(1) 대돈

- 적응 : 비뇨기질환, 야뇨증, 경련성 질환
- 위치 : 엄지발톱 밑 중심부

간경이 시작되는 혈로서 경맥을 흐르는 경수가 몰렸다가 풀려 나가는 혈이다. 수천(水泉)이라고도 불리우는데 「다리의 궐음액이 흘러 우물을 이룬다」고 하여 예부터 중요한 혈로 꼽힌다. 조금만 눌러보아도 증세가 있으면 상당히 빨리 반응을 보여준다. 위에 말한 적응증 이외에도 옆구리 결리는 데, 대퇴부, 신경통, 그밖에 신경통에 잘 듣고 부인과 질환에도 효과가 있다.

(2) 행간

- 적응 : 장산통, 음경통, 당뇨병, 뇌빈혈
- 위치 : 대지, 차지 본절 후 2촌

(3) 태충

- 적응 : 위장병, 다리냉증, 간장질환, 고혈압
- 위치 : 발등 아래 1~2발가락 쌈

  간경의 원혈이다. 간경에 이상이 있을 때 꼭 활용되는 혈로서 대돈, 행간과 더불어 기억해 두는 것이 좋다. 속칭 「사관을 튼다」고 하면 손의 합곡과 발의 태충에 침놓은 것을 말한다.

(4) 중봉

- 적응 : 방광염, 황달, 전신마비, 위산과다, 중추신경 진정(팔 다리 떨리는 증세)
- 위치 : 해계와 상구의 중간

(5) 여구

- 적응 : 장산통, 다리마비(척수염으로 인한), 히스테리, 생리불순, 다리 시큰한데
- 위치 : 족 내과상 5촌

(6) 중도

- 적응 : 아랫배 경련, 다리 관절통, 자궁 출혈(계속)
- 위치 : 족 내과상 7촌

(7) 슬관

- 적응 : 다리신경통(마비), 무릎 관절염, 중풍

◉ 위치 : 음능천과 음곡 중간(다리 접히는 안쪽)

간경의 경맥이 다리에서 무릎으로 들어가는 관문이라는 뜻으로 지어진 이름이다. 무릎이나 목젖이 붓고 아플 때에 많이 이용하지만, 남녀 성욕부진, 여성의 생리불순에도 잘 듣는다.

(8) 곡천

◉ 적응 : 대퇴부, 신경통(마비), 무릎관절염, 비뇨기 질환

◉ 위치 : 다리 오금팍과 무릎의 중간

다리 접히는 곳에 있는 경수의 샘이라고 해서 붙여진 이름이다. 무릎으로 사기(邪氣)가 돌아갔을 때 이 혈을 다루어 사기를 몰아내고 깨끗한 경수를 샘솟게 해준다. 슬관과 더불어 이용하면 효과가 좋다. 나이 탓으로 생기는 무릎의 통증, 다시 말해서 변형성 슬관절 증에는 슬관곡천에 예민한 반응을 나타낸다. 이럴 때에는 간단하게 뜸을 하면 잘 낫는다.

(9) 음포

◉ 적응 : 허리(둔부 다리)경련, 무릎 관절통, 월경불순

◉ 위치 : 슬상 4촌, 고내렴 양근 사이

(10) 오리

◉ 적응 : 만성감기, 장폐쇠, 동맥 경화증, 땀 많이 나는 데

◉ 위치 : 기충 아래 3촌 동맥응수처

(11) 음렴

◉ 적응 : 생리이상, 고(股)관절염, 불임증, 대하증, 생리불순

◉ 위치 : 샅 중심부

(12) 급맥

- 적응 : 소복통, 산기, 음정
- 위치 : 곡골 양방 2.5촌, 치골결합부 양방 2.5촌

(13) 장문

- 적응 : 폐병, 기관지염, 천식, 신경성 심계항진, 간장(비장)비대, 위하수, 복수
- 위치 : 11번째 늑골 끝

  병과 사기가 드나드는 것을 뚜렷하게 알아볼 수 있다는 뜻으로 붙여진 이름이다. 간경의 혈이면서 비경의 모혈이므로 간경의 기능을 알아볼 수도 있다. 간경이 음렴에서 생식기를 돌아 도달하는 곳이 장문이다. 주로 가슴과 옆구리의 통증, 소화불량, 손발이 뻑뻑하고 무거울 때, 젖먹이의 토사에 잘 듣는다.

(14) 기문

- 적응 : 간장질환, 황달, 담낭염, 신장염, 기침, 천식
- 위치 : 9번째 늑골 첫 머리

  간경의 모혈로 가장 중요한 혈이다. 밤생이나 과음으로 피로 했을 때 이 혈을 위로 치켜가며 힘주어 누르면서 숨을 크게 쉬면 통증이 온다. 간울혈증이 일어나고 있다는 증거이므로 부드럽게 비비면서 지압을 해주는 것이 좋다. 이 혈은 비경(태음), 간경(궐음), 기경(奇經- 음유)이 교차되는 곳이며 음기가 모여드는 곳이기 때문에 급성, 열성 전염병에 반드시 다루어야 되는 혈이다.

chapter

4

양생법

1. 양생법

병에 걸리지 않도록 건강 관리를 잘하여 오래 살기를 꾀하는 방법으로 면연력을 증강시킨다. 양생법에서는 운동을 정체라 하며, 몸을 정리하는 것이 운동이라는 뜻이다. 즉, 건강과 관련된 신체적 행동과 사상적 개념으로 각종 방법을 통해 자신의 체질을 개선하며, 질병을 예방하는 심신단련법이다.

1) 봄의 양생법

봄에 해당하는 석달을 동양의학에서는 발진, 조달이라고 한다. 새싹이 땅을 뚫고 나와 힘차게 뻗어나가는 형상이다.(강한 상승력, 탄생, 시작) 겨우내 숨어 지내던 만물이 싹을 틔우고, 활동하기 시작하는 시기이다. 이것은 생명력이 대지를 뚫고 한 줄기로 뻗어오를 때, 힘을 효율적으로 활용하기 위함으로 양기가 증가하는 시기이다. 신체에도 양기가 증가하는데, 이 시기에는 일몰과 함께 잠자리에 들고 일출과 함께 일어나야 한다. 마음과 몸에 기가 넘치므로 활동하기에 적합한 시기이다. 이것이 신체를 봄의 기운, 즉 춘기하고 조화를 이루게 하는 방법이다. 만약 춘기를 거스른 채, 활동하지 않고 조용히 지내면 질병에 걸린다. 나무가 싹을 틔울 무렵이면 신경통이나 피부병에 잘 걸린다는 사람이 있다. 또 온몸이 나른하고 뜨거운 열기 때문에 도무지 잠을 이룰 수 없다고 호소하는 사람도 있다. 이런 경우에는 적당한 운동을 해서 양기를 발산시키면 병이 낫는다. 침구로는 족소양담경을 이용하여 치료한다. 만약 봄에 활동하지 않으면 양기가 가라 앉기 때문에 여름에도 땀이 적게 나는 냉한 체질로 변한다. 이러한 사람은 봄부터 적당한 운동을 하는 것이 바람직하다.

2) 여름의 양생법

여름에 해당하는 석 달을 한의약에서는 번수(우거지게 피어나다)라고 한다. 이것은 아주 활발하게 성장하는 것을 뜻하며 생명력이 가장 왕성하게 발휘되며 활동이 많은 것이다. 나무와 풀이 성장하고 만물이 무성하며 꽃을 피우는 그야말로 양기가 최고조에 이르는 시기이다. 이 시기에는 해가 저물면 잠자리에 들고 일출과 함께 일어나야 한다. 낮이 길다고 해서 게으름을 피우는 것은 바람직한 태도가 아니다. 또 적당한 운동을 하여 하루 한 차례 정도는 땀 흘릴 수 있게 신경을 써야 한다. 기분도 맘껏 발산한다는 느낌을 갖도록 노력해야 한다. 만약 여름에 양기를 발산시키지 않으면, 몸 속에 열이 가득 차서 질병에 걸린다. 몸 속에 양기가 가장 많은 부위가 심장이다. 가뜩이나 양기가 많은 심장에 열이 더해지면 나빠질 수밖에 없다. 또한 양기를 발산하지 않으면 온 몸이 뜨거워져서 자신도 모르게 냉방을 하거나 시원한 음료수를 마신다. 만약 여름내내 이런 행동을 되풀이 하면 설사를 한다. 오늘날의 냉방병은 여름의 양생법을 잘 지키면 얼마든지 막을 수 있다. 한편 여름철 설사는 침구를 사용하여 족태양방광경을 치료하는 것이 좋다. 여름에 열을 발산시키지 않으면 그 열은 고스란히 가슴에 고인다. 그리고 가을이 되어 폐장이 활발하게 움직이면 폐장은 여름에 고인 열 때문에 건조해져서 가래가 적은 마른기침이 나온다.

3) 가을의 양생법

가을에 해당하는 석 달을 동양의학에서는 용평, 숙살, 숙강이라 한다. 이것은 농사를 짓고 거둔다는 의미이다. 용평은 자연계의 모든 식물들이 가을이 되어 꽃에서 결실을 맺어 거두어 들이는 것이며. 숙살, 숙강은 여름에 흩어지던 힘으로 생긴 잎사귀가 가을이 되면서 전혀 새로운 열매로 바뀌고 스스로 조락하는 것과 같다. 당연히 흩어졌던 양기도 몸 속 깊숙한 부위로 모인다. 이 시기에는 일찍 잠자리에 들고 닭 울음소리와 함께 일어나야 한다. 의욕을 앞세워 지나치게 활동적인 태도를 취하는 것은 삼가야 한다. 만약 활동을 지나치게 많이하여 양기를 발산하면 폐장이 약해져서 겨울에 설사를 한다.

실제로 가을에 땀을 많이 흘리면 감기에 걸리기 쉽다. 만약 땀을 흘렸을 때는 곧바로 닦아야 한다. 침구를 사용하여 수태음폐경을 치료하면 가을의 질병을 다스리기 쉽다.

4) 겨울의 양생법

겨울에 해당하는 석 달을 동양의학에서는 폐장, 봉장이라고 하는데, 이는 생명력을 깊숙히 간직하고 있는 것을 뜻한다. 모든 활동이 완전히 정지되는 것이 아니라 새로운 생명을 탄생시키기 위하여 저장하고 아끼는 것이다. 만물이 조용히 잠들어 소극적인 자세를 취하는 시기이다. 또한 거두어들인 모든 것을 저장하는 시기이므로 결코 발산해서는 안 된다. 이 시기에는 일찍 잠자리에 들고 느지막하게 일어나야 한다. 양기도 몸 속 깊은 부위에 머무르므로 마음과 몸을 모두 조용히 쉬어야 한다. 몸을 지나치게 움직여 땀을 흘리는 것은 삼가야 한다. 만약 땀을 흘리거나 술을 마셔서 일시적으로 양기를 증가시키면 그 반동으로 신장이 나빠진다. 겨울에 무리하면 봄에도 양기가 발동하지 않아서 팔다리가 나른하고 코피를 자주 흘린다. 겨울만 되면 으레 감기에 걸리는 사람이 있는데 양생법에 문제가 있기 때문이다. 특히 어린이 감기는 지나친 난방과 너무 두꺼운 옷을 입혀서 많은 땀을 흘리게 함으로써 그 땀구멍으로 질병을 일으키는 바람이 침입했기 때문이다. 겨울에는 족소음신경을 중심으로 치료하는 것이 좋다. 옛사람들은 질병에 걸린 뒤에 치료한 것이 아니라 질병에 걸리기 전에 양생법을 지킴으로써 예방했다. 이 내용은 예방의학에 해당하기 때문에 오늘날에도 두루 통한다. 〈소문(素問)〉은 결코 고대의 유물이 아니다. 그리고 각 계절의 마지막 부분에서 설명한 치료 경락은 양생을 위한 방법이다. 경락이란, 몸 속의 경맥과 낙맥을 일으킨다. 경맥은 기혈을 직선으로 운행하며 각 장부하고 연결되어 있다. 이 경맥에서 그물 모양으로 갈라져 나온 것이 낙맥이다.

2. 음양과 질병의 증상

사람은 자연의 기를 받기 때문에 계절의 변화에 맞추어 생활하는 것이 무엇보다 중요하다. 자연의 활동에는 음, 양의 구별이 있다. 봄과 여름 그리고 낮은 양에 속하며 양기가 많고, 가을과 겨울 그리고 밤은 음에 속하며 음기가 많다. 신체도 자연에 존재하는 기의 활동하고 밀접한 관계가 있다. 따라서 우리의 신체에도 음양이 작용하기 마련이다. 자연계에 음과 양의 시기가 고르게 존재하듯이 신체의 음기와 양기도 균형을 유지한다. 이런 음기와 양기의 비율은 시간과 계절에 맞추어 감소하기도 하고 증가하기도 한다. 이와 같은 일정한 균형이 무너졌을 때에 질병에 걸리는 것이다. 신체의 음기는 생명의 원동력인 정기를 저장하여 신체 내부를 긴장시킴으로써 양기가 발산되지 않도록 막는다. 음기는 차갑고, 고요한 성질을 가진다. 그리고 양기는 주로 신체의 외부를 순환하면서 기온변화와 같은 외부 자극으로부터 신체를 방어한다. 양기는 따뜻하고, 활발한 성질이 있다.

1) 양기가 증가했을 때의 질병

몸속에 양기가 지나치게 쌓이고 음기가 상대적으로 부족하면 신체에 이상이 생긴다. 여기에 더운 기운이 더해지면, 몸에서 열이 나고 헛소리를 하거나 심하면 정신을 잃는다. 그리고 축축한 기운이 더해지면 근육과 관절이 붓고 머리가 멍해진다.

2) 음기가 증가했을 때의 질병

몸 속에 음기가 증가하면 양기가 줄어 팔다리에 힘이 빠지고 입, 눈, 귀 등의 기능이 나빠진다. 만약 양기가 부족한 상태에서 땀을 많이 흘러 바람을 쐬면 피부병에 걸리거나 반신불수가 된다. 이처럼 음기와 양기의 균형이 무너지면 질병에 걸린다. 그러므로 자연과 조화를 이루는 삶이 곧 장수의 비결이라 할 수 있겠다.

이상이 황제의 설명으로 〈소문〉의 기본적인 사고방식이다. 음기와 양기의 균형이 무너져 질병에 걸렸을 때의 기본적인 치료는 다음과 같다.

① 양기가 많은 사람은

더운 체질이므로 족태음비경을 보하고, 족양명위경의 기를 사한다.

② 음기가 많은 사람은

냉한 체질이므로 족태음비경, 족양명위경, 족소양담경을 보한다.

고전의학에서 말하는 기의 개념은 매우 폭넓지만 크게 두 종류로 나눌 수 있다.

첫째, 자연계의 기온이나 습도, 바람의 강약(기압관계) 따위의 상태를 '기의 활동'이라고 생각했다. 물론 계절이나 하루 24시간 안에서도 마찬가지로 기의 상태는 변한다.

둘째, 신체의 모든 활동을 기의 활동이라고 생각했다. 여기에는 체온조절, 소화, 배설 등 모든 활동을 포함한다. 그런 활동 중에서 동적인 것을 양기, 정적인 것을 음기라고 표현한다. 따라서 동적인 양기와 정적인 음기가 균형을 이루지 못할 때에 질병에 걸린다고 생각했다.

3. 질병의 증상

1) 오미

오미는 음식물의 맛이지만, 치료에서는 한약으로 사용하는 약초의 맛이다. 약초는 모두 오미로 나뉘는데, 실제의 맛이 아니라 그 약초의 작용을 뜻한다. 여기에는산미(山味), 고미(苦味), 감미(甘味), 신미(辛味), 함미(鹹味)가속한다.

(1) 신맛

물질을 거두어 들인다. 산미(수렴작용)는 땀을 안으로 수렴하는 작용, 기와 혈을 수렴 및 고섭작용과 음적인 것을 보하며 소화를 촉진한다. 특히, 여름에 오미자, 복분자, 매실, 산수유 등은 땀을 흘리고 복용하면 수렴하는 효과가 있다.

(2) 쓴맛

물질을 굳히고 열을 빼앗는다. 고미(고섭작용), 기운을 아래로 내리는 설하는 작용과 습을 제거하여 좋게 하는 작용

커피(습을 제거), 대황(변비), 위장의 모든 것을 아래로 내려보낸다.

- 황련, 황백, 살구씨, 치자, 사철쑥, 포공형, 민들레, 씀바귀, 당귀 등

(3) 단맛

긴장을 완화한다. 감미(진정, 통증완화), 보익하고, 자양하며 윤활시키는 작용과 해독, 통증 완화, 약성의 조화 등에 사용(보충하는 작용)

- 감초, 대추, 꿀, 엿, 대추, 인삼, 밤, 호두 등

(4) 매운맛

발산하고 따뜻하게 한다. 신미(발산작용), 건위 작용이 식욕을 촉진 기혈운행을 촉진하는 작용

- 박하, 생강, 국화, 갈근, 귤 껍질, 계피, 마늘 등

(5) 짠맛

물질을 부드럽게 만들거나 축축하게 한다. 함미(신기보호), 생리 후 출산, 몸이 아플 때, 술 많이 먹고 몸이 아플 때, 자궁 근종, 남성 성 기능 저하 시 작용

- 녹용, 다시마, 해구, 소금, 곤포, 별갑 등

2) 오미의 작용

본편과 〈음양응상대론〉을 참고한 것이다.

(1) 간장이 병들 때의 증상

간장이 나빠지면 근육이 뭉치고 긴장되는데 저녁에는 증상이 더 심하다. 양쪽 옆구리에 통증을 느끼고 하복부까지 담기는 듯하다. 화를 잘내고, 현기증, 난청, 두통, 흠칫거리며 놀라고, 귀 아래가 붓는다. 이때는 족궐음간경과 족소양담경을 치료해야 한다. 담낭의 기가 왕성하면 화를 잘내고, 담낭의 기가 허하면 흠칫거리며 놀라는 증상을 보인다. 간장은 눈과 관계하는데 눈이 작은 사람은 일반적으로 기가 약하다고 한다. 간장은 피를 저장하고 신맛은 물질을 수령한다. 간장이 허할 때는 신맛으로 보하고, 근육이 뭉치거나 긴장, 당기는 증상은 단맛으로 완화시키고, 열이 날 때는 쓴맛으로 식힌다.(간장) 오랫동안 걸으면 힘줄이 손상된다. 오랫동안 걸으면 힘줄에 질병이 생긴다는 말이지만, 단지 걷는다는 것이 아니라 오랜 시간 한가지 일을 할 경우라고 해석해야 한다. 어떤 일을 시작해서 분명하게 마무리 짓지 않으면 속이 시원하지 않다는 사람이 있는데, 이런 사람은 간허증이다. 또한 수예나 독서를 오랜시간 계속해도 간허증이 된다.

(2) 심장이 병들 때의 증상

가슴이 아프고 옆구리가 부어올라 통증을 느낀다. 가슴 옆 부분과 등 뒤쪽의 넓고 평평한 견갑골 부위가 아프다. 수소음심경이 흐르는 부위가 부어올라 통증을 느낀다. 협심증과 같은 심장의 통증은 대부분 한밤중에 더 심해진다. 심장의 질병으로 인한 증상이 나타날 때 경락치료에서는 수궐음심포경을 이용한다. 〈소문(素問)〉이나〈영추(靈樞)〉의 내용을 보면 심허를 사증이라고 생각했다. '심장에 질병이 있을 때는 모두 수월음심포경을 치료한다.' 라는 기록이 있다. 수궐음심포경과 족태음비경을 치료하면 심장 아랫부분이 시원해지는 느낌이 든다. 가벼운 가슴의 통증이라면 그것만으로도 낫는다.

심장의 양기가 부족할 때는 신맛을 이용하고, 열이 많을 때는 쓴맛으로 냉각시킨다. 심장이 지나치게 긴장했을 때는 단맛으로 완화시킨다. (심장) 오랫동안 보면 피가 손상된다. 눈은 간에서 피를 공급받아야 잘 보이는데, 오랜 시간 한 가지 물체를 주시하면(久視) 피가 부족해진다. 특히 출산 후에는 피가 부족하기 때문에 눈을 혹사시키지 말아야 한다.

(3) 비장이 병들 때의 증상

손발 뿐만 아니라 온 몸이 나른하고 근육의 발달이 늦다. 배가 부어오르고 뱃속에서 소리가나며 설사를 한다. 비장의 질병은 아침에 더 심하다. 흔히 볼 수 있는 증상으로 족태음비경과 족양명위경을 중심으로 치료해야 한다. 비장이 허하면 온 몸에 수분이 증가하는데, 대부분의 관절염은 족태음비경을 치료하면 낫는다. 비장이 약할 때는 단맛으로 보한다. 위장의 소화력(陽氣)이 떨어졌을 때는 매운 맛이 필요하다. 비장은 습기를 싫어하므로 적당히 건조한 상태가 좋다. 하지만 지나칠 정도로 건조하면 짠맛을 이용하여 축축하게 한다. 비장은 오랫동안 앉아있으면 살집이 손상된다. 오랜시간 앉아만 있으면 비장과 위장이 약해져서 살이 붙지않거나 반대로 뚱뚱해지는 현상이 나타난다. 몸이 나른한 이유는 살이 지치고 힘들기 때문이다. 살집은 요즘으로 치면 지방이라고 생각할 수 있다.

(4) 폐장이 병들 때의 증상

기침, 호흡곤란, 어깨와 등에 통증을 느끼고 땀이 잘나며 허리 아랫부분이 아프다. 난청과 갈증이 생기고 낮에는 더욱 심해진다. 이때 수태음폐경과 수양명대장경을 치료해야 한다. 호흡기증상이 있을 때는 우선 수태음폐경을 치료해야 한다. 여기에는 폐허와 폐열인 경우도 있다. 폐허일 때는 경거혈, 폐열일 때는 어제혈을 보한다. 위장에 수분이 많을 때는 기침이 나는

데 이때는 족태음비경과 족소음심경을 치료해야 한다. 온 몸 이곳저곳이 아픈 것은 폐장이 양기를 순환시키지 못하기 때문이다.

폐장의 기가 부족하면 매운맛을 보하고, 기를 지나치게 발산했을 때 신맛으로 거두어들인다. 폐장이 지나치게 건조할 때는 짠맛으로 축축하게 만든다.

(5) 신장이 병들 때의 증상

신장의 정기가 메마르면 입이 마르고 허리 아랫부분의 힘이 없어진다. 반대로 수분이 많으면 허리아랫부분이 차갑고 하복부에 통증을 느끼고 다리가 붓는다. 또 가슴이 설레고 식은땀이 흐르는데, 이때는 족소음신경과 족태양방광경을 치료해야 한다. 신장이 허라면 요통, 다리가 약해지는 각약, 발기가 안되는 음위 등의 증상이 나타난다. 이것은 신장의 정기가 부족하기 때문에, 이때는 족궐음간경을 동시에 치료해야 한다. 살이 무르고 뚱뚱하면서 허리 아랫부분이 차갑고 가슴이 뛰는 사람은 신장에 수분이 지나치게 많기 때문이다. 이런 경우에는 수태음폐경과 족소음신경을 함께 보해야 한다. 신장이 지나치게 건조할 때는 짠맛을 보하고, 정기가 부족할 때는 신맛으로 수렴한다. 그리고 신장의 기운이 가라앉아 저장하는 힘이 약할 때는 쓴맛으로 굳게 한다.

(신장) 오랫동안 서있으면 뼈가 손상된다.

서서 일하는 사람은 대부분 요통을 호소한다. 그런 경우에는 족소음신경을 중심으로 치료해야 한다.

추간판 헤르니아, 좌골신경통 따위도 이와 같은 종류에 포함한다. 대부분의 경우는 근육 피로와 함께 나타나기 때문에 족궐음간경도 동시에 치료해야 한다.

3) 건강의 기준

질병을 일으키게하는 원인은 대단히 많다. 즉 기후, 음식, 과로, 신경과민, 공해, 중독, 풍토, 기호, 전염병, 상처, 노화현상, 체질적 요인 등으로 질병이 일어난다. 이들의 원인은 인체의 육장육부의 기능에 이상을 초래하여 전신의 기혈순환에 병적인 변화를 일으켜서 고통 증상과 각 기관에 이상을 일으키는 것이다.

(1) 손발이 항상 따뜻하여야 한다.

사람은 생리학적으로 정상인 사람이 건강하다고 하였으나, 여러가지 치수의 기준에 변화가 오기 전의 상태 파악이 매우 중요하다. 이러한 건강의 기준 상태를 잘 유지하지 못하면 질병이 발생하게 된다. 그러므로 어떠한 치수상 기준을 파악하는 것이 중요한 것이 아니라, 건강의 기준을 오래 유지하는 것이 중요하다, 건강의 기준을 알면 질병이 발생되는 기준을 알게 되며, 또한 병이 약화되는 기준과 치료되는 기준을 알게 되는 것이다. 특히 손과 발의 혈액순환이 전신과 내장에 미치는 영향은 매우 크다. 어떠한 경우라도 손과 발을 따뜻하게 하도록 하여야 한다.

(2) 복대동맥은 항상 미동이어야 한다.

배꼽 부위를 중심으로 해서 상하로 흐르는 굵은 동·정맥이 있다. 혈액순환이 잘되면 이 곳의 박동상태가 적당하게 움직이고 있으나, 건강하지 못하면 이 곳의 맥박이 크게 항진되거나 극히 미약하게 박동한다. 이 곳의 진단은 곧 심장박동의 상태와 비슷하며, 이 곳의 박동을 진단하여 건강의 기준을 정하는데 많이 쓰이고 있다. 신기가 허약하고 심화가 상승되는 상태여서 압력이 높다는 표시로 음허 화동이라는 말을 쓰고 있다. 이 음허화동의 상태가 심해지면 전신의 저항력이 극도로 허약해져서 질병이 발생될 수 있는 가장 좋은 조건이 된다. 이때는 질병이 있다는 표시이다. 복대동맥이 뛰지 않으면 신기가 허약하다는 표시이고 심허현상이 일어난다. 그러므로 건강의 조건은 생리적으로 이상이 없다고 하더라도 복대동맥은 미동이 아니면 안 된다.

(3) 위기, 신기가 있어야 한다.

여기에서 위기는 위장의 소화기능을 말한다. 평상시에 소화장애를 크게 느끼지 않는다고 할지라도 맥상이나, 복진에 의한 병기를 갖고 있으면 위장장애가 곧 나타날 징조이므로 위기가 충실하다고 볼 수는 없다. 예를 들어서 중완부위, 위장 부분을 꼭 눌러서 압중감이 있는 것, 압통감이 있는 것, 위장에 긴장대가 있는 것, 위장에 딱딱한 적 덩어리가 만져지는 것은 모두 위장병의 원인을 갖고 있다는 증거이다. 만약 촌관척 3부맥이 굵고, 가늘고, 강하고, 약하고, 빠르고, 느리고 하면 위기가 충실하지 않다는 표시이다. 증상을 느끼지 못한다고 하여 충실한 것이 아니다. 모든 맥상이 조화를 이루어야 위기가 충실하다.

(4) 복부에는 병적반응이 없어야 한다.

복부는 장기가 모두 그 안에 있으므로 부드럽고 유동적이어야 한다. 만약에 복직근이 강하게 긴장되거나 조금만 눌러도 아프고 딱딱한 적 같은 것이 있으면 모두 병으로 판단한다. 그리고 상복부보다 하복부가 약간 튀어나오는 것이 정상이나 너무 나오는 것도 좋지 않다. 배꼽은 구멍이 크고 깊이 들어갈수록 좋다. 또한 상, 하복부 중에서 횡선, 즉 가로무늬가 있으면 내부에 질병이 있게 된다. 가로무늬가 크면 클수록 병이 깊고, 많으면 많을수록 병도 더욱 심하다. 복부는 얼굴의 상태와 동일하다.

얼굴이 말라 있으면 복부도 마르고 얼굴이 살이 쪄 있으면 복부도 살이 쪄 있다. 정반대면 병으로 판단한다. 그리고 복부는 항상 따뜻하게 하여야 한다. 차면 설사, 소변이 자주 나오고, 속에 열이 뭉쳐 있으면 변비와 소변불리 현상이 일어난다. 복부에는 병적인 현상이 없어야 한다.

(5) 척추에도 병적인 현상이 없어야 한다.

척추는 인체를 유지하면서 장기, 신경계, 척수를 보호하고 있다. 따라서 척추의 자세 이상은 곧 내장의 질병을 초래하게 된다. 정상적인 척추의 자세 즉, 건강한 척추는 다음과 같은 기준으로 정한다.

① 제1경추에서부터 미골가지 눌러 보았을 때 압통점이 없어야 한다.
② 척추의 양쪽 변을 모두 눌러 보았을 때도 역시 압통점이 없어야 한다.
③ 척추가 어느 한 부위가 옆으로 튀어나와 있어도 안된다.
④ 척추의 어느 한 부위가 함몰되어 있어도 안된다.
⑤ 척추가 굽어 있는 것도 병이라고 본다.

4. 복진법

1) 피부의 색깔 반응

피부를 보아 정상피부이면 별 이상이 없으나, 그렇지 않을 경우에는 검은색, 붉은색, 버짐 같은 색, 빈혈색(창백한 색), 청색(흔히 정맥이 노출된다) 등이 나타난다. 즉, 색소반응이 나타나는 곳에 장부에 질병이 있는 것이다. 복부 전체에 오색이 나타나는 경우에는 오색과 장부 소속을 판단한다. 그러나 어느 한 지점에서 색소반응이 나오면 위치의 내장병을 진단할 수가 있는 것이다.

2) 복부의 모양

복부는 긴장감이나 내장의 위치변화에 따라서 모양의 변화가 일어난다. 보통의 복부는 아랫배가 약간 앞으로 나온 것이 정상이다. 그러나 부인들의 하복부가 많이 튀어나온 것을 자궁질환이 있음을 표시하며, 또한 상복부가 튀어 나왔으면 상복부에 질병이 있다는 표시이다. 또 복부 좌측이 튀어 나왔으면 좌측에 질병이 있다는 표시이고, 우측이 튀어 나왔으면 우측에 질병이 있다는 표시이고, 배꼽주위가 튀어 나왔으면 배꼽 주위의 장기에 질병이 있다는 표시이다.

3) 복부의 긴장력

복부는 전체적으로 탄력이 있어야 한다. 너무 긴장되는 것도 내장의 질병이기도 하나 너무 긴장력이 없고 살이 쪄서 늘어지는 것도 질병이다. 비만증 환자에게서 긴장력이 없이 늘어지는 것을 볼 수 있고, 마른 체질에서는 긴장이 심한 것을 진찰할 수가 있다. 모두 질병이 있다는 표시이다.

4) 복부의 주름

복부에는 주름이 없어야 한다. 주름이 있는 곳에 질병이 있기 때문이다. 복부 전체, 특히 배꼽주위에 잔주름이 많이 있는 경우는 해당 내부에 적통이 있다(가벼운 경우는 없는 경우도 있다). 근본적으로 잔주름이 없어야 질병이 완치된다. 잔주름이 많을수록 병도 많고 중하다.

5) 지각 반응

병이 과민하면 복부의 지각신경은 대단히 예민하다. 끝이 무딘 기구를 가지고 복부를 가볍게 누르거나 접촉만 하여도 통증의 과민반응으로 놀라는 경우가 있다. 모두가 질병이 있는 표시이며, 특히 과민반응이 있는 위치의 장기에 질병이 있다.

6) 압통 반응

보통 삼일체질 반응에서는 이 압통 반응을 제일 많이 이용하고 있다. 압통 반응이 예민할수록 질병이 심하고 활동적이며, 병이 치료될수록 반응은 가볍다.

7) 사진법의 필요성

동양의학적 진단법에는 보고(望診), 듣고(聞診), 물어보고(們診), 만져보는(切診) 방법 등이 있으며, 이를 통상 사진법이라고 한다. 이 사진법이 필요한 이유는 질병이 나타나게 된 원인, 병소, 증상 및 특징을 연구하고 개별적으로 진찰한 증상을 수집하여 이를 종합 분석한 후 정확하고 올바른 치료의 방법을 파악하기 위해서이다.

5. 동양의학적인 사진법

1) 망진

눈으로 보면서 진단하는 방법이다. 얼굴의 안색 정도나 혀의 상태, 또는 눈동자의 변화 등을 보면서 진단한다. 얼굴의 상태는 안색이나 광택, 또는 표정을 보며 청(靑), 적(赤), 황(黃), 백(白), 흑(黑)색의 오행의 색에 의해서 진단된다. 오색은 오장의 상태를 색으로 나타내는데 빛이 밝고 윤택하면 기혈과 정기가 왕성한 것으로 본다.

(1) 얼굴의 망진

① 오행 색을 통해 진단한다.

안색이 검푸른 색을 띠면 통증, 노랗고 붉은 색은 열, 하얀 색은 한증이다. 흰색은 폐의 색이므로 폐열증에 붉은 색은 심의 색으로 심열증에 종종 나타나며, 푸른색은 간열증에 노란색은 비열증에 검은 색은 신열증일 때 종종 나타난다.

② 기혈의 상태에 따라 나타난 현상을 관찰한다.

혈이 응체되면 청흑색이다. 통증이 발생하고 기혈이 겉으로 드러나면 열이 오르며 안색이 붉고 열에 습을 더하면 노랗게 나타난다.

③ 병의 깊이와 경중이 진단한다.

색의 짙고 옅은 정도를 통해 깊이와 경중을 파악한다. 부위별로 나타나는 이상 현상을 통하여 부위와 관계된 장부의 질병 유무를 파악한다.

2) 눈

눈은 간과 통하며 오장육부의 정기가 유입되는 곳이다. 정기가 충실하면 동자가 밝고 분명하나 정기가 쇠약하면 맑지 못하다. 눈은 간과 통하는 곳이나 오색에 따라 병을 진단하기도 한다. 붉은 색은 양쪽 눈꼬리와 눈 머리에 나타나고 청색은 홍채에 나타나며 노란색은 상하 꺼풀에 흰색은 흰동자에 검은 색은 동공에서 나타나며 이 곳을 통하여 건강의 징후를 살핀다.

(1) 문진 1

소리와 냄새를 통하여 진단하는 방법이다. 언어나 음성, 호흡의 소리, 기침소리 등으로 진단하며 체취를 통하여 진단한다. 목소리가 강하거나 거칠면 대부분 실증이나 열증이며 헛소리, 거친 숨소리 등이 이에 해당한다. 목소리가 약하고 가늘면 허증과 한증이 대부분이며 혼자 중얼거림, 미약한 숨소리가 이에 해당된다. 목소리가 무겁고 맑지 못하며 울리는 듯한 목소리는 배에 습이 정체된다.

(2) 문진 2

환자의 질병의 발생시기, 진행과정, 가족력, 통증의 정도, 제반 여러가지 정황을 들어서 진단하는 것으로써 병인을 찾아가는 데 매우 중요한 단서가 된다. 병력이 짧고 체력이 쇠약하지 않으면 대부분의 감성 실증에 속하며 병의 발생이 완만하고 힘이 없다거나 피로하면 내상병으로 허증에 속한다. 만성질환은 사기가 깊고 새로 생긴 병은 사기가 깊지 않다. 뜨거운 음식을 잘 먹으면 대부분 한증이고 찬 음식을 잘먹으면 대부분 열증이다.

(3) 절진

진맥하고 눌러 보는 방법이다. 맥진은 맥박의 횟수나 형태, 강약, 위치 등을 고려해서 진단한다. 또 경혈을 촉진하여 무력한 상태, 경결, 통증 등의 반응을 본다.

3) 미용의 사진법

동양의학에는 치료를 위한 사진법이 있는 것처럼 경락을 관리함에 있어서도 미용경락만의 독창적인 사진법이 있다. 미용경락의 사진법은 동양의학의 사진법과 같이 보고(望診),듣고(聞診), 물어보고(們診), 만져보는(切診) 4단계에 걸쳐 진단이 이루어지지만 병을 진단하는 것과 달리 피시술자의 미용적 변이의 원인과 각각의 피술자에게 정확한 개선방법 등 미용경락을 위한 최적의 관리방향을 제시해주는 진단 방법이다.

(1) 망진

자세나 습관적으로 반복되는 행동 등을 관찰하여 미용적 변이를 파악하는 방법이다. 이 망진은 매우 세심한 주의가 필요하며 주로 걸을 때, 앉아있을 때, 서 있을 때의 신체의 균형, 얼굴의 윤곽, 미용적 변이 등을 세심히 관찰한다. 좀 더 구체적으로 살펴보면 다음과 같다.

① 가자세를 본다.

서 있을 때의 전체 느낌을 본다. 무게의 중심이 하부에 있거나 복부가 비대하면 비습의 정체일 가능성이 높다. 등이 구부정하고 기운이 없어 보이면 금기의 저하이다. 피부의 예민도나 건조함이 없나 관찰하고 대장경락의 막힘에 의한 여드름의 발생여부를 본다.

② 앉는 자세를 본다.

앉는 자세가 구부정하며 복부를 누르듯 하면 수태음폐경, 족양명위경, 수양명대장경의 흐름이 원만하지 않으며, 상복부와 하복부가 비대하다.

③ 다리의 모양을 본다.

앉아 있을 때 습관적으로 왼쪽 다리를 오른쪽 다리위로 얹어서 꼬고 앉는 사람은 비장이 실증인 경우로 본다. 배부의 수혈 중 왼쪽 수혈 부위에 경결이 생긴다.

④ 팔뚝의 피부상태를 본다.

팔뚝(상완) 피부가 부드러운지 거친지 또는 단단한지, 부드러운 상태인지에 따라서 내부 질병상태와 신체의 기(氣)의 성쇠를 알 수 있다. 맥(脈)과 척부는 비위에서 화생한 정기가 주입되고 기르므로 비위와 영위기혈을 상태가 드러나 장기의 증상이 팔뚝으로도 나타난다.

⑤ 얼굴 상태를 본다.

눈썹이 짙으면 습이 많은 것으로 파악한다.

- 얼굴을 3등분해서 볼 때 코 부위가 작고 코 끝이 반짝거리면 비위 계통의 문제로 볼살이 늘어지고 복합성 피부로 파악한다.
- 여드름이 있으며, 이마와 미간이 붉으면 심경락에 의한 결증으로 파악한다.
- 이 창백하며 실핏줄이 보이거나 예민한 것은 폐의 열이 있는 것으로 파악한다.
- 턱의 단단한 여드름은 대장의 문제로 파악하고, 검고 칙칙한 색을 띠는 것은 생식기 계통의 문제로 파악한다.
- 입술이 트거나 갈라지는 것은 진액이 고갈되는 것을 의미하며 위의 상태도 좋지 않다고 파악한다.

(2) 문진(問診) 1

대부분의 피부관리사는 일반인과 달리 다양한 사람의 피부를 관리하게 됨으로써 체취나 신체의 변화를 예민하게 감지한다. 이는 내경에서도 적시된 바와 같이 오취, 오성, 오음 등은 신체의 변화 상태 즉, 병증의 상태를 반영하는 단서가 되기 때문에 예의 주시하여 관찰해야 하는 것들이다. 예컨대 관리 도중에 느껴지는 체위의 변화를 통해 미용적 변이의 상태가 개선되어 가는 것으로 판단할 수 있다.

① 오행에서의 체취인 누린내, 불냄새, 고신내, 비린내, 썩은내 등을 세밀하게 감지한다. 썩은내라는 것은 노인들에게서 나는 고유한 체취인데, 이러한 체취가 있는 것은 수의 기운(신, 방광, 생식계통)의 저하에서 온다. 이런 경우 하초를 따뜻하게 해주어야 한다.

② 목소리를 관찰한다. 목소리가 쉰 소리를 내는지 힘이 없는지 등을 관찰한다.

③ 목소리의 높낮이를 살핀다. 얼굴이 갸름하여 화형인 얼굴형이라도 목소리가 유달리 저음이면 금의 기운이 강하다.

(3) 문진(們診) 2

피부 트러블의 발생 시기나 비만의 시기 등을 세밀히 듣는다. 사춘기의 여드름과 30대를 전후한 여드름의 원인과 관리 방법은 다르다. 비만의 형태도 병증에 의한 것인지 과영양 상태인지, 순환장애인지를 구별하여야 한다.

① 여드름 발생 시기를 묻는다.

10대 중반부터 서서히 나타난 여드름은 사춘기의 여드름이라 볼 수 있으나, 시기와 상관없이 발생되는 여드름은 장기와의 관계가 깊다.

② 생활습관을 묻는다.

아침 기상 시 습관과 활동시간이 주로 낮 시간인지 아니면 밤에 활동하는지 상세히 알아둔다. 하루가 흘러가는 시간은 경락의 운행 순서와 일치하므로 생리작용에 큰 영향을 미친다.

③ 식습관을 묻는다.

즐겨 먹는 음식의 종류를 체크하고, 간식이나 기호 식품 등을 알아 둔다. 커피를 지나치게 즐기면 피부가 거칠어지며, 단 음식은 습열성 여드름과 비만을 가져올 수 있다.

6. 오행 체질의 상담 방법

木(간장/담낭) 木刑체질 형태	
얼굴이 길다.	
정상적인 증상	
정상적인 상태	병이 났을 때
인자함 유순하다 색분별력이 우수 꾀가 많음 시적, 문화적 교육적 따뜻하고 온화함 방어함 계획적 문필가(간장은 음의 기운을 가진다.)	결벽증 예민해짐 노하기를 잘함 폭력적 한숨을 잘 쉬고, 쉽게 결단 바람을 싫어함 욕을 잘함 약을 잘 올림 심술 부림 신내, 노린내가 남 사람을 무시함
지배하는 곳: (피부, 체형에 문제가 생기는 위치와도 연관이 있다.) 간장, 담남, 간경, 담경, 대백, 눈, 목과 관절, 발편도선, 갑상선(신맛, 떫은 맛), 근육(경련, 쥐가 난다.)	

<table>
<tr><th colspan="2">火(심장/소장)
火刑체질 형태</th></tr>
<tr><td colspan="2">이마는 넓고, 턱은 좁다.</td></tr>
<tr><td colspan="2">정신적인 증상</td></tr>
<tr><td>정상적인 상태</td><td>병이 났을 때</td></tr>
<tr><td>행동력과 추진력이 빠르다.
예절이 바름
질서를 중시
밝고 명랑
환하고 화려함
탐구하고 용감
육감이 예민
체육을 좋아함
뜨겁고 정열적임
희생적임</td><td>지나치게 잘 웃음
화를 잘냄
깜짝 깜짝 놀람
버릇이 없음
신경질적임
딸꾹질을 자주함(오전과 여름에 발생)
사생 결담함
열을 싫어함
쓴내, 단내가 남
가슴이 두근거림
꿈이 많다.
사치스러워짐
야하고 존칭을 잘 안쓰고, 교만하여 급하다.</td></tr>
<tr><td colspan="2">지배하는 곳: 심장(음), 소장(양), 심경, 소장경, 독맥, 주관절, 얼굴, 상환, 혀, 피, 혈관</td></tr>
</table>

<table>
<tr><th colspan="2">土(비장/위장)
土刑체질 형태</th></tr>
<tr><td colspan="2">얼굴이 동그란 형</td></tr>
<tr><td colspan="2">정신적인 증상</td></tr>
<tr><td>정상적인 상태</td><td>병이 났을 때</td></tr>
<tr><td>확실하고 철저함
정확하고 틀림이 없음
외골수
신용있음
화합하고 결합
단단하고 굳건함
명령대로 시행
뭉치고 종교적
여자의 성격이 두드러진다.</td><td>공상하고 망상
호언장담
거짓말하고 의심함
의처증
미련하고 게으름
반복적임
트림을 잘함
단 것을 좋아함
습기를 싫어함</td></tr>
<tr><td colspan="2">지배하는 곳: 비장, 췌장, 위장, 비경, 위경, 충맥, 비계, 배, 무릎, 대퇴부, 입술</td></tr>
</table>

金(폐/대장) 金刑체질 형태	
얼굴이 네모지다.	
정신적인 증상	
정상적인 상태	병이 났을 때
지도력이 있음 다스리기를 좋아함 의리가 있음 준법정신이 강함 규칙적인 것을 좋아함 획일성이 있음 승부욕이 있음 상전의 기상이 있음 결실하고 정의함 자존심이 강함	비관적이고 슬퍼함 눈물이 많음 염세주의자여서 자살의 경향이 강함 동정심이지나침 재치기를 잘함(저녁과 가을에 더 함) 매운 것과 비린 것을 좋아함 몸에 비린내가 남 건조한 것을 싫어함 독재함
지배하는 곳: 폐장, 대장, 폐경, 대장경, 임맥, 피부, 코, 체모, 손목, 하완, 가슴, 항문, 맹장, 직장	

水(신장/방광) 水刑체질 형태	
턱이 넓고, 이마는 좁다.	
정신적인 증상	
정상적인 상태	병이 났을 때
교양이 있음 매너가 좋다. 저장성 지구력 참고 견딘다. 지혜있다. 예의바르다. 수학적, 과학적 생식능력이 좋음 내성적 발전적 연구하고 개발한다.	부정적 반대하고 저항함 안 될 것은 된다고 생각하고, 될 것은 안 된다고 생각한다. 엄살을 잘 부림 궁상을 떤다. 핑계를 잘댐 책임을 전가 고소공포증 겁이 많다.(밤과 겨울에 심함) 짠 것을 좋아함
지배하는 곳: 신장, 방광, 신경, 방광경, 양교맥, 음교맥, 뼈, 골수, 힘줄, 귀, 이발, 머리털, 음부, 겨드랑이 털, 수염(굵은털), 허리(오리엉덩이)	

7. 음양이십오인

1) 목형인

목은 따스함이다. 목의 본질은 시작에 있으며, 희망적이다. 형태는 긴 사각형이며, 피부는 청색을 띠며, 머리는 작고 얼굴은 길다. 목이 굵은 편이며, 어깨 폭이 넓고, 등이 곧으며 발목이 두껍고 손발이 작다. 성격은 인자하고 남을 배려하는 마음이 있다. 사색을 좋아하므로 심로(혈의 손상)가 많고 힘이 약하다. 바람을 싫어하며 한숨을 잘 쉰다. 가을과 겨울에 질병에 걸리기 쉽지만, 봄과 여름에는 의외로 건강하다. 미용상의 문제점은 기미, 닭살, 넓은 모공, 튼살, 정맥류, 피부탄력 저하, 눈, 목, 고관절, 편도선 등이 있다.

2) 화형인

화의 본성은 밝음에 있다. 특성은 분열과 성장이라는 새로운 모습으로 탈바꿈하며, 불타오르는 화는 주변을 밝혀주고 훨훨 타오르는 강한 기세는 오행 중에서 가장 강한 것으로 취급된다. 형태는 역삼각형으로 표현된다. 피부는 적색을 띠며, 머리는 작고 얼굴이 앞으로 뾰족하게 튀어나온 편이다.

어깨와 등, 대퇴부와 복부의 발육이 좋은 체형이며, 성격은 예의는 바르나 조급하고, 어깨를 흔들면서 행동하고, 금전을 소중히 여기지 않으므로 신용이 없는 편이다. 관찰력이 뛰어나지만 조급한 성격 때문에 사고를 당하는 경우가 많다. 예술적이며 운동을 좋아하고 정열적이고 희생한다. 너무 지나친 기쁨과 열정은 심장에 무리를 가져올 수가 있다. 봄과 여름에는 건강하지만 가을과 겨울에 지리병에 걸리기 쉽다. 화의 기가 상승하게 되면 신체 상부에 열기를 느끼며 얼굴이 달아오르거나 심장이 두근거리는 느낌을 자주 갖는다. 미용상의 문제점은 팔의 저림과 열성 여드름, 부종, 건조성 예민, 상체 비반, 가슴 비대 등이 있다.

3) 토형인

토는 중용이며, 기운은 몸체에 있으며, 피부는 황색을 띠며, 얼굴은 둥글고 머리가 크다. 어깨에서 등에 걸친 선이 아름답고 배가 크다. 손발은 작고 육질이 많으며, 상하의 균형을 이룬다. 다리에도 적당히 살집이 붙어서 빠르게 달린다. 성격은 신의가 있으며 안정되어 다른 사람에게 친절하고 조용하며, 남의 의견을 잘 받아들인다. 토의 부조화는 트림을 잘 하며, 단 것을 좋아하고 생각하는 것을 좋아한다. 가을과 겨울에는 건강하지만, 봄과 여름에는 체력이 약하다. 미용상의 문제점으로는 입술이 마르거나 입냄새가 심하며, 피부 처짐과 습열성 피부염, 허벅지 비대, 무릎 안쪽의 경직 등을 들 수 있다.

4) 금형인

금은 강하고 견고함이다. 피부는 백색을 띠며, 얼굴은 각이 졌고 승모근 주변이 비대하고 어깨가 구부정하고 S자형 형태를 띠기 쉽다. 성격은 청결한 것을 좋아하고, 명예를 중히 여기고, 위험이 있으며 결단성이 있다. 조용하지만 일할 때는 매우 적극적인 경향을 보인다. 직업은 공무원이 적당하다.

비관적이며 잘 슬퍼하고 우울해한다. 특히 가을철에 외로움을 많이 느낀다. 재치기를 잘하고 매운 것, 비린 것을 좋아하며 건조한 것을 싫어한다. 가을과 겨울에는 건강하지만 봄과 여름에는 체력이 약해진다. 미용상의 문제점으로는 볼이 예민하고, 실핏줄이 보이며, 턱의 여드름과 상완의 비대, 엉덩이 상부가 처짐을 들 수 있다.

5) 수형인

수는 생명찬조의 기본이 된다. 눈 속의 봄을 기다리듯 준비하는 생명이 있다. 형태는 물방울 모양 즉, 삼각형의 형태를 이루고 있다. 피부는 흑색을 띠고, 머리는 크고, 얼굴 윤곽이 뚜렷하고, 턱이 각이졌고, 어깨가 작고, 배가 크고, 키가 큰 편이며, 쉬지 않고 손발이 움직인다. 수형인은 발목이 굵어지기 쉽고,

턱 밑의 주름과 눈 밑이 검어지기 쉽다. 부종에 의한 비만이 많다. 성격은 슬기롭고 총명하며, 계교가 많으므로 사람을 잘 속이는 경향이 있다. 가을과 겨울에는 건강하지만 봄과 여름에 체력이 약하다. 미용상의 문제점으로는 귀앓이, 이빨, 체모, 탈모, 피부 노화, 피지 부족, 눈 주위의 주름과 색소침착, 부종에 의한 비만과 신체탄력 저하를 들 수 있다.

이와 같이 오행으로 분류한 목형인은 간장, 화형인은 심장, 토형인은 비장, 금형인은 폐장, 수형인은 신장에 해당한다. 예를 들어 목형인은 간장이 튼튼한 사람이라고 생각할 수 있다.

8. 전통의학과 호전반응

1) 서양의학

우선 서양의학은 다분히 분석적인 측면이 강조된 반면 전통의학은 인체의 균형과 통합을 강조하는 측면이 있다. 즉, 서양의학이 질병을 개개인에 대하여 분석하고, 그 질병을 일으킨 원인을 신체와 주위 환경과의 관계나 몸 안의 음양의 불균형을 보고 이 문제에 주안점을 두어 치료하는 방법을 취한다.

2) 동양의학

전통의학에서 인체에 발생하는 질환은 외부의 좋지 않은 기운과 인체 내부의 올바른 기운이 서로 다투는 것으로 표현될 수 있다. 사기라는 것은 질병을 일으키는 원인으로 작용하는 기운을 말하고, 정기는 사기에 대항하여 인체를 지키는 기운으로 현대 의학적인 표현으로 면역력, 자연 치유력에 해당한다고 할 수 있다. 사기가 인체에 침범하면 인체는 질병에 걸리게 되는데 인체의 바른 기운이 건강하면 좋지 않은 기운이 침범하지 못하게 되므로 건강한 몸을 유지할 수 있다.

3) 전통의학에서 말하는 사기

과거의 의가들이 공통적으로 제시한 몇 가지 질병의 발생 원인이 있는데 육음과 칠정, 전염병, 담음, 어혈, 외상, 피로나 권태 등이 바로 그것이다.

(1) 질병을 일으키는 여섯 가지 기운 - 육음

육음은 환경과 아주 밀접하게 관계되어 있다. 전통의학에서는 주변의 환경을 이루는 기운을 여섯가지로 구분하였는데 이 여섯가지 기운을 육기라고 한다. 육기에는 더운 것, 습한 것, 건조한 것, 불바람과 찬 것으로로 구성되어 있다. 이러한 육기는 우리에게 이로움도 주고 해도 준다. 균형이 이루어진 상태에서의 육기는 해를 주지 않으나 여섯가지 중에서 어느 하나가 너무 지나치게 강하게 되면 질병이 발생하게 된다. 육기가 질병을 일으킬 때 그 기운을 사기라고 하며 여섯가지를 통틀어 육음이라고 한다.

(2) 전통의학에서 본 질병의 원인

① 육음

- 풍 : 바람은 봄의 기운이다. 봄에는 외부로부터의 바람에 의해 여러 질환이 생긴다. 이러한 기운이 가져다 준 주요증상은 오한, 발열, 두통, 발한 등이다.
- 서 : 여름의 기운이다. 무더운 여름 날씨에 심한 노동을 하거나 긴 여행을 한다든지 서늘한 곳에서 차가운 음료를 마시게 되면 여러 증상이 나타난다. 두통, 갈증, 가슴이 답답해지고 남들이 모르는 자기만의 열감 등의 증상이 나타난다.
- 습 : 음력 6월의 습한 기운을 말한다. 이러한 기운에서 장기간 생활할 경우 습한 기운이 신체의 상부에 침범하여 머리가 무겁고, 코가 막히며, 얼굴이 누렇게 뜨며, 천식이 생긴다. 하부에 습기가 들어오면 오한, 발열, 발한, 피로감, 관절통이 생긴다. 내부에 있게 되면 복통, 구

토, 설사, 아랫배의 팽만감 등의 증상이 수반된다.

- 조 : 건조한 가을의 기운을 말한다. 서늘하면서 건조한 기운은 가벼운 두통, 오한, 기침, 코막힘 등의 증상을 가져온다. 그리고 따뜻하면서 건조한 기운은 몸 안에로 들어와 자기만 느끼는 열감, 갈증, 인후 통, 흉통, 코 막힘, 혈담 등의 증세를 일으킨다.
- 한 : 추운 겨울의 기운이다. 겨울에 추위로 인한 질병이 많으며, 이때 인체의 따뜻한 양의 기운이 상하기 쉽다. 증상은 오한, 발열 두통 등이며, 땀이 나지 않아 온몸이 아프며 심해지면 복통, 설사, 구토 등이 나타난다.
- 화 : 열이 나며 장부를 태우고 진액을 소모시켜 심한 발혈, 가슴의 답답함, 심한 갈증, 붉은 얼굴, 눈의 충혈 등의 증상을 유발시킨다. 특히 중용한 것은 앞서서 말한 다섯가지의 기가 일정한 조건 아래서 모두 화로 변화될 수 있다는 사실이다.

② 칠정

- 희 : 유쾌하고 기쁜 감정의 표현으로써 이런 감정이 지나치면 기가 이완되어 심장을 상하게하여 정신이 불안해진다.
- 노 : 분노하거나 화내는 감정이다. 지나치게 화를 내면 기가 거꾸로 오르고 혈액을 소모시켜 더욱 더 화나게 됨으로써 간의 기능에 병변이 생기게 된다.
- 우 : 감정이 침울한 상태를 말하며 지나치게 우울하면 기의 흐름이 막혀 폐 기능에 장애가 온다.
- 사 : 정신력의 집중과 문제를 고려하는 태도이다. 과도한 생각은 정신력을 소모시키고 의지를 착란시키고 기가 뭉쳐서 비장의 기능에 영향을 미친다.
- 비 : 근심이나 생각이 과도한 상태를 말하며 과도한 이런 감정은 기의 폐색을 가져와 폐 기능의 장애를 주로 가져오고 삼초의 기능과 기타

장기의 기능에도 영향을 미친다.

- 공 : 공포의 감정으로 신장의 기운과 기혈이 허약하기 때문에 발생한다. 과도한 공포감은 기를 아래로 끌어내려 신장의 기능이 약해진다.
- 경 : 예기치 않은 비상사태를 갑자기 만나게 되어 정신적으로 긴장하게 된다. 과도하게 놀라면 기가 흩어져 혼란을 일으키고 심장이 상해 정신적으로 불안해지며 아울러 신장의 기능 또한 장애를 일으키게 된다.

(3) 다음은 위에서 나열한 척추, 골반 변이로 오는 몸의 질병에 대처하는 호전반응의 예이다.

① 심장 박동의 증가, 숨이차는 증상, 고혈압, 저혈압, 또는 심장 기능의 저하로 부정맥, 숨참, 가슴 두근거림 등이 있었던 사람이다.

② 위장 질환이 있었던 사람은 심한 속쓰림과 트림, 왕성한 식욕이 생긴다.

③ 해당 몸에 전기가 통하는 느낌이며, 자세가 기울어져 있다가 자세가 곧게 펴지면서 나타나는 증상이다. 또는 순환의 문제로 기혈의 순행이 원활하지 못하였다가 온몸 구석구석 기혈의 순향이 되는 증상이다.

④ 미열, 또는 발열이 생긴다. 전기가 통하는 듯이 미열이 생기고 몸에 발열이 나는 증상이 나타나는 것은 순환이 되면서 혈액순환이 좋아지면서 열이 나타나고, 감기 몸살처럼 발열과 발진이 동반된다. 몸에 면역력을 담당하는 림프 순환과 모세혈관의 기능이 왕성해지면서 나타나는 증상이다.

⑤ 통증이 온다. 과거에 통증이 있었거나 어떤 사고나 충격에 의해 통증이 있었다가 시간이 지나면서 완치되었다고 인식했지만 자극에 의해 다시 몸에서 통증을 인식해서 전달하는 과정인데 이렇게 통증 후에 치유가 된다.

⑥ 머리가 무겁고, 어지럽고, 두통이 생긴다. 척추는 뇌에 산소를 공급하

는 역할을 한다. 척추가 건강하다는 것은 뇌가 건강함을 의미한다. 많은 산소량과 혈을 공급함에서 증상이 나타나기도 하고 뇌에 불필요한 부분들이 배출되면서 나오는 증상이다.

⑦ 피부가 가렵고 두드러기와 함께 피부 발진이 생긴다. 몸에 산소와 혈액의 공급이 원활하지 않으면 피부가 쉽게 노화되고 탄력을 잃게 된다. 산소화 혈액공급이 좋아지면서 각질 또한 채표에 쌓여있던 독소의 배출 현상이다.

⑧ 설사나 변비가 생긴다. 골반의 변이는 특히 장기능에 영향을 미친다. 배설 작용에 문제가 있었던 사람은 잦은 설사와 변비가 생기는데, 일시적인 증상이고 호전 반응이므로 따뜻한 물을 마시고 배를 따뜻하게 해주므로 치유과정을 극대화시킬 수 있다.

⑨ 정맥이 부풀어 오르거나 림프관이 붓는다. 골반과 척추의 변이로 몸이 비대칭되어 있다가 한꺼번에 좁은 림프관과 모세혈관을 통해 노폐물이 빠져나가면서 일시적으로 붓는 현상이다.

⑩ 관절의 통증과 부종이 온다. 인체에 노폐물이 쌓이는 곳은 장부와 혈관 세포 등이지만 관절에도 많이 쌓인다. 예로 발목, 무릎, 고관절, 허리, 손목, 팔꿈치, 어깨관절, 목 등이라고 할 수 있다. 또한 류마티스 관절염이 잘 생기는 관절에도 쌓인다. 손가락, 발가락에도 노폐물이 쌓인다. 따뜻한 물을 많이 마시고 휴식을 취한다.

⑪ 얼굴과 몸 전체가 붓는다. 평소에 물을 많이 먹지 않았던 사람은 물을 조금만 먹어도 체내에 수분이 정체되면서 일시적인 부족이 온다. 세포는 많은 수분을 필요로 하는데 평소에 물을 먹지 않으므로 세포가 갈증을 느끼면서 배설이 되지 않은 상태이기 때문에 꾸준히 물을 섭취한다.

⑫ 해당 장기가 움직이는 느낌이 든다. 척추의 이상으로 장기의 기능이 무기력해졌다가 장기의 위치나 기능이 정상화 되면서 나타나는 증상이다.

(4) 다음은 장부별 나타나는 호전 반응이다.

① 간이 나쁜 경우: 양쪽 옆구리가 아프고 하복부가 당긴다. 두통, 현기증, 귀밑이 붓는다.

② 심장이 나쁜 경우 : 가슴이 아프고, 옆구리가 붓는다. 어깨가 아프다. 숨이 차고, 가슴이 답답하다. 꿈을 많이 꿔서 잠을 잘 수가 없다.

③ 비장이 나쁜 경우 : 온 몸이 나른하고 기운이 없다. 배가 부어오르고, 뱃속에서 소리가 나고, 설사를 한다.

④ 폐가 나쁜 경우 : 기침, 호흡곤란, 어깨와 등의 통증, 땀이 나고 허리 아래가 아프다. 갈증이 나고 난청 증세가 온다.

⑤ 신장이 나쁜 경우 : 입이 마르고, 허리 아랫부분이 힘이 없어진다. 하복부가 차지고, 하복부 통증이 온다. 다리가 붓는다. 가슴이 설레고, 식은땀이 난다.

⑥ 소장이 나쁜 경우 : 대·소변이 불규칙해진다. 배가 아프고 더부룩해진다. 갑자기 몸이 차가워진다.

⑦ 대장이 나쁜 경우 : 팔뚝 아랫부분, 가슴부분 통증

⑧ 위가 나쁜 경우: 속쓰림, 구토, 치주염, 치통, 구취

⑨ 담이 나쁜 경우: 눈, 머리 어지럼증, 입이 쓰고, 가슴이 두근거림, 이명증(귀울림)

⑩ 방광이 나쁜 경우 : 빈뇨, 부종, 어깨 통증, 허리 통증

4) 장부의 기능과 질병

(1) 간과 담

간과 담은 표리관계이며 오행상 木에 속한다. 간기가 강해도 담이 결단한다. 생각, 혈, 근맥, 고관절, 발 전체, 손, 발톱, 눈, 목하며 눈을 통하여 외부와 연결되며 담음, 담즙의 저장과 배서라, 결단을 주관한다. 간의 특성이 뻗

어 나가려는 성질이 있고, 열을 가지고 있어서 가장 먼저 나타나는 증상이 화를 내는 것이다.

① 간의 기능

- 혈을 저장 : 소설 작용(소통시키고 배출), 기혈을 운향, 조절, 비, 위의 기능을 보조, 정신 활동을 조절
- 간은 눈에 연결, 근육을 주관

② 간과 다른 장부와의 관계

- 간의 기능 중에 기를 상승시키는 역할이 있다. 폐는 상초에 위치, 기를 내려주는 성질이 있다.
- 기의 상승은 간, 기의 하강은 폐, 서로 결합되어 기의 승강작용 한다.

③ 간의 질병

- 간의 혈액이 부족해서 나타나는 증상
  간의 기능을 유지시켜주는 혈액을 저장 : 비장에서 만들어지는 혈액의 양이 모자라거나, 과도하게 피를 흘린 경우 혈의 부족(얼굴이 탁해짐), 만성간염, 이명증, 사지의 마비, 근육이 굳음, 빈혈, 말초 신경염
- 간의 진액이 부족해지면 나타나는 증상
  - 간의 병을 오래 앓았거나 신장기능 부족, 사지가 차고 배가 차고 통증 (권태감, 고혈압, 만성간염)
  - 간의 기능 활동의 지나친 상승 : 간양상항
  - 흥분, 두통, 현훈, 얼굴이 붉어짐, 이명, 불면, 만성간염, 간경화증, 갱년기 증화군, 신경쇠약증

④ 간의 기가 막히게 되어 나타나는 증상

기가 약하면 심장에 흐르는 기가 막힌다 : 화병

⑤ 간의 뜨거운 기운이 상승하며 나타나는 증상

간의 기운이 위로 올라가면 근심이나 걱정, 화를 내며 눈이 붉어짐, 두통, 어지러움, 이명증, 화병

⑥ 간에서 부는 바람

간의 열기가 올라가거나 진액이 부족해지면 바람이 간 자체에서 형성, 이렇게 형성된 바람기운을 내풍(중풍, 빈혈, 소아 고열)

(2) 담의 질병

담즙, 분비 기능과 결단을 주관하는 기능, 놀라거나 가슴이 뛰는 증상담의 기능이 부족해지면 나타나는 증상

① 담은 결단력을 주관하는데 결단력이 줄어들게 됨

스트레스나 열이 담에 차있거나 발생(머리와 눈이 어지럽고, 입이 쓰고, 가슴이 두근거림, 노이로제)

② 담의 기능이 지나치게 상승되어 나타나는 증상

담의 기능이 상승되는 경우는 간의 열기가 위로 올라갔을 때이다. 간과 담의 열기를 받으면 두통, 어지러움, 이명 등이 생긴다.

(3) 심장 소장

① 심장의 기능

전통의학에서 심장은 임금, 즉 군주의 위치이다. 심장의 박동에 의해 피가 순환, 신체의 각 부위에 골고루 영양분이 나누어지고 생명이 유지된다. 심장은 혈액주관하며 정신을 주관한다. 즉, 인체가 생각하고 추리하는 모든 정신적인 활동, 현대의학, 뇌의 기능과 동일하다. 심장은 땀을 주관한다. 즉 땀은 진액에서 생성, 진액은 혈의 주요성분, 땀 또한 신장에 의해 주관, 심장의 상태는 혀와 얼굴에 나타난다.

② 심장과 다른 장부와의 관계

◉ 신장과 비장 : 심장은 혈주관, 비장은 총괄, 기혈생성의 근원, 비장의 기능문제가 생기면 심기가 부족, 어지럼증, 가슴 두근거림, 건망증, 식욕감퇴

◉ 장과 신장 : 심장(삼초), 신장(하초)에 위치화와 수로 작용 수승화강이 정상적으로 이루어지면 인체가 건강한 상태를 유지, 불면증, 가슴 두근거림, 유정등와 증상

③ 심장의 질병

◉ 심장 기능의 저하
심혈관계통 기능저하, 기가 부족해진다, 가슴 두근거림, 숨이 짧아지고, 땀이 저절로 난다. 얼굴이 창백해짐, 피로, 혀에 백태가 생기고 어지럼증, 신경쇠약, 심장병, 시망독부진, 신체 허약증 등이 생김 또한 말초순환장애로 손발이 차가워진다.

◉ 심장의 견막이 메말라 기능이 떨어지는 증상
- 심음허 : 가슴 두근거림, 어지럼증, 진액이 말라 장기의 기능이 떨어짐, 유정, 땀이 많아짐, 꿈이 많아짐
- 신장의 혈액이 부족해지는 증상 : 비장의 혈허가 일어난다.
- 심혈 : 인체내의 혈액순환 + 기를 포함, 또는 영양물질 포함. 건망증, 식욕부진, 빈혈, 신경쇠약, 심장병, 갑상선 기능항진증
- 심화 : 심장의 열기가 위로 올라가는 증상
- 심장의기능상승: 심화상염이라 한다. 두통, 눈의충혈
- 심장의 혈이 막혀 나타나는 증상 : 심혈은 흐름을 갖고 있어 막히기도 하고 뚫리기도 한다.

- 관상동맥 경화증(심혈이 막힘)
  - 심혈의 정체는 심장과 신장의 기운이 떨어져 발생
  - 가슴 두근거리고, 사지가 차며, 가슴이 아프고, 팔의 안쪽과 어깨 통증
  - 관상상동맥으로 인한 협심증, 심근경색증

④ 소장의 질병

- 심장과 표리관계 : 소화와 흡수와 기능, 소장의 기능 이상은 대소변의 변화를 가져옴

  심장의 열이 소장으로 전이되어 나타나는 증상 : 원래 열이 있는 장부, 심장의 열이 소장으로 옮아 발생 또는 소장 자체에서 발생한다. 소변이 짧고 붉으며 통증이 나타남, 혈뇨, 입과 혀에 종기, 목의 통증, 요도염, 구강염

  소장에서 발생하는 통증은 복통, 요통, 배에서 소리가 난다. 또한 배가 더부룩해진다. 즉, 외부에서 바람이나 찬 기운이 들어오기 때문이다. 소장이 차가워져서 나타나는 증상으로는 열이 있는 장부지만 갑자기 차가워지기도 한다.(허한) 비, 위장에서 발생한 찬 기운이 소장으로 옮아온 것이다.

(4) 비 위장

① 비장(위)土

비, 위는 표리관계, 土에 속한다. 근육, 사지(무릎관절, 대퇴부), 소화흡수, 입술과 입, 배, 살을 주관

위 : 음식을 받아들이고 소화시킴, 소화된 음식물 중에 탁한 것 (찌꺼기, 나중에 변으로되는 것), 소장으로 내려간다.

◉ 기능

영양분을 골고루 전달하고 혈액을 운반한다. 살과 팔다리 주관하고 입과 연결, 입술에 나타남

◉ 비, 위와 다른 장부와의 관계

- 간과 비, 위의 관계(木극 土)

  간은 인체 내에서 기와 혈을 소통시키고 배설시키는 작용. 기능이 저하되면 비, 위가 영양분의 흡수, 공급작용에 문제 발생, 간 기능에 문제로 소화가 잘 안 된다.

- 신장과 비, 위의 관계(土극 水)

  신장은 정을 저장한다. 신장의 정이 바탕이 된 상태에서 비장과 위에서 흡수된 영양분과 결합하여 기를 만든다. 이 기는 비장과 위가 기능을 할 수 있는 바탕이 되는데 신장의 기능이 저하되면 비장과 위장의 기능이 저하된다.

◉ 비장의 질병

- 비장의 진액이 부족해지면 나타나는 증상 : 모든 장기에는 진약이 분포한다.
- 비장의 진액부족 현상 : 허약한 체질을 갖고 태어난 경우, 어릴적 현식은 성장과 발육에 지장을 줌
- 노인 : 병을 오래 앓을 수 있다. 식욕부진, 변비, 소변불리

◉ 비장의 기능이 저하되어 나타나는 증상

- 운화작용의 저하 : 소화, 흡수기능 저하, 기혈을 만다는 여력이 없어짐
- 과로, 설사, 구토, 간의 손상 : 운화작용에 영향을 미친다.

- 식후에 속이 더부룩함, 변비 구토증, 위, 십이지장 궤양증, 만성대장염, 만성간염
  더 심할 경우 : 배가 차고 아픔, 사지가 붓는다, 냉, 대하증
  신장까지 손상 : 사지가 나른함, 몸 전체에 힘이 없다.

◉ 설사나 과로로 인한 비장의 손상
비기하함증상 : 머리와 눈이 어지럽다, 힘이 없다, 대변을 자주 보고 싶다, 탈항증상, 자궁하수, 위하수, 신장하수

◉ 비장의 혈을 통제하지 못하여 나타나는 증상
비장의 기능에 떨어져 병을 오래 앓으면 : 혈이 경막의 외부로 흘러나간다. 혈변, 혈뇨, 월경과다, 코피, 기능성 자궁출혈

② 위의 질병

◉ 위가 차져서 나타나는 증상, 소화기능이 저하된 상태 : 위가 허함
위에 통증이 생긴 상태에서 음식을 먹거나 눌러주면 통증이 사라진다 : 만성위염

◉ 위의 진액이 부족해지면 나타나는 증상 : 음식을 소화시키려 열을 많이 낸다.(열이 없어지면 진액의 손상)

◉ 위에 열이 쌓이는 증상 : 외부의 뜨거운 기운, 간의 열이 위로 들어옴
(통증, 변비, 구토, 치아의 통증, 치주의 통증, 입이 쓰다, 구취)

◉ 위와 체증 : 위의 기능이 떨어지면 음식물을 소화시키는 기능이 떨어져 위에 음식물이 머무는 시간이 많아져 만성체증, 소화불량이 된다.

(5) 폐 대장

폐(대장): 오행상 金에 속함, 코와 피부, 손목, 관절, 하완, 체모, 콧물, 가슴부위 등을 주관함

전통의학에서는 상초에 있다. 기를 주관한다. 즉, 인체의 신진대사를 원활하게 한다. 폐에는 맥이 모인다. 즉, 전신의 혈액은 경맥을 통하여 폐에 모였다가 전신으로 흩어진다. 폐는 피부와 털을 주관하며, 폐는 코와 연결되며 음성(목소리)을 주관한다.

① 폐와 다른 장부와의 관계

폐는 기를 주관하고 심은 혈을 주관한다.(火극 金) : 폐의 기가 막히면 혈액과 맥의 순환이 순조롭지 못하게 됨, 가슴 두근거림, 가슴이 번잡해지는 증상, 입술이 푸르러지고 혀가 자색으로 변한다. 폐는 담을 저장하는 기관이고 비장은 담의 근원이 되는 기관이기도 하다. 폐는 기를 주관, 신장은 기의 근원(金생 水)

◉ 폐의 질병

- 폐의 기능 저하 : 폐의 기능 활동이 떨어지면 호흡작용이 약해진다.
- 폐기허증 : 심장, 신장 기능이 떨어지는 것과 같이 일어난다.
- 기의 손상으로 전신허약, 말에 힘이 없음, 해소, 얼굴이 창백함, 숨이 짧음
- 폐의 진액이 마르는 증상(肺陰虛) : 오래된 해소, 폐가 상하거나 병이 오래되어 몸이 약해져 몸의 뜨거운 기운이 폐에 머무르게 되어 진액이 손상
- 마른기침, 피가 섞인 담, 땀, 몸과 입이 건조, 만성기관지염, 기관지확장증, 폐결핵, 폐렴
- 바람과 찬기운이 폐에 들어오는 증상 : 찬기운이 지나치게 폐에 들어오면 폐에 병을 일으킴(감기와 비슷)

- 뜨거운 기운이 폐에 들어노는 증상 : 금성, 고열, 천식, 마른기침
- 만성 : 사지가 차고 얼굴이 창백, 노인성천식
- 건조한 기운이 폐에 들어오는 증상 : 외부의 기운 중에서 건조한 기운 - 가을이나 겨울철에 들어옴. 진액을 마르게 한다. 기침, 폐활량이 저하, 감기
- 담과 습기가 폐에 차면 나타나는 증상 : 해소가 오래되어 폐의 진액이 습한 기운으로 변하게 되며, 담을 형성
- 숨을 쉴 때 그르릉 소리가 난다. 겨울이 끝날 때 감기가 온다.

(6) 신장과 방광

오석상 木에 속한다. 표리관계이다.

뼈, 골수, 힘줄, 발목 관절, 정강이, 귀, 체모, 허리, 방광은 소변, 신장은 대소변을 동시에 주관한다.

생티상 진액을 소변으로 변화시키는 것은 신장의 기화하는 힘에 의하여 이루어짐

신장과 방광은 오장육부 중 가장 아래에 위치

신장 : 왼쪽(신), 오른쪽(명문 : 부모로부터 원기를 저장)

정을 저장 : 생명의 기본, 발육과 생식을 주관

기를 받아들여 저장하는 기능(폐로 흡수된 기를 저장하는 기능)

골과 뇌수를 주관, 귀와 연결, 생식기와 항문에도 연결, 수분대사에 관여

① 신장과 다른 장부의 관계

- 신장과 심장의 관계 : 심장은 상초, 신장은 하초, 서로 협조하거나 억제하는 작용

  신장의 진액이 부족하거나 심장의 열기가 상승하면 협조되는 고나계가 깨어져 잠이 없어지거나 꿈이 많아지고 가슴이 두근거림, 유정

◉ 비장과 신장 (土극 水)

- 비장 : 음식물로 섭취한 후천적인 정
- 신장 : 선천적인 정

◉ 간과 신장 (水생 木)

- 간 : 혈을 저장(음기가 자라 간이 주관하는 소설작용이 가능)
- 신장 : 정을 저장
- 간과 신장 또한 상호보완적인 관계

◉ 신장의 질병

- 신장의 기능저하 : 찬기운이 안에서 생김, 노이로제, 만성신염, 부신피질 기능 감퇴, 갑상선 기능저하, 요통과 성 기능 감퇴, 수족냉증, 사지가 차진다.
- 신기의 쇠퇴 : 나이가 들면서 신장의 기운이 줄어든다.
- 조혼이나 성생활의 문란 : 신기가 상한다.
- 신장의 정기부족병을 오래 앓게 되면 신장의 정이 손상 : 기억력, 정신활동 감퇴, 성기능 감퇴, 성장발육 저하

◉ 신장의 진액이 손상

- 신장이 가지고 있는 진액은 인체의 모든 장기가 가지고 있는 진액의 근본이 된다.
- 신장의 진액이 손상되는 경우 심장과 간의 진액이 손상된 경우에 나타남
- 신장의 진액은 심장과 간의 진액이 손상된 다음에 나타남
- 증상은 가벼운 경우 : 연운, 이명, 입 안의 건조
- 심할 경우 : 혈이 손상되어 전신적으로 나타난다.
- 고혈압, 신경증, 갑상선 기능 항진증, 폐결핵

② 방광

소변의 저장, 배출, 인체의 수액의 균형을 유지

◉ 방광의 질병

- 대부분의 습기와 열기가 방광에 모인다.
- 빈뇨, 배뇨 시 통증 : 소변과 관련된 증상이 나타남
- 방광의 문제는 신장의 문제이다.

◉ 체질로 나타나는 질병의 증상

- 음증 (허증)

  귀가 하얗다. 맥이 없으며 질병에 대처하는 능력이 부족하며 힘이 없다. 몸이 저리며 떨리는 증상이 온다. 병을 이겨낼 기력이 부족하다. 피부, 근육, 복부 등이 무력해진다. 수족이 차다. 한기를 느낀다. 피부색이 창백하다. 물을 싫어한다. 단백한 음식을 좋아한다. 표현력이 약하다. 내성적이다. 소변의 색이 맑다. 잘 보이지 않는 음경락이 흐르는 쪽에 통증이 오며 비만도 올 수 있다.

- 양증 (실증)

  귀가 벌겋다. 나쁜 기운이 넘치는 것을 말하며 몸에 나타나는 증상이 질병으로 될 확률이 있다.

  맥이 빠르고 열이 나며 곪거나 헐거나 답답해한다. 병세가 적극적이고 개방적이며 열을 동반하는 증세가 많고 염증과 출혈과 발열이 있으며 맥이 힘차게 뛴다. 피부가 벌겋게 달아오르며 눈이 쉽게 충혈된다. 얼큰하고 짜고 매운 자극적인 음식을 좋아하며 성격은 외향적이고 소변색이 탁하다. 잘 보이는, 즉 양경락이 흐르는 쪽에 통증이 올 수 있으며 살이 찐다.

경락의 생활과 활용법

chapter

5

1. 하루 24시간 동안의 피부 관리방법

우리의 피부는 몸속의 오장육부 즉, 내장과 깊은 관련이 있다. 오장육부에 이상이 생기면 병리적 이상이나 생리기능, 근육, 근막, 골막, 힘줄, 피하조직 등 조직에 영향을 미쳐 얼굴이 붉어지거나 기미, 여드름, 피부탄력저하나 손톱이 갈라지고 머리카락이 빠지고 피부가 건조해지는 등 피부를 통해 금방 나타나게 된다. 우리 몸의 안과 밖은 긴밀하게 연결되어 서로 직접적인 영향을 주고 받는다. 따라서 오장육부의 활동을 잘 알아서 그것이 원활하게 작용할 수 있도록 생활리듬을 맞추어 주는 것이 무엇보다 중요하다.

우리 몸의 오장육부는 12개의 시간 별로 각기 왕성하게 활동하는 시간대가 있다. 사람의 인체는 우주자연에 이치에 따라 신비롭고 정밀하게 돌고 도는 변화의 흐름을 지니고 있다. 그 흐름은 생활 습관과 맞아 떨어질 때 최상, 최고의 효과를 얻을 수 있게 된다.

이러한 시간의 일정한 순서를 기억하고 거기에 맞는 생활을 습관화하면 최상의 건강과 피부를 유지 할 수 있을 것이다. 우리 몸의 오장육부가 어느 시간 때에 가장 활발하게 움직이고 활동하는지를 알고 거기에 맞추어 생활한다면 우리 몸의 건강도 더욱더 좋아지고 개선될 것이다.

1) 새벽 1~ 3시

이 시간은 '축시'이며 충분한 수면을 취해야 한다. 새벽 1시부터 3시까지는 간 기능이 왕성한 시간이다. 간은 피를 깨끗하게 해 주고 몸에 나쁜 물질이나 병균을 없애주는 해독작용을 하는 재생 능력이 강한 기관의 하나이다.

신시(오후 3시~5시)에 우리 몸에 폐수가 처리된 뒤 유시(오후 5시~7시) 부터는 몸속의 피가 서서히 식기 시작하면서 맑고 깨끗하게 되어간다. 이 때부터 벌써 간은 피를 맑고 깨끗하게 하는 일에 참여하기 시작하며 술시(오후 7~9시)에 이르러 대부분의 피가 간으로 모이게 된다. 축시(밤1~3시) 가 되면 간에서는 그 동안 깨끗하게 정혈시킨 모든 피를 온몸으로 서서히 보내기 시작한다. 즉, 유시부터 서서히 식기 시작하여 해시에 일로 가장 떨어졌던 피와 몸의 온도가 자시부터 다시 따뜻해지기 시작하여 축시가 되면 전신에 따뜻하고 깨끗한 피가 골고루 공급되는 것이다. 피는 온몸을 돌면서 손가락, 발가락 끝이나 눈꺼풀에 이르기까지 골고루 기운을 공급하여 서서히 우리 몸에 기운이 통하도록 한다. 그래서 이때쯤이면 깊은 잠에 빠졌던 사람도 눈꺼풀을 깜빡깜빡 움직이게 된다. 이는 피를 공급받았다는 상징으로서 일종의 워밍업에 해당하는 것이다.

만약 이 시간에 충분히 잠을 자지 못한 사람은 아침에 눈을 떴을 때 눈이 무겁고 눈꺼풀이 빡빡하다는 느낌을 받게 될 것이다. 이는 그만큼 피를 맑고 깨끗하게 정혈 시키지 못했다는 증거로서 하루종일 기운이 없고 활기찬 생활을 해 나갈 수 없게 된다.

따라서 하루의 힘과 기운은 자시의 담 기운과 축시의 간 기운에 달려 있다고 해도 지나친 과언이 아니며 나아가서는 건강한 몸과 아름다운 피부를 유지할 수 있는 원동력이 된다는 것을 기억하자.

2) 새벽 3~5시

이 시간은 '인시'이며 잠을 자고 깨어나는 시간이다.

새벽 3시부터 5시까지는 폐의 기운이 왕성한 시간이다. 폐는 호흡을 하는 기관이므로 이 시간에는 잠에서 깨어나 호흡을 하고 움직이기 시작해야 한다. 폐는 피모(皮毛)와 상응하며 호흡을 통해 외계와 끊임없이 통하며 눈을 뜸으로 인해서 본격적인 호흡이 시작되고 호흡이 시작됨으로 인해서 전신에 기운을 골고루 전달시켜 주게 된다. 폐기능이 왕성한 사람일수록 이 시간에 잠을 깨게 되며 또한 이 시간에 일어나는 습관을 들이면 폐 기능이 왕성해 진다.

폐의 규칙적인 호흡은 전신기기의 승강출입을 조절하고 유지시켜준다.

호흡이 시작되면서 우리 몸은 외부의 찬 공기를 받아들이게 된다. 잠에서 깨어나 본격적인 호흡을 시작함과 동시에 우리의 피부 바깥은 위기로 둘러싸이게 된다. 따라서 이때부터 우리의 피부는 건강상태를 유지하여 스스로를 보호하게 된다. 이 위기는 우리 몸의 활동이 왕성한 미시 말(오후 3시)까지 동시에 피부를 지키는 것은 우리가 아침에 잠에서 깨었을 때부터 피부 밖으로 나와 피부를 보호하다가 오후 3시경이 되면 피부 밑으로 들어가 버리는 것이다. 폐의 호흡이 비정상이면 전신기기의 승강출입에 이상이 생기고 기타 다른 장부의 기도 실조되어진다.

따라서 오후3시를 지난 신시부터는 적당히 휴식을 취해 줘야 하며 몸을 따뜻하게 해야 한다. 신시, 곧 오후3시 이후부터 몸이 피곤한 것은 병이 아니며 긴장이 풀어짐으로써 자연스럽게 생기는 생리적피로라 할 수 있다. 이 시간 이후부터 찬바람을 많이 쐬거나 무리하게 일을 하면 건강에 해롭다.

피부관리의 측면에서 보면 아침에 일어나서 미시 말까지는 피부가 긴장상태에 있으므로 이 시간에는 피부병이 잘 걸리지 않는다. 그러나 폐기능이 약한 사람은 피부를 보호하는 위기라는 것은 외부의 찬 기운으로부터 피부를 보호한다는 뜻이다. 또한 그 기능이 저하되므로 특별히 피부관리에도 신경을 써야 한다.

때문에 위기를 선발함으로써 피부를 따뜻하게 하여 피부를 충양하고 모공의 열고 닫힘을 조절하여 진액의 대사산물을 땀으로 변화시켜 체외로 배출시킨다.

또한 인시에는 폐 기능이 왕성한 동시에 담, 소장, 위장 등의 장기들이 함께 조금씩 움직이기 시작하므로 정신이 맑고 조금씩 식욕이 당기기 시작한다. 아울러 호흡이 시작됨으로 인해 대장이 서서히 움직이기 시작한다.

3) 아침 5시~7시

이 시간은 '묘시'이며 이때는 대변을 보아야 한다.

아침 5시부터 7까지는 대장의 기운이 왕성할 시간이다.

대장은 소장에서 내려온 찌꺼기를 받아들이고 다시 그 속의 수분을 대부분

흡수하므로 진액을 주관한다고 하였다. 또한 찌꺼기는 대장에서 대변이 되어 항문을 통해 체외로 배설된다.

이는 음식물의 소화, 흡수, 정미의 흡수 및 찌꺼기를 배설하는 과정이다.

따라서 매일 아침 묘시에는 대변을 봐서 전날 먹은 음식 찌꺼기들을 방출해야 한다. 폐 기능이 활발할수록 대장을 왕성하게 움직이도록 영향을 주는 적이다. 따라서 폐와 대장은 서로 부부나 형제지간처럼 한쪽의 기운이 좋으면 다른 쪽도 덩달아 그 기능이 원활하게 된다. 이처럼 내부의 찌꺼기를 밖으로 내보내는 이 시간에 대장은 또한 우리 피부에다 건조한 기운을 공급해 준다. 기본적으로 피부는 건조하지 않고 조금 촉촉한 것이 좋다. 이유는 진액이 부족하면 장이 건조하여 변비가 발생하며, 폐위의 기가 상역하여 하강하지 않으면 대변이 건조해지고 장내에서 울결하여 변비가 발생한다. 폐와 대장은 서로 표리 관계로서 폐가 기를 주관하여 진액을 기화하니 대장의 설사와 변비는 모두 진액으로 인해 발생되며 진액은 대장에서 주관한다.

동양의학에서는 우리 몸에 있는 피·호르몬 등과 같은 영양액을 진액이라 총칭하며 진액에는 몸 속으로 공급되는 내부 진액과 몸 바깥으로 공급되는 외부 진액이 있다. 내부 진액은 소장을 통해 오장육부와 뼈, 근육, 살 등에 공급되며 외부 진액은 대장을 통해 피부, 모발, 손톱, 발톱 등에 공급된다. 우리의 피부는 건조한 기운이 가장 큰 적이며 기본적으로 조금 촉촉하고 습기가 있는 것이 좋으므로 대부분의 시간에는 이러한 진액이 대장을 통해 피부로 공급되는 것이다. 그러나 피부가 24시간 내내 이러한 상태로만 지속되면 너무 습해져서 진액이 흘러 넘치게 된다. 대장 자체는 건조한 기운을 좋아하므로 대장이 왕성하게 움직이는 이 시간에 건조한 기운을 피부로 내보냄으로써 피부가 너무 습해지지 않도록 하는 역할을 담당하는 것이다. 즉, 이는 마치 여름 동안의 습한 기운을 가을이 건조시켜주듯이 대장은 사계절 중 가을의 역할을 담당하고 있는 기관이라 할 수 있다. 따라서 대장의 기운이 왕성한 묘시에 규칙적인 대변을 보는것은 피부의 건강을 위해서 매우 중요한 일이다. 이러한 의미에서 본다면 대장도 폐 못지않게 피부를 주관하는 장기라고 하지 않을 수 없다. 즉, 대장은 피부를 비롯한 외부의 모든 기관에 진액을 공급함과 동시에 '대변의 방출'이라는 왕성한 활동을 통하여 피부에 진액이 넘치지 않도록 건조한 기운을 보내주고 습기를 조절하는 중요한 작용을 하고 있는 것이다.

만약 묘시에 대변을 보지 못하면 건조한 기운이 더 많이 피부로 전달되며 더욱 심한 경우에는 변비로 인해 며칠씩 대변을 보지 못하면 피부가 심하게 건조되고 만다. 곧 대변을 보지 못하면 가스가 차게 되며 이러한 가스는 피부 바깥으로 나와 진액을 말려버림으로써 자연 피부가 건조하고 거칠어지게 되는 것이다.

반대로 설사를 자주 하는 사람은 습한 기운의 조절 기능을 잃어버리게 되어 피부가 너무 습해지고 진액이 넘치게 된다. 따라서 묘시에는 가급적 화장실에 가서 대변을 보는 습관을 들어야 하며 올바른 대변 습관으로 피부와 몸의 건강을 유지해야 할 것이다.

4) 아침 7~9시

이 시간은 '진시'이며 아침식사를 해야 한다.

아침 7시부터 9시까지는 위장의 기운이 왕성한 시간이다.

일반적으로 어떠한 종류의 질병이든지 위기가 쇠약하지 않으면 위중한 병이라도 쉽게 치유할 수 있으나 끊어지면 생명에 위험을 초래한다고 하였다. 위장은 음식물을 받아들여 소화시키는 최초의 기관이므로 진시에는 아침을 먹어야 한다. 밥을 지칭하는'진지'라는 말은'진시에 음식물을 섭취하였는가'를 뜻하는 말에서 유래된 것이며 이 시간에 규칙적인 아침을 먹는 사람치고 건강하지 않는 사람이 드물다. 진시에 어떤 음식을 얼마만큼 먹느냐에 따라 혈액을 비롯한 우리 몸의 각종 진액들의 영양상태가 결정된다고 할 수 있다.

음식은 또한 너무 많이 먹어도 병이 되고 너무 적게 먹어도 병이 된다. 일부의 사람들 중 긴장된 생활속에서 정서 불안 및 조급함 등으로 만성 위염에 걸린 사람이 많다. 또한 자극성 음식물, 과음, 불규칙한 생활, 음식물 중독 또는 급속, 냉 음식을 먹는 사람은 급성위염을 야기시키는 일이 많다. 음식은 다소 부족한 상태에서 많이 먹기 보다는 적게 또는 적당히 섭취하는 게 좋다. 오랫동안 건강을 유지하는 사람들은 대부분 소식가이며 절대로 포식이나 과식을 하지 않는다. 과식이나 포식을 하는 사람들은 위장에 늘 부담을 주게 되므로 혈액이 탁하게 되어 진액이 흘러 넘치므로 몸이 무겁고 여러가지 신경통이나 뇌졸중 등 성인병에 이르는 경우도 있다. 또한 혈액이 탁하고 순환이 되지 않으므로 피부 또한 거칠고 윤기가 없다. 특히 저녁에는 오장육부가 지치고 피로한 상태이기 때문에 가볍게 먹고 위를 비워두는 것도 나쁘지 않다.

5) 오전 9시 ~ 11시

이 시간은 '사시'이며 하루의 일과를 시작하는 시간이다.

오전 9시부터 11시까지는 비장의 기운이 왕성한 시간이다. 비경은 비장을 중심으로 엮어진 경락인데 이것은 현대의학의 췌장도 포함된 것이다. 췌장은 위 바로 뒤쪽을 덮고 있는 회색기 또는 황색 내장으로 소화액을 분비한다. 췌액은 위에서 소화된 음식물을 다시 소화시키는 작용을 한다. 한편 이 내장에서 만들어지는 인슐린은 당분의 소화를 촉진시켜 근육과 조직에 적당한 분량을 공급하고 있다.

또한 비장은 하루 동안에 필요한 피의 원료와 각종 영양분을 뽑아 각 기관으로 보내는 역할을 한다.

이 비장에서 만들어지는 진액들이 없으면 아무리 많은 음식을 먹더라도 곧 영양실조에 걸리고 만다.

동양의학에서는 이러한 비장의 활동을 풀이하여 '5장을 덥게 하고 위로 덥혀서 위안의 음식물 소화를 도와주는 것으로 보며 위에서 소화된 음식물들은 5장 6부로 가서 적당량이 배분되어 몸을 양생하고 피부와 근육을 가꾸어 준다'라고 하고 있다.

따라서 비장은 위장에서 나온 액 중에서 피가 될 것은 심장으로 보내주고 정액이 될 것은 신장으로 보내주고 기운이 될 것은 폐로 보내주고 간의 기운을 돕는 원료는 간으로 보내준다.

이와 같이 위장에서 섭취한 음식물이 죽의 상태로 변하여 들어올때부터 본격적인 활동을 한다. 따라서 진시에 음식물을 섭취해 주어야만 그 기능이 가장 왕성한 사시에 비장이 활동하게 되는 것이다.

때문에 비장의 활동이 약화되면 혀가 굳어지고 명치 밑이나 위 언저리가 무직하고 통증을 느낀다.

속이 메스껍고 트림이 나고 음식물의 소화가 안되고 설사나 변비증이 생긴다.

그러므로 진시에 아침을 먹는다는 것은 단지 위장의 기능만을 좋게 하는 것이 아니라 다른 5장 6부의 기능에 원활하게 활동을 하게 하여, 결과적으로 우리 몸과 피부의 건강을 지켜주게 되는 것이다.

6) 오전 11시~오후 1시

이 시간은 '오시'이며 몸과 마음을 편안하게 하는 시간이다.

오전 11시부터 오후 1시가 되면 심장의 기운이 왕성해진다. 경락에서는'모든 혈액은 심에 속한다'라 하였다. 혈액은 심장과 연결되고 전신에 얽혀 있으며 혈액이 운행되는 통로이며 혈액은 혈관을 통해 끊임없이 전신을 모두 돌아서 혈액순환을 원활하게 하여준다. 심장의 기능이 왕성하면 심장의 박동이 규칙적이어서 혈액이 정상적으로 운행되면 맥박이 조화롭고 힘이 있고 얼굴 전체가 홍조를 띠고 윤택하며, 혀가 붉으면서 윤기가 있고 정신이 맑아 사물에 대한 사리분별력이 뛰어나며 민첩해진다.

만약 혈액이 제대로 공급되지 않으면 가슴이 두근거리며, 답답하고 찌르는 듯한 통증이 나타나며 맥에 힘이 없고 혹은 느리거나 혹은 빠르거나 맥상이 나타난다.

심장은 비장으로부터 받은 피의 원료를 가지고 뜨겁게 쪄서 붉은 피로 만들며 끊임없는 펌프질을 통해 폐와 온몸에 혈액을 공급한다. 따라서 이 시간에는 간단한 식사와 함께 편안한 마음으로 휴식을 취하듯이 지내야 하며 격한 운동이나 과로는 하지 않는게 좋다. 정신적 스트레스와 심리적 초조감 등은 동맥을 수축시켜 분비물을 나오게 함으로써 혈압을 높이고 심장이 빨리 뛰게 만든다. 또한 지나친 지방질 섭취나 과다체중도 심장질환을 일으키는 주요한 원인이 되며 흡연 역시 동맥을 수축시키고 심장에 큰 부담을 주게 된다.

혈액순환으로 심장의 활동을 촉진시킨다는 것은 모든 사람들 누구나가 다 알고 있는 상식이다. 건강한 심장을 갖기 위해서는 마음을 편안하게 가지고 충분한 휴식을 취하며 적당한 운동과 규칙적인 생활을 해야 한다. 또한, 과체중이 되지 않도록 몸을 관리하고 지방질 식품과 몸에 좋지 않은 인스턴트 식품을 줄여야한다. 특히, 심장의 기운이 완성한 오시에는 과격하고 무리한 활동을 피하여 몸과 마음을 편안하게 유지시켜줘야 한다.

7) 오후 1시~3시

이 시간을 '미시'라 하며 열심히 맡은바 일에 충실해야 한다.

오후1시부터 3시까지는 소장의 기운이 왕성한 시간 이다. 소장은 위와 대장 사이에 있는 길이 4~5미터의 소화기간이며 십이지장, 공장, 회장의 세 부분으로 나누어지며 이 내장은 소화작용과 흡수작용을 한다.

소장은 우리 몸속에서 정교한 식품가공 공장이 역할을 하고 있다. 위장에서 섭취한 음식물이 비장에서 일단 혈액의 원료와 영양분들을 공급되면 다시 소장으로 내려오고 소장은 마지막으로 우리 몸에 필요한 모든 영양분을 흡수하여 각 기관에 공급하게 된다.

즉, 음식물이 소화되어 나온 정미물질을 흡수하여 인체에 공급하고 찌꺼기는 대장으로 운반한다.

소장은 음식물을 충분히 소화시킨 후에 그 정미물질을 비장을 통해 전신에 수송하고 음식물의 찌꺼기를 대장으로 보낸다. 대사 후에 수액은 방광으로 스며들어 소변이 된다. 소장의 기능은 수액과도 깊은 관련이 있다. 때문에 소장의 기능이 나빠지면 비의 운화에도 영향을 주어 설사, 소변이 붉고 양이 적은 등의 증상이 나타난다. 때문에 특히 소장은 활동이 왕성한 이 시간에 간장, 심장, 비장을 대신해서 활동하는 역할을 맡기도 한다. 소장이 왕성한 활동이 끝나는 시간인 미시 말, 즉 오후 3시경이면 우리 몸에는 피로가 찾아든다. 여기에서도 알 수 있듯이 소장의 생리기능은 소화, 흡수, 수액대사 과정에서 매우 중요한 작용을 한다. 때문에 그동안 위장에서 섭취한 음식물을 각 장기로 보내면서 왕성하게 영양분을 흡수하였기 때문에 피로가 오고 기운이 빠질수 가 있다. 따라서 미시에는 열심히 일하고 움직이면서 서서히 다음 시간의 휴식을 준비해야 한다.

8) 오후 3시~5시

이 시간을 '신시'라 하며 이 시간에는 피부를 보호하고 몸을 편안히 하며 휴식을 취해야 한다.

오후 3시부터 5시까지는 방광의 기운이 왕성한 시간이다. 방광은 신장을 통해 폐수로 처리된 오줌을 담아두는 곳이며 우리 몸이 찌꺼기를 배설시키는 일종의 폐수처리기관이라 할 수 있다. 위에서 소장으로 내려간 음식물이 충분히 소화되고 흡수되어 소용없이 되어버린 물, 즉 수액이 소장에서 빠져나와 고여 있는 곳을 말한다.

이 방광기능이 왕성한 이 시간이면 위장과 폐도 방광을 도와서 내부의 모든 잔재를 깨끗이 처리하게된다. 한편, 이 시간에는 소장이 우리 몸의 각 기관에 영양분을 모두 공급한 뒤이므로 몸안에 있던 정약들이 서서히 피를 깨끗하게 정혈시키기 시작한다. 신시가 되면 우리 몸의 노폐물을 깨끗이 배출시키고 몸속의 기운과 피를 서서히 정리하는 것이다. 따라서 신시 이후에 활동을 너무 많이 하면 폐수처리기능이 떨어지게 되며 그만큼 우리 몸속에 노폐물이 축적

되어 건강을 해치기 쉽다.

방광경은 5장 6부의 수혈이 줄지어 늘어서 있기 때문에 호흡순환, 소화흡수, 비뇨배설 등의 질병과 직접 관련이 깊다. 따라서 5장 6부의 이상, 즉 내과적 질환일 때에는 머리에서 발끝까지 이르는 방광경을 잘 살펴서 혈을 활용하는 것이 좋다.

피부와 관련지어 살펴보면 앞에서도 말했듯이 신시부터는 우리의 피부를 보호하고 있던 기운이 피부 속으로 들어가 버리게 된다. 때문에 피로가 쉽게 오고 피부의 긴장이 풀어지므로 이 시간부터는 너무 찬바람이나 냉한 기운을 쐬지않도록 조심해야 하며 피부를 따뜻하고 건조하지 않도록 살펴야 한다. 이처럼 신시부터는 우리 몸이 오장육부와 피부의 긴장이 풀어지고 피로해지는 때이므로 적당히 휴식을 취하면서 몸의 건강상태를 살펴야 할 것이다.

9) 오후 5시~7시

이 시간을 '유시'라 하며 일찍 귀가해 가벼운 음식을 섭취해야 한다.

오후 5시부터 7시까지는 신장의 기운이 왕성한 시간이다. 신장은 피를 걸러내고 정화하여 노폐물을 제거한다. 신은 인체의 중요한 장기로서 '선천의 정'을 저장하는 장부로서 음양의 근본이고 생명의 근원이므로'선천의 본'이라 하였다. 신은 생장, 발육, 생식을 주관하고 전신의 수액대사를 주관하는 기능이 있다.

신시 때 몸속이 찌꺼기가 배출되고 피가 정리 정돈된 다음의 이 시간에는 우리 몸이 모든 기운과 진액들이 아주 깨끗한 물질로 변해가게 된다. 곧 유시에 이러한 상태가 유지되어야만 다음날의 시작인 인시에 눈을 떴을 때 온몸이 상쾌하고 피로감을 덜 느낄 수 있다.

또한 이 시간쯤이면 진시와 오시에 먹었던 음식물이 어느정도 소모되었을 때이므로 가볍게 음식을 섭취해야 한다. 그러므로 다음날 아침의 진시에 밥을 먹을 때 까지 보충한다는 의미에서 죽처럼 부담이 적고 소화가 잘되는 음식물을 먹어주는 것이 좋다.

또한 신장기능이 왕성한 이 유시는 해가 지고 어둠이 깔리기 시작하는 시간이다. 따라서 집으로 귀가 함으로써 활동을 줄이고 휴식을 취해야 한다.

10) 오후 7시~9시

이 시간을 '술시'라 하는데 가급적 음식물을 섭취하지 않는 것이 좋다.

오후 7시부터 9시까지는 심포의 기능이 왕성한 시간이다. 심포는 심장을 보호해 주고 심장이 한 역할을 대행하기도 하는 기관이다. 즉, 심장을 에워싸고 있는 것을 심포라 하고 심포가 독립된 내장 기관으로 꼽히지 않는 이유는 고유한 형태나 고유한 기능을 가지고 있지 않으며, 다만 몸의 중추기관인 심장을 보호하는 기관으로서 심장의 명령을 실행하는 기관으로 존재하기 때문이다. 심장은 우리 몸에서 가장 중요한 기관으로 왕에 해당하는 것이며 심포경은'제왕의 명령을 받아 정치를 펴가는 세상에 비길수 있다'라고 볼 수 있다.

낮 동안은 해가 있어서 기온이 훈훈하고 심장 역시 활발한 활동을 하지만 이 시간이 되면 기온이 낮아져 몸속이 온도도 많이 떨어지게 된다. 곧 심장은 조금씩 쉬게 되고 심포가 심장이 역할을 대신하므로 낮에 왕성하게 활동할 때보다 흐르는 피의 양도 적어져서 체내의 온도는 전반적으로 떨어지고 몸은 피로한 상태가 된다. 그러나 해가 진 이후에 몸이 식고 긴장이 풀리는 것은 자연스러운 현상이므로 이러한 흐름에 따라 해주어야만 건강을 지킬 수 있다. 만약 술시 이후에 무리하게 일을 많이 하면 몸에 열이 가해져서 적당히 식혀줘야 할 시간을 놓침에 따라 몸이 마르고 허약해지는 것이다. 또한 체내가 너무 뜨거우면 잠도 잘 오지 않게 된다.

특히 이 시간에 음식을 많이 먹는 것은 아주 좋지 않다. 음식이 들어가면 체내의 모든 기관에 부담을 주어 열이 발생하며 피로가 가중될 수 있다. 따라서 이 시간에 음식을 많이 먹는 것은 피로를 가중시키고 혈액를 혼탁하게 만드는 원인이 될 수 있기 때문에 피부에 좋지 않은 영향을 미치게 된다. 따라서 술시에는 가볍고 편안한 마음으로 산책을 하거나 휴식을 취하는 것이 좋다. 술시와 해시에 해당하는 장기들은 쉴수록 좋은 것들이다. 두 가지 모두는 다른 기관을 대신해서 활동하는 장기이므로 그 기능도 그만큼 약하다. 날이 어두워지기 시작하면 우리 몸의 체온을 유지하는 기관이니 심장이 위력을 발휘하지 못하고 그 기본적인 기능만을 대신해 주는 기관이 대행하게 됨에 따라 몸이 기운과 체온도 전반적으로 저하된다. 그러므로 이 시간에는 조용히 휴식을 취하거나 잠자리에 드는 것이 좋다.

11) 밤 9시~11시

이 시간을 '해시'라 하며 따뜻한 잠자리에 드는 것이 좋다.

밤 9시부터 11시까지는 삼초의 기능이 왕성한 시간이다. 동양의학에서는 삼초를 풀이할 때 '후천의 기가 사람 몸에 들어가는 곳'이라고 말한다. 즉, 사람이 태어나면서 하늘의 기와 땅의 기를 섭취하여 5장 6부에 퍼지게 하는데 이러한 후천의 기는 부모로부터 이어받은 선천의 기를 보호하고 키워주는 기관이라고 하였다.

목 아래부터 명치 밑까지를 상초, 명치 밑에서 배꼽까지의 부분을 중초, 배꼽에서 아래 동체까지를 하초로 각각 구분하여 삼초라고 말한다. 위에서 말한 상초 부분에서는 호흡기와 순환기가 매우 주요 구실을 하며, 중초 부분에서는 소화기와 호흡기 계통이 주로 활동적 기능을 관장하고 있다.

삼초는 체온을 유지시켜 주는 역할을 하는 기관이다. 해시는 술시부터 떨어지기 시작한 체내의 온도가 가장 많이 떨어지게 되는 시간이다. 이처럼 체온이 급강하는 시각에 몸이 온도를 어느정도 유지시켜 주는 기증을 담당하고 있는 것이 바로 삼초이다.

이 때에는 이미 자고 있어야 한다. 술시에 잠들지 못했던 사람도 이 시간에 잠을 자 줌으로써 술시에 못다한 정혈과 함께 피를 식혀줄 수가 있다. 이처럼 뜨거운 피를 식히고 깨끗하게 정혈시켜줘야 할 이 시간에 활동을 많이 하면 피를 맑게 해주는 작용이 원활하게 이루어지지 못한다. 뜨거워진 피가 들끓고 증발함으로써 어혈 등과 같은 불순물이 생겨나게 되고 피가 혼탁해지며 전반적으로 피의 양 또한 충분하지 못하게 된다. 특히, 이 해시에 찬바람을 자주 쐬게 되면 피부는 걷잡을수 없이 거칠어 지고 나빠지게 된다.

삼초는 음식물의 통로이며 기가 시작되고 끝나는 송이므로 삼초 역시 음식물이 출입하는 통로임을 제시하였다. 음식물은 상초로부터 들어와 중초에서 정미를 회생되고 그 정미는 상초를 통해 전신으로 퍼지고 그 찌꺼기는 하초를 거쳐 체외로 배출되는 등 모두 삼초를 통째로 삼는다. 때문에 혈을 항상 맑게 해주며 따뜻하게 하여서 피로를 풀어주며 일정한 체온을 유지시켜 주어야 할 것이다.

12) 밤 11시~1시

이 시간을 '자시'라고 하며 이 시간에는 반드시 잠자리에 들어야 한다.

밤 11시에서 1시까지는 담의 기운이 왕성한 시간이다. 담의 주요 기능은 담즙의 저장과 배설을 통해 음식물의 소화를 돕는 데 있다. 담즙은 간에서 생성되어 담에 저장되고, 성질은 차고 맛이 쓰며 황록색을 띤다. 음식물이 소화하는 과정에서 소장으로 흘러들어가 비위의 운화를 돕는다. 담즙은 간장에서 나온 맑고 깨끗한 액이다. 간의 소설기능이 정상이면 담즙이 정상적으로 분비되고, 비위의 소화, 흡수기능도 왕성해진다. 간의 소설기능이 실조되면 간기가 울결되어 담즙이 순조롭게 분비되지 못하므로 흉협부위가 창만하고 아프며 비위의 운화 기능에도 영향을 미쳐 식욕부진, 복부창만, 소화불량 등의 증세가 나타나고 느끼한 음식을 싫어하게 된다.

또한 담은 우리몸의 병을 방지하고 몸이 균형을 유지하며 외부로부터 들어온 이물질을 해독하고 구석구석 기능을 감시하는 역할을 한다. 또한 우리몸이 힘을 쓸 수 있도록 하는 원동력에 점화를 시켜주고 혈액순환을 왕성하게 함으로 만약 담이 제 기능을 발휘하지 못하게 되면 오장육부는 그 어느 하나도 제대로 돌아갈 수 없게 되고 만다.

밤 11시부터 1시까지의 두 시간은 생리적으로 가장 중요한 시간이다. 자시는 우리 몸이 머리 꼭대기에서부터 발가락 끝까지 뇌수라는 중요한 물질을 공급받는 시간이기 때문이다. 뇌수는 뇌를 이루고있는 정미로운 진액으로서 매우 중요한 물질이다. 이것은 원래 신장에서 만들어 척추를 통해 머리로 올려보낸 것으로 이것이 머리의 뇌수를 운반하여 척추를 통해 365골절이 한마디한마디마다 이 진액을 공급해 준다. 이 진액이 뼈로 들어가면 골수가 되어 하루의 기운과 힘을 공급받게된다. 만약 자시에 잠들지 못하면 하루종일 피로한 상태로 보내게 되며 힘을 많이 쓸 수 없게 된다. 이 시간에는 신진대사의 기능이 가장 왕성할 때이므로 반드시 잠을 청하고 숙면을 취해야 한다. 이 시간 이후에 다른 시간에는 아무리 잠을 많이 잔다 하더라고 몸이 경직되고 목이 뻐근하면 몸이 나른하다.

자시에 이러한 기운을 잘받고 있다는 상징으로 어린아이는 고추가 서고 청장년층은 몸을 두바퀴 움직이고 노인들은 화장실에 가게된다. 남자의 성기를 '자지'라고 하는 것은 '어린 아이의 고추가 자시에 선다'는 데서 나온말이다. 따라서 자시에 고추가 서는 아이는 건강한 아이로 그러한 기운을 충분히 받고 있다는 증거인 것이다. 이처럼 자시에 뇌수를 공급받아 그 진액은 뼈 속의 골수가 되고 이것은 다시 전 오장육부와 피속에 진액으로 작용하여 우리 몸은 암과 같은 무서운 질병으로부터 스스로를 보호하는 자생력을 갖추게 되며 아울러 피부도 윤택해지는 것이다. 그리고 이러한 영양분을 온몸에 골고루 받음으로써 자시부터는 우리의 몸이 따듯해지기 시작한다. 이 때부터 벌써 우리 몸은 다음날을 위한 준비를 서서히 하고있는 셈이다.

결론적으로 말하면 자정에 잠을 잘자고 있느냐 아니냐에 따라 건강이 좌우된다고 할 수 있다. 자시의 2시간을 잘자는 것이 건강에 이로우며 우리가 아름답고 건강한 피부를 만들기 위해서는 무엇보다 규칙적인 생활 습관을 들이는 것이 좋다.

chapter 6

중의식이학

1. 중의식이의 개념

식이요법이란 먹는 것이며, 이론 바탕은 중의학에 있다. 매일 먹을 수 있는 것이지만 체질에 맞게 적당히 먹어야 한다.

- 체질과 마찬가지로 음식물에도 양과 음이 구분되어 있다.
- 음- (더운음식) 양- (차가운 음식)을 구분해서 섭취하는 것이 효과적이다.
- 예를 들어 삼겹살을 먹을 때에는 배추김치보다는 무가 좋다.
  무는 기를 밀어주고 트림이 나기 때문에 소화촉진 기능이 우수하다.
  또한 상추보다는 깻잎이 도움이 된다. 깻잎은 따뜻한 음식이고 위의 기능을 촉진시켜 주는 기능을 하므로 특히 임산부에게 도움이 많이 된다.
  이렇듯 본인의 몸 상태를 체크하여 섭취를 하는 것이 무엇보다 중요하다 하겠다.

2. 본초학

1) 본초강목

한의 한약을 통틀어 연구하는 학문이다.

인간의 치병, 약용에 사용되는 한약재는 약 500여종이며, 식물의 꽃, 잎, 씨앗, 즐기, 뿌리의 정체나 동물의 부위별을 사용하기도 하고 광물을 통해서 얻어지는 것도 있으나 그 중에서 식물에서 사용하는 한의한약이 가장 많기 때문에 동양의학의 약을 본초학 이라한다.

질병치료에 쓰이는 약초를 연구하는 학문이지만 것이지만 때로는 식품으로서도 효능 가치가 있다.

도라지나 냉이같은 경우는 약품과 식품 두 가지로 다 사용할 수가 있다.

밥상에 올라갈 때에는 식품으로 부류가 되며 한약방에서는 약으로 분류가 된다. 화학적으로거의 성분이 파괴가 되지 않으면 식품이라 한다.

2) 신농본초경

본초강목은 6세기 약 1,400년 전 지어진 책으로 세계에 모든 나라에 다 나와있는 책이다. 여기에는 1,892 가지 약이 쓰여있다.

중국 국가에서 편찬을 하여 중화본초라는 이름으로 다시 개편하였으며 여기에는 80~90 여종의 식품 곡물, 약재가 들어있다.

본초는 나무의 뿌리인 본과, 풀과 나무의 잎인 초가 모여 성립이 되었으며 인간의 치병을 치료하기 위해서 원형대로 건조하거나 간단히 가공하여 치료제로 사용하는 약용천연산물을 말한다.

365가지의 약, 식품이나 곡물이 여기에 포함이 되어 있다.

본초학은 약용식물의 기본과 약효를 밝히는데 그 의미를 찾을 수 있다.

약은 상품, 중품, 하품으로 구분이 되어있다.

- 상품 (제일 많이 사용되는 약)
- 중품(보하는 것, 땀을 빼내개 하는 것)
- 하품 (부종을 빼게 하는 것)
- 대황은 살을 빼게 하는 약이지만 많이 먹으면 안 된다.

이곳은 하품에 들어있다.

3. 병증과 약물의 효능

변증배선이란 음식(밥먹을선) 먹을 것은 이용하여 체질에 맞게 처방해주는것을 말한다.

여러가지 차이에 따른 질병을 속성을 살피고 오장과 질명의 상호관계를 파악하여 거게에 맞는 음식을 섭취해야 한다.

1) 기관지염

① 기침이나 가래, 담을 제거하기 위해서는 열성인지, 한성인지, 조성인지, 습성인지를 식별하는 것이 중요하다.

② 기관지염은 증상에 따라서 여러가지 식품으로 구분이 된다.

- 열성에 사용하는 것 – 배, 미나리, 무,
- 한성에 사용하는 것- 진피, 마늘
- 습성에 사용하는 것 –진피, 유자
- 조성에 사용하는 것- 백합뿌리, 무, 배, 꿀
- 구애받지 않은 음식- 솔방울, 은행차조기의 열매

2) 감기

감기도 증상 종류에 따라서 여러 가지로 구분이 된다.

감기와 구토는 같은 병이 아니지만 같은 약을 쓸 수 있다. 이유는 汗(한) 이 있기 때문이다.

(1) 풍한 – 나쁜사기가 몸으로 들어오는 것을 말한다.

콧물이나 열처럼 기와 세균의 싸움인 것이다.

이러한 통증이 유발될 때에는 깻잎, 마황 계피와 같은 따뜻한 종류의 음식을 섭취하여 신속히 땀이나 세균을 몸 밖으로 배출시켜야 한다.

특히 생강은 열이 폐까지 가기 전에 섭취를 해야 빠른 효과를 볼 수가 있다.

열은 찬 약을 써야 하지만 너무 차면 안 되기 때문에 보충을 해 주어야 한다.

(2) 풍열- 풍한보다 열이 더 많은 것을 말한다.

감기 초기에는 사우나나 더운 곳에 가서 발산을 해 주어야 한다. 또는 매운 맛을 섭취하여 발산해 주어야 효과가 좋다.

이 때는 박하나 국화처럼 차면서 매운 음식을 섭취해야 한다.

특히 열이 많은 감기에는 청국장(담두씨) 담담한 콩을 발효시키면 신미가 생긴다.

4. 오미(다섯가지 맛)의 기능과 효능

오미는 혀의 작용을 통해서 기억한다.

- 혀의 유두는 신경, 혈관, 신경종말 림프이다.
- 혀에는 지방이 없으며 골격근이다.
- 하루에 움직임이 가장 많은 곳이 바로 혀이다.
- 혀의 끝은 단맛을 감지하고 혀의 뒷 부분은 쓴맛, 옆은 신맛, 혀 전체는 짠맛을 감지한다.
- 혀에 있는 설태는 결국 때이다.

설태가 두꺼워지면 입맛이 없으며 설태가 없으면 열이 많다. 하지만 이들 음식물도 몸의 어떠한 작용을 하는지에 따라 알맞게 섭취를 해야 한다.

1) 산미

오미 중에서 신맛이다. 신맛은 땀이나 (정을) 안으로 수렴하기에 좋은 것으로서 화증에도 좋으며 5장에 다 유용하다. 땀을 흘렸으므로 당겨주는 역할을 하며 정서불안이나 신경안정(수면제) 역할을 해준다. 여름에는 오미자가 좋다.

폐가 좋지 않은 사람은 오미자와 황기를 함께 먹으면 좋다.

장기로서는 간이나 담증에 효과적이다.

- 산수유와 복분자는 간, 신장기능에 좋다.
- 보충도 하고 안좋은 곳을 잡아주는 기능이 있다.
- 특히 임산부나 어린 아이들에게 효과적이다.

그러나 이들은 변비나 감기 초기에는 좋지 않으며 신 것을 과다로 섭취하면 근육이 딱딱해질 수 있으니 주의하여야 한다.

(1) 매실

① 기침 폐의 기운을 가라 앉힌다.
② 심장 두근거림 시 효과적이다.
③ 설사를 멎게 한다(수렴작용).
④ 해충약으로 매실도 적당하다.

(2) 오미자

① 땀을 많이 흘리는 사람에게 효과적이다.
② 체온유지를 해주며 독소배출에 효과적이다.
③ 비타민C, E를 함께 끓이면 효과적이다(인삼과 같은 성분이 들어있어 간기능 보호에 탁월하다).
④ 외부의 사기가 들어오지 못하게 하는 방어기능이 있다.

2) 삽미

신맛보다 더 신 것 즉, 떫은 것을 말한다.
수렴작용이 더 강하며 통증이나 압박감에 효과적이다.

(1) 모려(조개나 굴껍질) - 껍질은 우리 몸에 기전을 일으킨다.

① 두통을 안으로 가라 앉히는 작용을 한다.

② 불면증이나 정서불안에 효과적이다.

③ 혈압에 효과적이며 혈압에는 모려탕을 사용한다.

④ 골아세포의 증식을 촉진한다.

(2) 오접골 -오징어 뼈안에 있는 것

① 여성의 백대(질 에서 흘러나오는 액)가 심할 때에는 오접골을 끓여서 마시면 효과적이다.

② 상처 시 지혈작용에도 사용 (빨아서 바름), 수렴작용이 뛰어나다.

3) 고미

고미는 쓴맛이다. 쓴맛은 기운을 아래로 밀어버리는 고섭작용을 한다. 일정한 고미는 식욕을 돋군다. 또한 쓴약을 모조리 빨아먹는 작용을 하므로 습을 제거해 준다. 변비가 있을 때 아래로 내려주는 통설작용을 하며 기침 치료에 효과를 주는 강설작용도 한다. 물건을 태우면 고미가 발생하는데 커피가 그러한 작용을 한다. 때문에 비만인 사람에게 유용하며 마른 사람은 커피가 좋지 않다. 쓴 것을 많이 먹으면 설사를 하므로 주의 하여야 한다.

(1) 갈근(칡뿌리)

① 찬 성질을 가지고 있어 열을 없애주지만 몸이 찬 사람은 주의해야 한다.

② 갈증이 있을 때 감기증상 (갈근탕)을 해소하여 준다.

③ 당뇨병에 도움이 된다. 하지만 과다 섭취 시 소변량 많아지므로 갈증이 생길 수 있으므로 주의하여야 한다.

(2) 도라지(길경)

① 폐 기관지에 효과적이다.

② 위장을 튼튼하게 하여준다.

③ 항염, 항산화작용이 있어 염증성질환을 개선하여 준다.

④ 면연력을 강화시켜준다.

도라지는 동양의학에서 독성을 가진 약초로 분류되기 때문에 장기간 복용은 권하지 않는다.

4) 감미

감미는 단맛이다.

감미는 보충하는 작용이 뛰어나기 때문에 무엇이든 보한다. 청열, 해독이 작용을 하며 중초의 기를 보호해 하므로 위와 같은 소화기 계통의 치료에 효과적이다. 급성 통증을 완화시켜 주고 정서안정에 효과적이며 약물을 중화시켜 약성을 조화시켜 주는 작용을 한다.

또한 담을 없애고 기침을 멎게해주며 가래를 삭힌다.

단 것을 너무 많이 섭취하면 뼈에 영향이 있을 수 있으므로 주의해야 한다.

(1) 감초

① 해독작용이 있다.

② 통증완화, 약성의 조화를 만들어 준다.

③ 보하는 작용이과 독성분해작용(카드뮴 이따이이따이 병에)에 탁월하다.

④ 심장이 약하게 뛰고 위가 안 좋은 사람에게 효과적이다.

⑤ 담을 없애고 기침을 멎게 한다.

⑥ 우리 몸에 부신피질 호르몬을 조절한다.

⑦ 강한 분해작용으로 혈관에 콜레스테롤을 제거한다.

(2) 엿

① 아프고 피곤할 때 효과적이다.
② 위에 갑자기 통증이 있을 때 효과적이다.

(3) 대추

① 몸에 통증을 완화시켜 준다.
② 정서안정에 효과가 있다.
③ 여성 갱년기 때 섭취하면 효과가 좋다.
산조인(맷대추)를 섭취하는 것이 효과적이다.
④ 밀, 보리, 멧대추 : 갱년기 때 차로 마시면 좋다.

단맛은 습이 많은 사람과 뚱뚱한 사람에게는 좋지 않기 때문에 적당량을 섭취해야 한다.

5) 담미

담미는 담담한 맛으로 평성이다.

우리가 일상적으로 먹는 식품이다. 하지만 이것도 약은 음적인 것과 양적인 것으로 나눌 수 있다.

① 우리몸에 들어가서 이뇨, 이수작용을 한다.
② 셀룰라이트와 습을 아래로 보내는 역할을 한다.- 율무, 호박, 수박
③ 동물 광물, 허브(약) 등 해독 통증완화를 하여준다.
④ 약성을 조화시켜 준다.

약을 옛날에는 독이라고 하였다.

6) 신미

신미는 매운 맛이다.

신미는 여러가지 분류로 나눌 수 있다. 매우면서 뜨거운 것 과 매우면서 찬 것이 있다. 신미는 발산작용, 식욕촉진, 기와 혈의 운행을 촉진한다. 발산작용은 모공을 열어주어 몸에 열이나 땀이 나게 하여 세균을 없애버려 세균을 없애버리는 역할을 한다. 매운 맛은 소화가 안되고 구역질, 매스꺼움이 있을 때 효과가 있다. 매운 것을 너무 많이 섭취하면 근육이 뻣뻣해 질 수도 있다.

(1) 생강

① 발산, 발한 효과가 뛰어나다.

② 비린내를 없애준다.

③ 설사가 잦은 아이들 생강큰 것 0.3cm두께로 썰어(관원, 기해) 배꼽이나 아래에 붙이면 효과적이다.

④ 생강을 썰어서 배꼽에 붙이면 차멀미를 예방할 수 있다.

(2) 도라지

① 5년이상 묵은 도라지는 약제이다.

② 무조건 먹으면 폐가 좋아진다.

③ 모든 약제에 도라지 엑기스포함이 되어 있다.

④ 사포닌 성분이 우리 몸에 들어가서 탄수화물 같은 기전을 일으킨다.

도라지는 물에 불리기 전 쓴맛이 효과적이다.

7) 함미

함미는 짠맛이다.

우리 몸에 세포활성 촉진, 호르몬 작용을 하며, 콜라겐이 풍부하여 신기, 양기를 보호하여 준다. 또한 보혈하는 작용이 있어 남자는 양기보충, 여자는 보혈 작용을 해준다.

염화칼슘 (인산칼슘+ 탄산칼슘)이 다량 함유되어 있으며 적혈구의 헤모글로빈을 형성하여 출산 후 평활근 근육촉진으로 인하여 자궁수축에 도움이 많이 된다.

성기능 저하, 사지냉증에 효과적이며 뼈가 약하고 소아 발육장애가 있는 사람과 불면증이 있는 사람에게 효과적이다. 하지만 한국음식은 칼슘이 부족하고 너무 짜기 때문에 각종 성인병과 고혈 등을 유발하는 사람이 많다. 하루에 소금량 6g을 초과하지 않아야 하지만 15g을 섭취하는 사람이 많기 때문에 특별한 주의를 요한다.

(1) 녹용

① 콜라겐이 풍부하여 신기, 양기를 보호해준다.

② 경,혈을 보한다.

③ 근, 골을 튼튼하게 뼈가 왕성하게 자라게 해준다.

④ 심장 뛰는 것이 힘이 없거나 협심증에 효과적이다.

⑤ 기가 부족하고 추위를 많이 타는 사람, 원기부족 시 효능이 매우 좋다.

⑥ 아랫배가 차거나 신장에 양기부족 시 효과적이다.

⑦ 남자는 성생활, 불임, 임폰텐트에 효과적이다.

⑧ 조혈기능 있어 8~20세 키크는 아이들에게 근본 양기인 신양을 보호해 주므로 효과적이다.

⑨ 원기적인 양보충을 해주므로 몸이 찬 사람에게 효과적이다.

녹용

녹용은 분골상태가 가장 적합하며 분골은 예쁜 것이 고가이긴 하지만 못 생겨도 상태가 발달한 것은 질적으로 좋다. 평편골로 사용을 많이 하며 허리가 안 좋은 사람에게는 분말이 효과적이다. 아이들한테는 너무 많은 양을 먹여서는 안 된다. 하루 1~2g 보름 동안 복용해야 하며 주의할 점은 간경화나 간에 염증이 있는 사람, 열이 너무 많은 사람, 산만한 아이는 조절을 하여 먹여야 한다.

(2) 추어탕

① 뱀, 추어, 장어, 지렁이는 우리 몸에 깊이까지 들어올 수 있기 때문에 몸이 허하고 약한 사람에게는 아주 효과적이다.

② 뜨거운 맛이 있고 찬맛이 없으므로 양리를 보충하여 준다.

③ 이뇨작용에 좋으며 당뇨병환자, 소갈증 환자에게 효과적이다.

④ 추어탕은 부추, 무 등과 함께 섭취하면 타민 B_2, 칼슘, 철분이 다량 함유되어 있으므로 속을 편안하게 해준다.

(3) 당귀. 홍화잇꽃

① 보혈작용 (활혈, 지통, 월경조절)을 하여 준다.

② 장을 자윤하여 변비 심할 때 사용하면 효과적이다.

③ 보충(어혈활성) 작용이 있어 얼굴색이 칙칙하고 기미가 많고 근육이 아프거나 몸이 시리고 찬 사람, 특히 산후병이 있는 사람에게 효과적이다.

④ 여성의 생리색깔이 탁하고 덩어리가 있으며 얼굴에 광택이 없고 입술이 붓고 간지러운 사람에게 효과적이다.

(4) 산조인(산수유)

산수유- 보하는 작용과 정서를 안정시켜준다.

① 성기능 저하 시(유정, 몽정 등) 효과적이다.

② 땀을 고섭하는 작용을 한다.

③ 이유없는 자궁출혈에 효과적이다.

④ 당뇨병이 있어서 인슐린이 부족한 사람에게 효과적이다.

⑤ 입이 마르고 건조하고 광택이 없는 사람에게 효과적이다.

(5) 다시마

① 체내의 불필요한 수분을 밖으로 배출시켜 몸의 부종을 가라앉힌다.

② 뭉쳐있는 담을 풀어준다.

③ 변비에 효과적이다.

④ 기미가 있는 사람에게 효과적이다.

⑤ 고혈압, 고지혈증에 효과적이다.

5. 사기의 특징과 이해

중의식이의 또 다른 특징은 사기 (四氣) 라고 부르는 4가지의 기운이다.

음식물 뿐만 아니라 한방약을 조제할 때에도 큰 기준이 되는 것이며 음식을 한(寒) 양(涼) 온(溫) 열(熱) 로 나누고 있다.

1) 한(寒)성

(1) 한성의 특성

① 여드름 안에 농이 있을 때는 습열이 정체된 것이다.

② 진액이 끈적끈적하게 엉켜있는 것을 말한다.

③ 관절에 문제가 있을 때는 항상 냄새와 끈적끈적함이 있다.

④ 남자는 하초에 습열 (진물, 소변악취, 성기가 부었을 때) 치자를 달여 마시면 전신에 다 좋다.

(2) 한성에 좋은식품

① 피부과 여드름 치료에는 황백, 황련, 대황을 사용한다.

② 전신의 열을 빼버리는 작용을 하는 것은 황백이 효과적이다.

③ 편도염- 붓고 아프고 열화와 열독이 많다.

민들레(포공형)를 뿌리채로 캐서 된장에 찍어서 밥을 먹는다. 봄, 가을에 먹으면 효과적이다.

④ 폐에 들어가고 열을 빼고 열을 없애주는 기능을 하는 것은 민들레 (포공형) 다.

가을 전염병도 민들레가 막아준다.

⑤ 외국에서는 허브를 주로 많이 섭취하는데 1년 2작이며 꽃이 필 때가 가장 좋으나 민들레는 풀, 꽃, 뿌리 다 효능이 좋다라고 알려져 있다.

⑥ 유방에 종양이 있을 때 잇꽃(홍화)의 껍질을 먹으면 효과적이며 몸의 부종도 없애준다.

생리, 기혈의 흐름이 좋지 않을 때, 생리량이 적은 사람은 하루 20g만 덕어야 한다.

2) 열(熱)성

(1) 열성의 특성

① 위에 한증에 매우 효과적이다.

② 발산효과가 뛰어나다.

③ 생강, 겨자, 후추 등은 몸에 얽힌 것을 풀어주는 역할을 한다.

④ 발산효과는 온성이 아니라 열성이다.

(2) 열성에 좋은식품

① 인삼

- 인삼의 구분

㉠ 인삼 - 인위적 재배

㉡ 산삼 - 산속에서 자라는 식품. 인삼을 재배하면 빨갛게 열매가 맺히는데 이것을 새들이 산에서 배설을 해 자연적으로 자라난 것이다.

㉢ 수삼 - 시장에서 말리지 않은 것. 물기가 있다해서 수삼이다.

㉣ 백삼 - 껍질을 벗기고 말린 것

ⓜ 홍삼 - 수삼의 껍질을 벗기지 않고 쪄서 말린 것을 홍삼이라 한다. 대부분 9번을 찐다. 홍삼은 6년근이 가장 효능이 좋은 것으로 알려져 있다.

ⓗ 약의 온성이 많아짐, 백삼보다 쫄깃해짐- 콜라겐 성분이 다량 포함되어 있다.

ⓢ 몸이 차면 홍삼, 건조하면 백삼을 써야 한다.
산삼과 비슷하지만 씨가 다름 (장뇌삼)

ⓞ 재배년도가 4~6년이면 좋음(씨를 뿌려서 생산함)
목 부분에 독성이 있으므로 잘라버린다.

◉ 인삼의 효능

성미 - 원기회복, 양기, 기혈, 비, 폐를 보호

㉠ 힘이 없고 잠이 안오고 권태감이 있을 시 복용한다.

㉡ 당뇨병 - 우리몸의 음이나 진액부족 시 복용하면 효과적이다.

㉢ 여성의 자궁출혈 시, 고혈압, 호르몬 이상, 입맛 없고 설사 시에 효과적이다.

㉣ 매 계절 시작 시 먹으면 노화예방에 좋음

㉤ 여성의 자궁출혈에 좋다.

㉥ 밥맛이 없고 설사 시, 권태 시에는 인삼과 감초를 함께 복용하면 효과적이다.

㉦ 20대는 1주일에 4번 복용, 30~40대 일주일에 한번 60대 일주일에 1번 복용하는 것이 적당하다.

** 너무 과다하게 복용 시 불안, 불면증이 올 수 있다.

주의점

① 무, 녹차, 검은콩, 산사는 몸에 열이 많은 사람, 출혈있는 사람, 생리 전에는 가급적 피하는 것이 좋다.

② 다량으로 복용하지 말 것

③ 분말 시 하루 6g을 넘지 않아야 끓이면 10g까지 섭취 가능

② 생강과 대추의 효능

㉠ 중초의 기를 보호한다. (감,온, 비, 위)

㉡ 기와 혈을 보호하고 정신안정시켜준다.

㉢ 약성을 완화시켜 준다. (대추+술) 보름 동안 술에 담근 뒤 안에 있는 대추를 매일 섭취 시 천식에 도움이 된다. 이유는 대추 안에는 당 성분이 많아 안정을 취할 수 있다.

㉣ 비타민 P가 있어 비타민의 작용을 활성화 시켜주며 임산부는 히스테리를 방지해 준다.

㉤ 베타카로틴이 활성산소 여과작용을 하여 갱년기 히스테리에 효과적이다.

㉥ 붉은색은 보혈작용이 강하기 때문에 45세 전후 성격이 안정되고 항알레르기 기능이 있다.

㉦ 섬유소가 담즙을 분비하여 소화를 촉진시킨다.

㉧ 감기올 때 대추 + 생강을 함께 달여서 복용하면 매우 효과적이다.

㉨ 대추 10개 + 생강1개 썰어서 흑설탕 섞어 복용한다.

③ 생강(건강) - 마른생강

㉠ 식욕을 돋아주고 소화기능이 있다.

㉡ 신진대사를 활성화시켜준다.

㉢ 감기, 소양증에 효과가 있다.

㉣ 양기회복에 탁월하다.

㉤ 땀, 기침, 현기증에 효과가 있다.

㉥ 위통이나 복통에 효과적이다.

㉦ 이뇨작용, 손발시린 데, 복통, 설사 시 섭취하면 효과적이다.

㉧ 천식, 해수에 도움이 된다.

3) 온(溫)성

온성인 약물은 강장과 보양을 목적으로 한다.
몸에 열이 많거나 차가워도 보편적으로 사용할 수 있다.

(1) 감초

진해, 거담, 진통제이며 약물의 조화와 모든 약물의 부작용을 없애주는 역할을 한다.

(2) 나복자 (무의 씨)

건위, 거담제로서 위염이나 기관지염에 효과적이다.

(3) 노봉방주

맛은 맵고 쓰며 성질은 평하며 독은 없다. 풍을 방지하며 해독작용에 효과적이다.

(4) 더덕

향기는 강하지만 약성은 미약하다. 비장이나 신장을 튼튼하게 해주며 몸에 열이 많은 사람은 강한 인삼대신 더덕을 사용한다.

(5) 산마

성질이 감온해서 약간 따뜻하며 정신을 맑게 하고 심장의 열을 내리며 몸을 정상으로 만들어준다.

(6) 황귀

지한, 이뇨, 강장제로서 허약자나 영양불량자에게 효과적이며 소변불통에 쓰인다.

(7) 당귀

우리 몸에 습을 제거해 주는 기능

위는 건들지 않으면서 몸을 보호해주고 여성의 생리활성 작용과 어혈을 풀어준다.

4) 양(涼) 성

양성약물은 보음지혈 작용을 한다.

(1) 백출

비장과 위장을 튼튼하게 하고 고혈압, 어지럼증, 설사, 소화불량에 좋은 효과를 지내고 있으며 피부를 좋게 하고 흉통과 복통을 낫게 하고 두통이나 혈액순환에 효과적이다.

(2) 산국

맛은 쓰며 평하다. 두통을 없애주는 차를 한방에서 산국차라고 한다.

(3) 소나무

솔잎을 생식하면 종양이 없어지고 모발이 재생하고 오장을 편안하게 한다.

(4) 의아인 (율무)

간장, 이뇨, 소염진통제로 부종이나 동통에 쓰고 사마귀를 없애준다.

(5) 잔대 (사삼)

달고 성질이 온순하여 더운사람이나 허열이 있는 사람에게 적당히 먹으면 효과가 있다.

(6) 약쑥

성질이 따뜻하고 어혈을 풀어주고 자궁을 보호해준다. 지혈작용과 세균의 억제를 막아주고 진해 거담 작용을 하고 생리불순에 효과가 있다.

(7) 하수오

강장, 당뇨병 허약체질개선, 불면증, 가슴 두근거림과 피곤을 없애준다. 조혈작용이 뛰어나 여성의 생리불순, 빈혈에 효과적이며 자궁염, 만성 변비에도 효과적이다.

중의식이와 중국의 고전

chapter

7

1.
다양한 약물과 식품의 기능작용

1) 호흡기질환에 사용되는 약물

① 생강 : 풍사를 치료하고 냉을 제거하며 두통을 치료하고, 담을 제거한다. 중국의 고전에는 비위를 돕고 제물의 독을 해독한다고 되어있다.

② 파의 흰부분 : 풍사로 오한이 나고 발열하고, 담이나고 두통이 있어 얼굴이 붓는 것을 치료한다.

③ 계지 : 풍사의 대표적인 한방약에 많이 사용된다. 감기에 걸렸는데 땀이 나오지 않아 두통에 있는 병에 잘 듣는다.

④ 무 : 곡물을 소화하고 위장을 조화시킨다.

⑤ 마늘 : 마늘을 많이 먹으면 장의 연동운동을 억제하는 작용이 있어 소량이라야 운동을 왕성하게 한다.

⑥ 귤 : 위염에 사용하는 것은 껍질을 잘 건조시킨 진피이다.

⑦ 당근 : 당근은 아주 영양가가 많은 야채로 오장을 덥히고 윤택하게 하는 작용이 강하므로 소화불량에 좋다.

당근 : 흥분을 가라앉히고 중을 보하며 흉부 및 위장의 활동을 촉진하고 오장을 편안히 하며 식욕을 증진시키니 이익은 있어도 해는 없다 하였다.

⑧ 참깨 : 신체가 약해 쉽게 피곤해지고 마르는 것을 보한다.

⑨ 밀 : 설사를 멈추고 위를 부드럽게 하며 소아의 경련성 발작을 멈추게 하고 소화를 촉진하여 치질을 치유한다.

⑩ 표교버섯 : 중국의 최근 실험에서 간염에 유효하다고 보고되어 있다.

⑪ 생강 : 중국의 고전에는 비위를 돕고 제물의 독을 해독한다고 되어있다.

⑫ 무화과 : 위장의 활동을 좋게 하고 설사를 멈추게 하며 오치와 인후통을 치유한다.

⑬ 복숭아 : 복숭아는 열매나 잎을 내복, 외용으로 여러 질환에 사용하고 있으나 간염의 황달에 사용하는 것이 꽃이다.

⑭ 배 : 염증을 누그러뜨리는 작용이 있다고 전해져왔다. 그러나 배는 몸을 차게 하는 작용을 하므로 위장이 냉하거나 설사를 일으키는 사람, 산후에는 적합하지 않다. 배는 속을 파서 그 속에 굴을 넣어 함께 끓여먹으면 감기에 효과적이다.

⑮ 플룬 : 건조과실로 중국에서는 자두에 해당된다. 간에 속하고 간병에 많이 사용되고 치유한다. 간경변에는 오얏이 좋다고 기술되어 있다.

⑯ 무 : 위염의 무는 곡물을 소화하고 위장을 조화시킨다.

⑰ 마늘 : 마늘을 많이 먹으면 장의 연동운동을 억제하는 작용이 있어 소량이어야 운동을 왕성하게 한다.

⑱ 귤 : 위염에 사용하는 것은 껍질을 건조시킨 진피이다.

⑲ 부추 : 보온하는 작용이 있기 때문에 위장이 냉해서 활동하기 나쁘다든가 궤양성으로 출혈을 수반하는 데에 잘 듣는다.

⑳ 밀(소맥) : 설사를 멈추고 위를 부드럽게 하며 소아의 경련성 발작을 멈추게 하고 소화를 촉진하며 치질을 치유한다.

2) 기관지염에 사용되는 약물

기관지염에 사용되는 약품도 그 증상에 따라 차이가 있다.

- 열성에 사용하는 것 : 배, 미나리, 무
- 한성에 사용하는 것 : 진피, 마늘
- 습성에 사용하는 것 : 진피, 유자
- 조성에 사용하는 것 : 백합뿌리, 무, 배, 꿀
- 구애받지 않은 음식 : 솔방울, 은행차조기의 열매

① 백합뿌리 : 한방으로서 사용될 때에는 백합이라 하고 보통 진해거담제 또는 자양강장제로서 사용한다.

② 미나리 : 미나리는 간기능을 조화시키는 약으로 알려져 있다. 그러나 기

침을 멈추게 하는 등 호흡기계에 대한 효과도 있다. 미나리 뿌리 1개와 진피 9g, 물엿 30g. 물엿을 냄비에 달여서 미나리채와 진피를 가해 조금 태운 후 물을 가해 달여서 그 수프를 마신다.

③ 은행 : 열이 나고 기침이 나오고 담이 그치지 않을 때 사용한다.

④ 배 : 1개에 후추 10mg을 탄 물에 달여서 마신다.

⑤ 벌꿀 : 폐조에 의한 헛기침에 효과가 있다.

프라이팬으로 벌꿀 35g을 가볍게 볶고 소량의 물과 달걀 1개를 더해 마신다.

⑥ 시금치 : 폐염으로 심한 기침을 할 때 사용한다.

3) 순환기질환에 사용되는 약물

① 생강 : 냉에 의한 위통에 잘 듣는다.

② 무 : 소화기능이 떨어진 위에는 무 간 것이 소화를 돕는다.

③ 토마토 : 소화불량이나 식욕부진에 좋은 음식물이나 대량으로 먹으면 몸을 냉하게 하므로 냉증인 사람에게는 부적합하다.

④ 찬마 : '비위의 상처를 관리하고 허약함을 보하며 한열 사기를 제거하고 기력을 더해주며 기육을 튼튼하게 한다.' 라고 기록되어 있다. 그 때문에 장양강장, 소화의 촉진, 허약체질의 다한 등에 효과가 있을 뿐 아니라 야간배뇨 당뇨병에도 잘 듣는다.

⑤ 생강 : 비위를 돕고 제물의 독을 해독한다. 냉한 위장을 덥히는 작용에 좋은 것으로 냉증으로 식욕부진을 일으키는 사람에게 효과가 좋다.

⑥ 무화과 : 위장의 활동을 좋게 하고 설사를 멈추게하며 오치와 인후통을 치유한다.

⑦ 차조기 : 생잎은 일체의 어육의 중독을 치유한다. 대·소장의 활동을 활발하게 하고 복통, 설사를 치유한다.

⑧ 연 : 연의 마디에는 강한 지혈작용이 있으므로 토혈에 잘 듣는다.

⑨ 표고버섯 : 중국의 최근 실험에서 간염에 유효하다고 보고되어 있다.

⑩ 수박 : 간염, 황달 등으로 발열하여 목 안이 타는 듯이 마르는 데에 사용된다. 복수나 부종이 있을 때 효과가 있다.

⑪ 복숭아 : 복숭아는 열매나 잎을 내복, 외용으로 여러 질환에서 사용되고 있으나 간염의 황달에 사용되는 것은 꽃이다.

⑫ 배 : 중국에서는 옛날부터 염증을 누그러뜨리는 작용을 알고 있었으므로 이용해왔다. 배는 몸을 차게 하는 작용이 강하게 때문에 위장이 냉해서 설사를 일으키는 사람, 산후에는 적합하지 않다.

⑬ 미나리 : 현대의 중국에서는 미나리 약효에 대해서 간기능의 이상항진을 조절하고 혈압을 내리는 작용이 있다고 보고되어 있다.

⑭ 오이 : 강압작용이 강한 것으로 오이의 넝쿨을 사용한다.

⑮ 목이버섯 : 혈액의 정화작용으로 고혈압, 동맥경화, 치질, 부인과 계통의 질환에 잘 들기 때문에 많이 사용한다.

⑯ 다시마 : 다시마는 갑상선종, 임파결절 등에 잘 듣는다. 혈압강화 작용에도 도움이 된다.

⑰ 호두 : 중국에서는 불면증이나 신경쇠약에 대한 효과가 인정되었다.

⑱ 검은깨 : 검은 깨는 비타민 E가 많이 함유되어 있어서 고혈압이나 심장병 예방에 효과적이다.

⑲ 완두콩 : 고혈압, 심장병에 효과적이다.

⑳ 쑥 : 저혈압으로 현기증이 일어나거나 쉽게 피로해지는 사람에게 효과적이다.

㉑ 간 : 간에는 혈을 증진시키는 작용이 있으므로 저혈압인 사람에게 효과적이다.

㉒ 당근 : 중궁에서는 당근은 혈을 보호하고 무는 폐열을 맑게 한다고 한다.

㉓ 마늘 : 마늘은 풍사를 비롯하여 저혈압에게도 효과적이다.

㉔ 무잎 : 간엽이라 하여 몸을 덥히는 수욕제로서 수족의 냉감이 있는 사람에게 효과적이다.

4) 뇌졸중질환에 사용되는 약물

① 복숭아 : 몸속에 고혈(오래된 피)을 없애고 피를 정화시키는 작용을 한다.

② 콩 : 콩은 한방에서 신을 보양하는 중요한 곡물이다. 콩 중에서도 검은콩이 유효하다.

③ 무 : 무는 생것으로 먹으면 한이나, 달여서 먹으면 평이 된다. 뇌졸증 휴우증인 경우는 삶아서 섭취한다.

④ 우엉 : 혈액순환을 촉진하고 신진대사를 강화시켜준다. 뇌졸중 예방이나 후유증에도 효과가 있다.

⑤ 감 : 감은 열매, 종자. 꽃, 꼭지, 잎을 민간약으로 사용하고 있다. 설사에는 꽃, 치출혈에는 열매를 뇌졸중 후유증에는 생잎이나 마른 잎을 말려서 차처럼 마시면 좋다.

5) 비뇨기계질환에 사용되는 약물

① 율무 : 한방에서는 율무를 '의이인' 이라고 한다. 이뇨작용이 강하기 때문에 신장병을 비롯하여 심장병, 각기병 등으로 붓기 쉬운 사람에게 달여서 즙을 마시게하면 효과를 본다.

② 호두 : 신을 보호하고 허리를 강화하는 작용이 있으므로 신, 허에 의한 허리나 무릎의 냉통, 빈뇨, 유정 이외에 비뇨기계 결석에 사용된다.

③ 곤약 : 곤약은 고환의 결석을 없애는 데 유명하다고 알려져 있다. 요로결석, 방광염, 방광결석 등에 많이 사용되고 있다.

④ 활석 : 열을 없애고 궁을 통하여 소변을 이롭게 한다고 고전에 나와 있으며 한방에서 많이 사용되고 있으며 요를 윤활하게 나오도록 하는 작용이 있으므로 배뇨 시에 통증, 오줌이 나오지 않는 데에 잘 쓰여지고 있다. 요로결석이나 방광결석을 배출시키는 데 잘 듣는다.

⑤ 팥 : 팥은 약도 되고 식품도 되는 의식동원을 바탕으로 되어 있는 것이다.

중국에서는 이뇨작용으로 많이 쓰인다. 방광염으로 혈뇨가 생긴다거나 환부에 열이 있는 경우에 효과가 좋다.

⑥ 벌꿀 : 벌꿀은 열을 식히고 몸의 각 부분에 건조감이나 변비를 치유하는 데 많이 쓰이고 있다. 두유와 함께 마시면 방광염에 효과적이다.

⑦ 감 : 혈뇨를 비롯하여 혈변 등 출혈성의 병에 많이 사용되고 있다. 특히 혈뇨를 수반하는 방광염에 매우 효과적이다.

⑧ 소꼬리 : 신장병에는 소의 꼬리를 사용하는데 급작스럽게 소변보기가 나빠졌을 경우에 효과가 좋다,

⑨ 파 : 파의 흰 부분을 총백이라 하고 한약방에서 사용하고 있다. 맛이 맵고 덥히는 작용이 있어서 발한시키므로 풍사나 냉애 의한 복통을 치료하는 데 효과적이다. 이 밖에 담을 제거하거나 위를 건강하게 하는 작용도 있다.

6) 내분비계질환에 사용되는 약물

① 시금치 : 목에 갈증을 풀어주는 작용을 하므로 당뇨병에 효과적이다.

② 동아 : 이뇨를 촉진해서 부종을 치유하는 작용이나 열을 내리는 작용을 한다.

③ 현미 : 현미에도 갈증을 멈추게 하는 작용이 있어서 당뇨병에 사용한다.

④ 검은콩 : 잠자리에서 땀을 흘리고 쉽게 피곤해지는 사람에게 효과적이다.

⑤ 호두 : 피곤하거나 불면증이 있을 때에 효과적이다.

⑥ 찹쌀 : 피를 물온하게 하는 작용이 있어서 피부병이 있는 사람에게 효과적이다.

⑦ 치자 : 염증을 제거하는 효과가 뛰어나서 부어서 열이 나는 사람에게 효과적이다.

⑧ 개다리 : 통풍, 류머티즘 등에 염증에 잘 들으며 고양이가 좋아하는 식물이다.

⑨ 나리 : 한방에서는 백합이라고 부르는데 현대에 노이로제나 신경병에 잘 듣는다.

⑩ 금침채 : 불면이나 정서불안에 효과가 있다.

⑪ 참마 : 두통이나 현기를 치유하고 요통이 멈추며 허약해서 마른 몸을 보하고 오장을 충실시켜 번열을 제거한다.

⑫ 차조기 : 일본에서 식용으로 사용하고 있으나 중국에서는 약용으로 많이 쓰인다. 류마티스의 경우는 외용약으로 쓰인다.

⑬ 미꾸라지 : 관절이 붓고 통증이 있을 때 마르면 효과적이다.

⑭ 로얄젤리 : 만성화된 관절에 효과적이다.

⑮ 호박 : 중국에서는 늑막염, 늑간신경통, 소염 지통에 이용되고 있다.

⑯ 참마 : 한약방에서는 산약이라 하고 강정강장약으로 우수하다.

⑰ 참깨 : 간, 신을 중심으로 몸을 보호하는 강장작용, 머리를 검게하는 작용이 있으며 피곤하기 쉬운 사람과 원형탈모증에 효과적이다.

⑱ 완두콩 : 산후, 젖이 나오지 않는데에 옛날부터 많이사용하였다.

⑲ 현미 : 풍사를 열이 있을 때에 현미수프를 만들어 먹으면 좋아진다.

⑳ 시금치 : (발열시) : 오장의 활동을 촉진하고 장을 통하게 하며 위열을 해소시켜주고 주독을 없애며 목의 갈증을 없애고 윤활하게 하는 작용이 있다.

㉑ 무 : 진해, 거담, 목의 아픔을 제거하는 작용이 있다.

㉒ 매실 : 매실은 정장작용이 있으므로 설사, 구토, 식욕부진에 효과가 있다.

㉓ 완두콩 : 열기를 다스리고 토기를 멈추고 설사를 멈추고 이뇨를 꾀하고 배가 붓는 것을 치유한다.

㉔ 감자 : 만성변비에 효과가 있다.

㉕ 은행 : 두통을 동반한 현기증에 효과적이다.

㉖ 밤 : 신을 보하므로 이명에 좋다.

2. 중의식이의 예방 및 치료법

중의학에서는 음식을 다섯가지로 분류를 하였다.

산(酸) 고(苦) 감(甘) 신(辛) 함(鹹) 이 다섯가지 맛은 5장 6부 즉, 내장과 밀접한 관계가 있다.

신맛은 간, 근육 등과 연관이 있기 때문에 수렴작용이 있으므로 침한이나 설사등에 매실이나 오미자, 복분자가 좋고, 쓴맛은 고섭작용이 있고 아래로 내려주는 효과가 있으므로 비만이나 설사에 효과적이며, 단맛은 정서안정이나 통증에 효과적이므로 긴장을 풀리게 하는 작용이 있으며 매운맛은 발산작용이 있어 감기 시 열을 내게 하여 세균을 쫓아버린다. 짠맛은 연화시키는 작용과 몸을 보하는 작용이 있고 통증을 치유하는 작용을 한다.

중의식이의 또 하나의 특징은 사기라고 불리우는 것이다.

그것은 한(寒) 양(洋) 온(溫), 열(熱) 로 나누고 한에도 열에도 끼지 않는 중간의 것을 평(平) 이라고 하였다. 그러나 음식물의 성질은 조리하는 방법에 따라서 다소 변하는 수도 있다. 예를 들어서 무의 성질은 한(寒)이나 끓이면 평(平) 으로 변하기 때문이다.

이 장에서는 각종 병증에 해당하는 식품을 나열하였다.

1) 순환기 질환에 도움을 주는 약물

(1) 고혈압

고혈압은 원인을 알 수 없는 신질환과 본능성 고혈압 등에 의해서 2차적으로 혈압이 있는 것 등이 있다.

일반적인 증상은 머리가 무겁고 어깨결림과 현기증, 이명이 일어난다. 또한 숨이 가빠지고 가슴이 두근거린다. 원인은 과로, 과음, 스트레스, 흡연 등이다.

좋은식품

① 목이버섯, 다시마, 미나리, 오이, 시금치, 당근, 뽕나무 잎, 결명자, 솔잎, 마늘, 쑥, 대추, 냉이, 목이버섯 : 검은 목이버섯 3g을 하룻밤 물에 담구어 두고 1시간 정도 삶아서 그것에 적당량의 설탕을 가해 밤에 잠들기 전에 복용한다.
② 시금치를 잘 씻어 참기름으로 볶은 것을 먹는다.
③ 미나리 : 혈압이 높아지면서 신열이 날 때에는 미나리 생즙을 내어 마시면 효과적이다. 미나리채 500g을 물로 달이고 그 수프에 설탕을 조금 가해서 차 대신으로 마신다. 미나리 250g 대추 10개를 달여서 수프로 마시고 대추는 먹는다.
④ 당근을 1회에 90~100g 짜서 주스로 만들어 1일 2~3회로 나누어 마신다.
⑤ 다시마를 분말로 만들어서 1회에 3~4g씩 하루에 3회 먹는다. 3개월 정도 복용하면 효과가 있다.
⑥ 뽕나무 잎을 달여서 마신다.

2) 저혈압

저혈압은 고혈압과 달라서 걱정할 정도의 위험한 병은 아니다. 두통과 권태감, 나른함 등을 유발하고 쉽게 피곤해진다.

좋은식품

간, 쑥, 당근, 무, 마늘, 구기자, 생강 등이다.
① 간 : 1주일에 1~2번 식사에 간 요리를 만들어서 섭취한다.
② 쑥 : 마른 쑥을 20g 달여서 차 대신에 마신다.
③ 당근 : 당근을 복아서 상시 섭취한다.
④ 무잎 : 말린 무잎을 넣고 욕탕 속에 넣고 매일 입욕한다.
⑤ 구기자 잎이나 알로에 잎을 달여 차 대용으로 마시면 효과적이다.

3) 뇌졸중

뇌졸중은 뇌의 혈관이 혈액순환의 급격한 고장에 의해 일어나게 되는 상태 뇌연화나 뇌출혈이 발작상태는 거의 비슷하다. 뇌출혈의 경우는 발작 전의 징조는 거의 없고 두통이나 가벼운 현기증 정도이다.

좋은식품

검은 콩, 무, 사과, 쇠비름, 새우, 생강, 솔잎 등

① 무즙에 물엿이나 수수즙을 녹여 마신다.
② 검은 콩을 물로 푹 삶아서 즙을 낸 다음, 그 즙을 엿처럼 졸여서 수시로 조금씩 섭취한다.
③ 무즙, 생강즙, 물엿을 혼합해서 마신다.
④ 중풍 예방에는 뽕나무 가지를 잘게 썰어서 달여서 차대신 마신다.
⑤ 무즙, 생강즙, 물엿을 혼합해서 마신다.

(1) 뇌졸중 후유증

뇌졸중의 예방은 고혈압과 동맥경화를 먼저 치유하는 것이 중요하다.

좋은식품

우엉, 감, 복숭아, 미나리, 콩, 무

① 우엉을 적당량 달여서 상시 복용하면 효과적이다.
② 감차나 생강의 잎을 달여서 마신다.
③ 복숭아 : 도인(복숭아씨)을 수일간 술에 담구었다가 말려서 분말로 한 것을 작게 한 을 지어서 1회 20환 1일 2회 술로 마신다.
④ 미나리 : 신선한 미나리 500g을 찧어 그 즙을 2회씩 나누어 마신다.
⑤ 콩 : 콩을 듬뿍 물에 넣어 엿같이 되도록 삶는다. 이것을 조금씩 계속 먹으면 효과가 매우 좋다.

4) 동맥경화

많이 일어나는 뇌동맥의 경화증상은 두통, 현기증, 귀울림, 시력 및 청력의 저하, 신체장애와 함께 기억력, 계산력, 감정의 불안, 정신적 장애가 나타난다.

위장의 동맥이 나타나는 경우에는 위장이 찌르는 것처럼 심한 통증을 느끼게 되며, 하지 동맥경화는 보행이 어려워지게 된다.

좋은식품

검은 콩, 양파, 다시마, 수수, 사과, 옥수수

① 레몬, 사과 등의 신 과일에 꿀, 로얄젤리 등을 섭취하면 매우 효과적이다.

5) 심근경색

관상동맥에 장해가 생겨서 혈액이 흐르지 못하면 심근이 산소 결핍증에 빠지게 되는데, 이런 상태가 계속 지속이 되면 심근이 죽어버리며 이 때문에 일어나는 병이다.

협심증보다 한층 더 심한 발작이 계속되면서 통증이 매우 심하다. 호흡곤란이 일어나면서 혈압이 낮아지는 병이다.

좋은식품

수세미, 오이, 양파, 계란, 오징어, 꿀, 솔잎

① 식초를 10배의 물로 희석해서 하루 1~2회 복용한다.

② 꿀이나 로얄젤리를 매일 조금씩 섭취한다.

③ 생 달걀을 매일 1개식 초에 타서 마시면 효과적이다.

6) 빈혈증

혈액 속에 들어있는 적혈구가 감소되어 있는 상태를 말한다.

안색이 창백하고, 현기증이나 숨이 차기 쉽다. 손발이 붓고, 뇌빈혈을 일으키기 쉽다.

좋은식품

굴, 해삼, 시금치, 부추, 계란, 오징어, 마늘, 당근, 조개, 레몬, 딸기, 사과 등

3. 소화기 질환에 도움을 주는 약물

1) 위염

현대 사회에서는 과도한 업무와 스트레스로 인하여 위에 부담이 커서 위염을 일으키는 사람들이 증가하고 있다.

좋은식품

부추, 당근, 생강, 밀, 무, 마늘, 귤, 참깨, 벌꿀

① 부추의 즙을 10~20ml 마신다. 위의 만성 통증을 멈추게 하는 효과가 있다.

② 진피를 볶아 분말로 하고 1회 6g을 소량에 벌꿀에 가해서 먹는다.

③ 흰 깨를 노랗게 될 때까지 식초 1잔으로 달여서 마시면 위의 통증이 없어진다.

④ 생강 : 생강 6g을 열탕에 넣고 벌꿀을 가해 마신다.

2) 위암

위암 치료에 가장 중요한 것은 초기 치료이다.

가슴이 매스꺼워지면서 토하거나 통증을 느끼게 되면 병상이 비교적 진행된 것이라고 볼 수 있다.

좋은식품

잉어, 가지, 두릅뿌리, 율무

① 율무는 소량의 감초와 함께 달여서 마시면 효과가 있다.

② 가지꼭지나 산두근 뿌리를 달여 계속 복용하면 효과가 있다.

3) 위산과다증

위산이 지나치게 많이 분비되는 것을 말한다

증상은 가슴이 아프고 쓰리면서 타는 듯한 느낌이 들며 위에 통증이 있거나 신물이 넘어오기도 한다.

좋은식품

무, 다시마, 결명자, 사과, 귤, 레몬

① 무즙에 소금이나 간장을 넣고 끓인 녹차를 부은 다음 마신다.

② 다시마를 씹고 있으면 가슴 쓰린 것이 가라 앉는다.

③ 사과, 귤, 레몬, 오렌지 등의 즙을 식후에 마시면 효과적이다.

④ 과즙에 함유된 신맛이 위산분비를 억제해주기 때문이다.

4) 위경련

위경련은 속칭 가슴앓이라고 하는데 현대의학에서 스트레스를 받으면 위산의 분비가 많아져서 속이 쓰리는 것을 말한다.

배의 위쪽 부분이 발작적으로 몹시 아프면서 경련을 하는 것 두 종류가 있다.

좋은식품

마늘, 식초, 모과, 계란껍질, 치자, 복숭아

① 치자를 부셔서 물에 담근 다음 우러난 치자물을 마시면 효과가 있다.

② 마늘 생즙을 2작가량 마시면 효과가 있다. 소금물을 발작과 동시에 바로 마시고 위 속에 든 것을 토해낸 다음, 하루 동안 단식한다. 물을 마셔도 무방하다. 다음날은 부드러운 음식을 섭취한다.

③ 계란껍질을 불에 구운 다음, 가루를 만들어 복용하면 매우 효과적이다.

④ 무를 강판에 갈아서 그 즙을 조석으로 60cc가량 나올 때까지 복용한다.

5) 위하수

위가 아래로 처져 있는 것을 말하는데 위를 지탱하고 있는 막이 밑으로 처진 것으로 대부분은 내장 자체의 위하수와 함께 일어난다.

장기간 통증이 유발 시 식욕부진이 되면서 위에 압박을 받는듯한 통증을 유발한다. 공복일 때보다 식후에 통증이 오는 경우가 더 많다.

좋은식품

참마, 토마토, 생강, 무화과, 이질풀, 석결명, 삶은 무

① 무 간 것을 적당히 먹는다. 위하수의 사람 등 위가 냉한 타입의 사람은 삶은 무를 먹으면 효과가 있다.

② 석결명과 이질을 각 20g씩 700cc의 물에 넣고 3분의 2 양으로 물이 줄어들 때까지 달여서 하루 세 번으로 나누어 차 대신 마신다.

③ 토마토주스를 1회에 반컵씩 1일 2~ 3회 마신다.

④ 생강 : 중국의 고전에는 비위를 돕고 제물의 독을 해독한다고 되어 있다. 생강 6g을 열탕에 넣어 꿀을 가해서 마신다.

⑤ 무화과 과일을 건조시켜서 잘게 자른 것을 볶아서 절반쯤 태운 후에 소량의 꿀을 가해 탕을 부어 차 대신 마신다.

⑥ 당근을 달여서 매일 한 번씩 먹도록 한다.

6) 설사

설사도 증상에 따라 차이가 있는데 하루 한두 번의 죽처럼 묽은 것이 있는가 하면 10회 이상의 화장실 출입을 하면서 물과 같은 변이 나오는 것도 있다. 만성과 급성이 있는데 급성의 경우가 더욱 심하다.

좋은식품

파뿌리, 계란, 부추, 연근, 매실, 이질풀, 쑥

① 부추와 계란을 함께 데쳐서 먹는다.
② 파 흰뿌리를 달여서 마시든가 현미로 함께 죽을 쑤어먹으면 효과가 있다.
③ 매실 엑기스를 조금 마신다.
④ 연근즙이나 연근에 소금을 넣고 달여 마신다.
⑤ 생쑥으로 즙을 내어 마신다.

7) 변비

식사의 불균형이나 (주로 섬유질이 부족할 때) 운동부족, 스트레스 등이 원인이 되어 나타난다.

좋은식품

다시마, 결명자, 꿀, 레몬, 당근, 사과, 이질풀, 잣

① 잠자리에 들기 전에 소금물 1컵을 마시고 자면 효과가 있다.
② 꿀을 1회에 차숟갈 하나씩 고옥에 먹는다.
③ 아침마다 눈을 뜬 즉시 매실 1개나 레몬1개를 먹는다.
④ 다시마 1개를 냉수에 담갔다가 그 물을 마신다.
⑤ 결명자 20g을 700cc의 물로 달여서 하루 3회로 나누어 마시면 다음날 통변이 나온다.
⑥ 현미를 주식으로 먹는다.

8) 복통

배를 차게 하거나 찬 음식, 변비, 설사, 식중독, 충수염 등 원인이 되어 일어난다.

좋은식품

수세미, 쑥, 파, 사과, 매실,레몬, 엿

① 흰쌀로 죽을 쑤어 먹는다.
② 쑥으로 생즙을 내어 마신다.
③ 엿기름을 달여 마신다.
④ 매실이나 레몬 등을 섭취한다.
⑤ 사과를 갈아서 하루 반개 정도 마신다.
⑥ 후추탕에 흑설탕을 넣고 잘 지어서 마신다.

9) 구토

위염, 식중독, 맹장 따위 이외에도 심리적인 불쾌감(스트레스) 에서 구토증이 일어나는 경우도 있다. 이것은 일종의 거절반응인 것이다.

좋은식품

매화꽃, 부추, 쑥, 녹두, 팥, 뱀장어, 귤, 사과, 소다, 매실

① 그늘에 말린 매화꽃을 가루로 내어 복용하면 심한 구토증이 즉시 멈춘다.
② 귤이나 사과즙을 천천히 마신다.
③ 매실 엑기스를 조금 마신다.
④ 부추 생즙 1공기에 생강즙을 약간 넣어마시면 특효하다.
⑤ 곶감을 밥에 쪄서 매일 먹으면 낫는다.
⑥ 팥 삶은 즙을 마시면 효과적이다.
⑦ 뱀장어를 구워 먹으면 효과가 있다.

10) 입냄새

위염, 위궤양, 충치, 이외에도 일반적으로 잘 알려져 있지 않은 장 이상 발효에 의한 입냄새와 선천적인 구취증이 있다.

좋은식품

솔잎, 구기자뿌리, 이질풀, 천궁, 차잎, 석류, 박하

① 구기자 뿌리의 껍질을 적당히 달여 그 즙으로 입을 헹구어 내면 효과적이다.

② 석류열매나 잎의 즙으로 하루 3~4회 입을 헹군다.

③ 솔잎을 씹어도 좋다.

④ 엽록소가 짙은 잎을 씹으면 입냄새가 가시는 효과가 있다.

11) 간염

간장은 인체 속에서 최대의 장기로 간장병 중 가장 많은 것이 간염으로 그 원인에 의해 A형간염과 B형간염으로 나눌 수 있다. 증상은 식욕부진, 구토, 미열, 두통, 황달, 권태감이다.

좋은식품

표고버섯, 당근, 복숭아, 수박, 배

① 건조한 당근 120g을 갈아서 1일 2회 마신다. 1주일간 계속 마시면 급성간염의 황달에 잘 듣는다.

② 신선한 표고버섯을 달여서 상식한다.

③ 복숭아의 꽃 3g, 인진고(쑥의 애잎) 3g을 물로 달여서 마시면 효과가 있다.

④ 배를 얇게 썰어서 초에 묻힌 것을 먹으면 간염의 황달에 좋다. 1회에 2쪽, 1일 3회씩 나누어서 먹는다.

12) 간경변

급성간염에 걸려서 그대로 만성 간염으로 이어지는 경우가 있다. 그것이 심해지면 간경변이 된다. 간당이 굳어지고 배에 물이 고이고 비장이나 음낭이 붓고 식욕부진이 되어 변비가 된다든지 설사를 하기도 한다.

좋은식품

동아, 수박, 플룬, 원추리, 자두

① 동아는 이뇨작용에 뛰어난 작용을 하므로 복수나 부종을 치유하는 데 많이 사용된다. 헝겊으로 짜낸 즙을 1회 60ml, 1일 3회에 나누어 마신다.

② 플룬 : 건조과실로 중국에서는 자두에 해당된다.
신선한 자두를 먹으면 간경변에서 복수가 찼을 때 좋다.

③ 수박당을 만들어 1스푼씩 1일 3회로 나누어 먹는다.

4. 호흡질환에 도움을 주는 약물

호흡기계의 병은 발한작용을 갖고 있는 매운 음식물을 많이 사용한다.

매운맛은 폐를 보호하는 음식이긴 하지만 기침이 심한 경우는 단 음식이 효과적이다.

1) 감기

모든 만병의 근원은 감기로부터 시작된다. 몸살부터 시작을 하는 경우도 있으며 코가 간지러워 지고 목이 아프고 붓는다.

증상이 진행되면 열이 나고 머리가 아프며 기침이 나고 몸이 나른해지기도 한다. 온 몸에 근육통을 유발한다.

좋은식품

진피(귤), 유자, 레몬, 매실짱아찌, 파, 마늘 무, 생강, 박하, 계지, 삼백초, 도라지, 배, 감초, 대추, 매실, 오징어, 파, 메밀, 밀감

① 생강 6g을 강판에 갈아서 열탕에 넣고 꿀을 가해 마신다.

② 차조기의 잎과 묵은 생강을 적당히 달여서 마신다.

③ 계지를 하루 10g 정도, 적당량의 물로 달여서 마신다.

④ 청매즙을 햇빛이나 약한 불에 건조시켜서 물엿상으로 한 것을 탕에 용해시켜 마신다.

⑤ 도라지, 감초, 대추를 넣고 끊여서 차로 마신다.

⑥ 유자를 껍질채로 즙을 내어 설탕을 조금 넣고 끊는 물을 부어 마신다.

⑦ 달걀술을 마시면 효과가 있다. 달걀 노른자 1개를 작은 냄비에 넣고 설탕 약간을 넣고 청주 1컵을 서서히 부은 다음 끓여서 마시면 효과적이다,

⑧ 초 1잔(작은컵) 을 설탕을 넣고 끓는 물에 부어 한번에 마신다. 콩나물에 파와 고춧가루를 넣고 끓여서 마신다.

⑨ 말린 삼백초 한 잎 가량을 넣고 물로 달여 따뜻하게 마신다.

⑩ 오징어를 잘게 찧어 파와 함께 끓는 물에 넣어 그 탕을 마시면 효과적이다.

⑪ 파 흰뿌리 7~8개에 콩 3숟갈을 넣고 달여 마시면 효과적이다.

2) 기침

좋은식품

꿀, 마, 은행, 귤, 배, 참마, 생강, 구기자, 표고버섯, 무, 복숭아, 질경이

① 은행 : 은행은 호흡기질환에 매우 효과적이다. 은행 10~12g 볶아서 껍질을 벗겨 달인 물로 달인 것에 꿀을 넣어 먹으면 효과적이다.

② 귤껍질 : 귤껍질을 건조시킨 진피를 사용한다. 진피, 생강, 차조기잎 각 6g을 적당히 물로 달여서 꿀을 가해 마신다.

③ 배 : 목의 염증에 효과가 있다. 배즙을 마신다. 배즙에 묵은 생강즙과 꿀을 가해서 달인 것을 먹는다. 또는 배즙과 무즙 각 반개씩 혼합을 하여 생강즙 4~5숟갈을 넣어 마시면 효과적이다.

④ 참마 : 참마는 만성 기관지염 같은 기침에 효과적이다. 참마에 꿀을 넣고 1회 15cc, 1일 2회로 나누어 마신다.

⑤ 마로 생즙을 내어 설탕을 넣어 끓는 물을 부은 다음 뜨거울 때 마시면 효과적이다.

⑥ 표고버섯을 달인 즙에 꿀이나 설탕을 조금 가미하여 마신다.

⑦ 꿀을 매일 조금씩 섭취하면 효과적이다.

⑧ 구기자 뿌리의 껍질을 1일 10g씩 달여 마시면 효과적이다.

⑨ 식초를 10배의 물에 타서 마시면 효과가 있다.

⑩ 질경이 씨 5g가량을 물로 달여 마시면 효과적이다.

⑪ 마른 모과나 생 모과를 달여 꿀을 약간 타서 자주 마시면 낫는다.

3) 가래

좋은식품

수세미, 행인, 도라지, 우엉, 생강, 배, 우엉, 무

① 수세미 줄기에서 받은 물을 마시면 효과적이다.

② 행인(살구씨의 알맹이)을 5~6개를 가루로 하여 물을 마시면 가래가 제거에 효과가 있다.

③ 우엉 뿌리를 생즙을 내어 마시면 가래가 목에 걸려 있을 때 효과가 있다.

④ 도라지를 하루에 2g가량 달여 마신다.

5. 여성(부인과질환)에 도움을 주는 약물

1) 월경불순

호르몬 불균형의 이상으로 오는 질병이며 하복부의 통증,요통, 불안, 초조, 두통 등을 유발한다.

좋은식품

부추, 미나리, 우엉, 수세미, 율무뿌리, 율무, 생강, 곤약, 미나리, 목이버섯, 샤프란

① 말린 미나리 1량 중의 물로 반량이 되게 달여 마시면 효과가 있다.

② 율무 : 율무는 몸 속의 수분과 혈액을 정화하는 작용이 강하므로 생리불순에도 많이 사용되고 있다. 율무의 뿌리를 물로 씻고 건조시킨 것을 달여서 마신다. 4~5회 계속해서 마시면 효과가 있다.

③ 우엉잎을 술에 담가 4~5일 두었다가 그 술을 1일 3회 1잔씩 복용하면 통경이 된다.

④ 말린 수세미 외를 구워 가루를 만들어 한 번에 3돈씩 하루 3회 술에 타서 마시면 효과가 있다.

⑤ 생강 : 생강을 건조시키킨 것을 건강이라고 한다. 몸을 덥히는 작용이 강하다. 생강 30g, 대추30g, 벌꿀30g을 적당량의 물을 가해 달여 마신다.

⑥ 곤약 : 곤약 3개를 3분쯤 달여서 심까지 따뜻하게 하고 건조한 타월로 싸서 하복부와 허리 양쪽에 댄다.

⑦ 미나리 : 미나리는 옛날부터 월경과 관계가 깊은 식물로도 잘 알려져 있다. 건조시킨 미나리채 500g을 두 사발의 물로 절반이 될 때까지 달여서 마신다. 매일 마시면 효과가 뛰어나다.

⑧ 콩 : 검은콩을 볶아서 다시 분말로 하고 1회에 9g 정도를 차조기 잎을 달인 약으로 마신다.

⑨ 목이버섯 : 목이버섯의 주된 효능은 혈액의 정화작용으로 부인과 질환을 비롯하여 고혈압, 동맥경화, 치질 등에 효과가 있다. 목이버섯 60g을 조금 볶아서 컵 1잔의 물로 잘 달여서 마신다.

2) 냉증

냉증은 추위를 타는 것과는 다르다. 특히 일부 허리, 손, 발등이 항상 순환이 안되어 얼음처럼 차갑게 느껴지는 것을 말한다.

좋은식품

부추, 비듬, 오미자, 굴, 쑥, 오미자 분디, 오소유, 계란

① 달걀을 쑥잎과 함께 삶아서 까먹으면 효과적이다.

② 마른 굴과 건강 1개반 씩 함께 가루를 내어 1일 3회 술을 타서 마신다.

③ 비듬 뿌리를 짓찧어 붙이면 효과적이다.

④ 부추를 나물로 무쳐 먹는다든가 국을 끓여 먹으면 몸이 더워진다.

⑤ 분디와 오수유를 같은 비율로 함께 가루로 하여 물에 개어 솜에 싸서 질 속에 넣는다.

⑥ 구기자 잎을 차대신 달여 마신다.

3) 습관성 유산

좋은식품

잉어, 녹각, 생강, 계란

1) 낙태로 심한 하혈에는 녹각을 태워 가루로 하여 콩자반 즙으로 1일 2회 조금씩 복용한다.

2) 유산 시에는 잉어 1마리와 현미 1되에 된장을 넣고 1일 2회죽을 쑤어 먹는다.

4) 산전, 산후의 이상

좋은식품

목이버섯, 차조기, 콩, 찹쌀, 복숭아, 완두콩, 호박, 참깨

① 목이버섯 : 목이버섯은 부인과 계통의 질병에 잘 듣는다. 목이버섯 30g을 볶아서 태우고 분말로 해서 따뜻한 술로 마시면 유산방지가 된다.

② 차조기 : 차조기의 열매 30g을 심을 빼고 죽에 섞어서 먹으면 임산부의 요통에 효과가 있다.

③ 콩 : 검은콩을 볶아서 절반쯤 태우고 청주에 잠시동안 넣었다가 앙금을 거두어 낸 두림주를 1회 컵에 2분의 1 정도를 1일 3회로 나누어 마시면 산후의 관절통에 좋다.

④ 복숭아 : 복숭아의 꽃을 사용한다. 복숭아 꽃 6g을 술로 달여서 마시면 부기에 좋다.

⑤ 찹쌀 : 찹쌀은 에너지가 높고 영양가가 풍부하여 임산부의 영양식으로 사용한다. 떡을 만들어서 먹으면 출산 후의 체력 증진이나 젖이 잘 나오지 않는 사람에게 효과적이다.

⑥ 참깨 : 참깨와 쌀을 적당량 섞어서 물로 마시면 젖이 잘 나온다.

⑦ 호박 : 호박의 종자를 남과자라 하여 약용으로서 뛰어난 효과를 가지고 있다. 남과자의 껍질을 벗긴 것 120g을 볶아서 분말로 하고 1회에 30g 정도로 냥으로 마시면 젖이 잘 나오지 않는 사람에게 효과가 있다.

⑧ 완두콩 : 산후 젖이 잘 나오지 않을 때에 옛날부터 많이 사용되어 왔다. 완두콩을 많이 달여서 먹으면 젖이 잘 나온다.

5) 자궁근종

자궁근종은 자궁에 혹이 생겨서 점점 커지는 양상의 종양이다. 증상으로는 월경기간이 길어지고 월경량이 증가하며 월경주기가 짧아지고 월경통이 있고 부정출혈이 있을 수 있다.

좋은식품

목이버섯, 곤약, 연 등이다.

① 목이버섯 : 목이버섯 60g을 조금 볶고 1컵의 물로 잘 달여서 마신다.

② 곤약 : 곤약은 덥혀서 외용으로 사용한다. 부정 출혈이 있을 때에는 발목에서부터 냉한 곳이나 결림이 있는 곳에 2~3분 데쳐서 덥힌 곤약을 대고 따듯하게 한다.

③ 연 : 연의 마디나 열매는 강한 지혈작용이 있으므로 자궁출혈에 많이 사용되고 있다. 연의 열매를 분말로 해서 1회 10g, 1일 3회 먹는다.

6) 유선염

화농성 유선염의 경우에는 유방의 일부가 단단하게 부으면서 아프다. 심해지면 전신적으로 열이나고 피로하고 식욕부진, 복통 등을 유발한다.

① 밀가루를 초로 반죽하여 문종이에 싸서 환부에 붙인다. 화농된 곳에 붙이면 고름을 잘 발아들인다.

② 자두(오얏)씨 알맹이를 짓쪄서 환부에 붙인다.

③ 귤피와 감초를 함께 달여서 마시면 효과적이다.

7) 갱년기장애

갱년기장애는 일반적으로 여성의 폐경기 쯤에 찾아오는 현상으로 불안, 초조, 안면홍조, 두통, 현기증, 정서불안, 어깨결림, 변비 등을 유발한다.

좋은식품

칡, 샤프란, 차조기, 허브차, 금침채, 나리뿌리, 시금치 등이다.

① 칡 : 두통이나 어깨결림이 심한 갱년기장애의 사람에게 효과적이다. 1일 2g씩 달여 마신다.

좋은식품

② 샤프란 : 냉증, 두통 등의 갱년기 장애인 사람에게 좋다. 암꽃술 10개를 열탕이 든 찻잔에 넣고 색이 나올 때까지 두고 식으면 맑은 윗물을 마신다. 색이 나오는 동안은 몇번이고 사용할 수 있다.

③ 차조기 : 차조기는 정신을 안정시키는 식품이다. 차조기 잎과 파의 수프를 마신다.

④ 허브차 : 허브차, 이질풀, 뽕의 가지 등 건조품을 20g씩 700cc의 물로 절반이 될 때까지 달여서 마신다.

⑤ 금침채 : 정신 불안이나 불면증에 잘 듣는다. 금침채를 다량으로 사용한 수프를 마신다.

⑥ 나리뿌리 : 나리뿌리 7개를 일주일 동안 물에 담그고 다음날 다시 한 사발을 달여서 앙금을 제거하고 달걀 노른자를 넣어서 1회 반공기씩 1일 2회로 나누어 마신다.

⑦ 시금치 : 갱년기 장해로 고혈압, 변비, 현기증, 두통이 있다.

6. 피부과질환에 도움을 주는 약물

1) 무좀

좋은식품

분겨, 후추, 오배자, 석류

① 후추와 오미자를 같은 비율로 가루를 만들어 물에 개어 붙이면 효과적이다.

② 분겨 기름을 바르면 매우 효과가 있다.

2) 탈모증

좋은식품

구기자, 뽕나무뿌리, 감국잎, 옥수수기름

① 구기 생잎을 달인 즙으로 머리를 감으면 머리털이 빠지는 것을 멈추게 할 수 있다.

② 뽕나무뿌리를 껍질을 벗겨내고 잘게 썰어 100cc의 물에 15g가량 넣고 반량이 되게 서서히 달여 그 즙을 모근에 문질러 바르면 탈모를 막을 수 있다.

③ 감국잎 달인 즙으로 머리를 자주 감으면서 모근을 문지른다.

④ 매일 아침 저녁으로 옥수수기름 1숟갈씩을 1~2개월간 복용하면 머리카락이 빠지는 것을 방지할 수 있을 뿐만 아니라 머리털도 윤택해진다.

3) 기미

좋은식품

감나무잎, 팥꽃, 오얏, 율무, 가지, 계란

① 감나무잎을 달여 차 대신 매일 계속해서 마시면 효과가 있다.

② 팥꽃을 으깨어 자주 붙이면 없어진다.

③ 율무쌀로 죽을 쑤어 매일 계속해서 먹으면 효과가 있다.

④ 덜 익은 오얏을 먹고 그것으로 피부에 자주 문질러 즙을 발라주면 효과가 있다.

⑤ 생가지를 칼로 잘라서 수시로 문질러 주면 효과가 있다.

4) 두드러기

좋은식품

결명자, 사과 무, 호두, 우엉

① 결명자 (초결명의 씨) 달여 차 대신 매일 계속해서 마시면 효과가 있다.

② 무를 갈아 헝겊에 싸서 환부를 문질러주면 낫는다.

③ 사과초를 자주 바르면 효과가 있다.

④ 호두의 첫피(설익은 겉살)를 찧어 유황가루를 개어 바르면 낫는다.

5) 피부가 틀 때

좋은식품

수세미, 수박, 알로에, 유자

① 수세미 줄기에서 나온 물을 바르면 효과적이다.

② 유자를 짓찧어 하룻밤 술에 담가 두었다가 그 즙을 마신다.

③ 알로에 잎에서 나오는 액을 바르면 효과적이다.

④ 수박 껍질을 말려서 가루를 만든 다음 참기름에 개어 바른다.

6) 여드름

좋은식품

삼백초, 복숭아 꽃, 범의귀

① 삼백초를 달어 차 대신 매일 마신다.

② 흰 복숭아 꽃과 동아씨를 함께 짓찧어 붙이면 없어진다.

③ 범위귀를 짓찧어 그 즙을 마시고 붙이면 없어진다.

7) 습진

좋은식품

꿀, 생강, 쑥, 복숭아, 노나무, 삼나무

① 개오동나무 (노나무) 잎을 달인 즙으로 환부를 습포하면 매우 효과가 있다.

② 꿀을 타서 2~3회 바르면 효과적이다.

③ 생강을 썰어서 붙이면 효과가 잇다.

④ 삼나무 잎을 달여 환부를 자주 씻으면 낫는다.

⑤ 복숭아 잎을 짓찧어 즙을 내어 바르면 낫는다.

7. 내분비질환에 도움을 주는 약물

1) 당뇨병

좋은식품

호박, 율무, 솔잎, 팥, 다시마, 붕어, 황련, 마, 무 시금치

① 율무 30~60g을 쌀에 섞어서 죽으로 쑤어 먹는다.

② 호박을 상식한다.

③ 솔잎을 즙을 내어 마신다.

④ 무화가 열내를 그늘에 말려서 2~3개를 500cc의 물로 3분의 2가량이 되게 달여 마신다.

⑤ 팥, 다시마, 호박을 함께 삶아 맵게 간을 하여 조금씩 먹으면 효과가 있다.

⑥ 마를 다져서 매 식사 전에 섭취한다.

⑦ 무즙을 달여 설탕에 섞어 마시면 효과가 있다.

2) 바세도병 내분비

바세도병은 갑상선질환 항진증이라고 불리우는 갑상선 호르몬이 과도하게 분비되어 안구가 튀어나오는 병이다. 20~30대 여성에게서 흔히 볼 수 있다.

좋은식품

검은콩, 다시마, 나리의 뿌리, 연열매, 호두, 복숭아, 찹쌀

① 검은콩 : 검은콩 껍질 9g과 밀기울 9g을 물에 달여서 마신다.

② 다시마 : 다시마를 상식한다.

③ 나리의 뿌리 : 나리는 한방약으로서 사용될 때는 백합이라고 한다. 불면증, 신경쇠약에 잘 듣는다.

④ 호두 : 호두 30g, 뽕잎30g, 검은깨 30g을 합하여 1일 2회 마신다.

⑤ 찹쌀 : 찹쌀과 소맥을 같은 양으로 볶아서 가루로 만들고 매 복용 때마다 10g을 현미 수프로 마신다. 돼지고기를 섞어 달여서 먹어도 좋다.

3) 통풍

통풍은 혈액 속에 요산이 증가한 병으로 보통 엄지발가락 밑 등이 갑작스럽게 아프며 발작으로 시작한다. 고열이 나고 걸을 수도 없게 된다.

① **겨자** : 이 경우 먹는 것이 아니라 미지근한 탕에 타서 바른다. 잘 푼 겨자를 거즈나 한지에 적당한 두께로 펴서 아픈 곳에 바른다.

② **치자** : 염증을 제거하는 효력이 뛰어나서 부어서 열을 갖고 있는 부위에 잘 듣는다. 치자열매 5~8g을 1일 양으로 하여 달여 마신든가 혹은 1~2g을 검게 구워서 먹는다.

③ **개다래** : 개다래의 열매를 1일 15g 정도 달여서 마신다. 개다래 열매를 2~3개월 술에 넣어 개다래주로 마신다.

4) 우울증

좋은식품

땅두릅, 호두, 나리뿌리, 밀, 금침채

① 땅두릅 : 이것은 초초함을 풀어주고 정신을 안정시켜주는 작용이 있다.

② 호두 : 신경쇠약이나 불면증에 효과가 있다. 호두 30g, 뽕잎30g, 검은깨 30g을 절구에 함께 찧어서 1회 9g1일에 2회로 나누어서 섭취한다.

③ 나리 뿌리 : 나리뿌리 60~90g에 꿀 두 수저 정도 가해서 달인 것을 취침 전에 조금씩 먹는다.

④ 연 : 연은 뿌리나 마디도 잎도 꽃도 약효가 있으나 불면이나 안정을 치유하는 것은 연의 씨이다. 한방에서는 연자라고 한다.

⑤ 금침채 : 다량으로 끓여서 수프로 마신다.

⑥ 소맥 : 소맥은 주식으로서 잘 알려져 있으나 약용으로도 사용된다. 중국에서는 정신안정제의 일종으로 보고되어 있다.

8. 이비인후과 질환에 도움을 주는 약물

1) 이명증 (귀울림)

좋은식품

산수유, 겨자

① 산수유를 말려서 계속 달여 마시면 효과적이다.

② 귀가 갑자기 들리지 않을 때에는 겨자가루를 개어서 솜에 싸서 귀속에 넣는다.

2) 비염

좋은식품

율무, 수박, 엽차, 무, 생강

① 율무 : 중국의 고전에서도 비수를 치유하는 데 효과가 있다고 나와 있다. 율무와 삼백초를 각각 15g씩 함께 달여서 1일 2~3회로 나누어 마신다.

② 수박 : 수박의 꼭지부분 30g을 볶아서 절구로 찧어 분말로 하고 1일 2~4회로 나누어 마신다.

③ 엽차 : 이 경우 엽차는 마시는 것이 아니라 세척하는 데에 사용한다. 특히 코가 막힐 때 세척하면 아주 편안해진다. 진하게 달여서 미지근하게 식힌 엽차에 약간의 소금을 넣고 스포이드로 콧속을 씻는다. 2~3회 행하면 코막힘이 치유된다.

④ 무 : 먹는 것이 아니라 외용한다. 무는 너무 맵지 않은 것을 선택하여야 하며 무채를 만들어 헝겊에 싸서 즙을 낸다. 탈지면에 이 즙을 묻혀 콧속에 넣는다. 단 너무 깊게 넣지 않아야 한다.

⑤ 생강 : 재채기가 멈추지 않을 때 잘 듣는다. 생강의 즙을 5~6방울, 미지근한 탕에 떨어뜨리고 이 탕을 코로 빨아들이고 입으로 낸다. 5~6회 계속하면 재채기가 멈춘다.

3) 만성비염

좋은식품

아주까리씨, 연뿌리

① 아주까리씨를 껍질을 벗겨서 짓찧어 솜에 싸서 코속에 넣는다.

② 생 연뿌리를 강판에 갈아 즙을 내어 매일 밤 취침 전 두 세 번씩 넣어도 효과가 있다.

③ 추운 겨울에는 미지근한 물로 세정한다.

④ 식염수를 이용하여 세정을(코로 들여 마셨다가 입으로 내보낸다) 매일하면 염증이 가라앉게 된다.

4) 편도염

급성 편도염은 세균의 감염에 의한 편도가 염증을 일으키는 병으로 감기에 걸렸을 때 잘 일어나게 된다. 열이 나는 경우가 많고 아이들에게는 고혈이 나게 된다.

좋은식품

아주까리, 도라지, 잇꽃, 겨자, 알로에, 우엉, 버섯, 사과, 파

① 잇 생즙 1잔을 마시면 효과가 있다.

② 말린 도라지 1뿌리, 행인 (살구씨알맹이)3개, 감초 5스푼을 물에 넣고 달여 하루에 2~3회씩 나누어 마시면 매우 효과가 있다.

③ 버섯을 가루로 하여 목구멍에 붙여 넣으면 가라앉는다.

④ 알로에 잎을 강판에 갈아서 목에 붙인다.

⑤ 오얏씨 알맹이를 쪄서 먹으면 효과가 있다.

⑥ 사과즙을 마시면 부은 것이 가라앉는다.

⑦ 식염수로 1일 3회 양치질한다. 매일 계속하면 효과적이다.

5) 목소리가 쉬는 경우

목소리가 쉬는 것은 성대 이상으로 일어나게 되는데, 후두염의 질병에 의한 것과 외상, 성대마비 등에 의해서 일어나는 경우가 있다.

좋은식품

검정콩, 도라지, 무, 연근

① 연근 생즙에 설탕을 넣어 반공기 가량 마신다.

② 순무로 생즙을 내어서 마시면 효과적이다.

③ 검정콩을 달여서 즙을 낸 다음 얼음설탕을 넣어서 마시면 효과가 있다.

④ 생쌀을 물에 불려서 그냥 씹어먹으면 효과가 나타난다.

6) 축농증

좋은식품

수세미덩굴, 마늘, 삼백초

① 수세미의 덩굴을 잘게 썰어서 볶은 다음 가루로 만들어 1회 1돈씩 술에 타서 마시면 효과가 있다.

② 마늘을 짓찧어서 양쪽 발바닥 중심에 붙이면 효과가 있다. : 코피를 멈추게 할 때도 효과적이다.

③ 무화과 열매를 그늘에 말려서 2~3개를 500cc의 물로 3분의 2가량이 되게 달여 마신다.

④ 팥, 다시마, 호박을 함께 삶아 맵개 간을 하여 조금씩 먹으면 효과가 있다.

⑤ 마를 쪄서 매 식사 전에 섭취한다.

⑥ 무즙을 달여 설탕에 섞어 마시면 효과가 있다.

7) 중이염

중이가 세균에 의해 염증을 일으키는 병이다.

고열이 나고 식욕이 없어지고 귀가 아파온다. 방치하면 고름이 나오고 소리를 듣지 못하게 된다. 재발하기 쉽고 만성이 되기 쉬우므로 조기에 예방하여야 한다.

좋은식품

우엉, 검은콩, 아주까리기름, 참기름, 토란, 행인, 꿀, 무우

① 우엉 : 우엉은 음식으로 섭취하면 신진대사를 강화하고 혈액순환을 좋게 하므로 뇌졸중, 혈도, 변비의 예방에 효과가 있으나 외용하면 소염, 진통작용에 좋다.
급성중이염 : 신선한 우엉의 즙을 5~6방울 떨어뜨린다. 1일 5~6회 행한다.

② 검은콩 : 신을 보하는 중요한 음식이므로 귀가 잘 들리지 않을 때 검은콩을 먹으면 잘 들을 수 있게 된다. 검은콩을 삶아서 상식한다.

③ 아주까리기름, 참기름을 면봉에 묻혀 1일 2~3회씩 귓속에 바르면 효과적이다.

④ 무즙을 면봉에 적셔서 귀속에 넣어둔다.

⑤ 꿀을 1일 2~3회씩 귓속에 바르면 효과적이다.

⑥ 행인을 짓찧어 탈지면에 싸서 1일 3회 귓속에 갈아 넣는다.

9. 구강, 치과질환에 도움을 주는 약물

1) 구내염

좋은식품

구기자 뿌리, 다시마, 무,, 율무, 석류뿌리

① 구기자 뿌리 달인 즙으로 계속 양치를 하면 효과적이다.

② 무즙을 입안에 물고 있으면 통증이 멎으면서 부기도 가라 앉는다.

③ 율무쌀 가루에 감초가루를 섞어서 혓바닥에 바르면 효과가 있다.

④ 옥시풀(과산화스소)를 물에 연하게 타서 입안을 자주 헹궈내면 효과적이다.

⑤ 석류나무 뿌리 껍질을 물로 달여 그 즙으로 양치질을 자주 하면 냄새가 없어진다.

2) 충치

좋은식품

솔잎, 석류잎, 명반가루, 가지장아찌, 가지꼭지, 석류잎, 명아주잎, 벌집

① 명반가루를 충치에 발라주면 통증이 가라앉게 된다.

② 솔잎을 짓찧어 아픈 부분에 발라주면 효과적이다.

③ 묵은 장아찌를 지긋이 물고 있는다.

④ 석류나무잎을 달여 즙으로 양치질하면 통증이 가라앉는다.

⑤ 말린 명아주잎을 달여서 즙을 입에 물고 잇으면 통증이 멈춘다.

⑥ 벌집을 물에 담가서 우려낸 물로 자주 양치질을 한다.

3) 치주염

좋은식품

곤약, 소금

충치가 진행하여 치수(신경, 혈관)까지 침해 당한 것을 치주염이라 한다.

취침 중에 통증이 자주 일어나며 증상이 한층 더 진행되면 하루종일 아픈 경우도 있다.

① 곤약을 따뜻하게 해서 아픈 쪽 볼에 대어주면 통증이 가라앉는다.

② 소금 한 줌을 식초를 부어 녹인 다음 아픈 이빨 쪽에 물고 있으면 잇몸이 조여들게 되고 피고름이 나오고 통증은 가라앉게 된다.

③ 무즙에 소금을 약간 넣고 양치질 한다.

④ 굵은 소금으로 잇몸을 문질러 준다.

⑤ 무화과 열매를 그늘에 말려서 2~3개를 500cc의 물로 3분의 2가량이 되게 달여 마신다.

⑥ 팥, 다시마, 호박을 함께 삶아 맵게 간을 하여 조금씩 먹으면 효과가 있다.

⑦ 마를 쪄서 매 식사 전에 섭취한다.

⑧ 무즙을 달여 설탕에 섞어 마시면 효과가 있다.

10. 비뇨기계 질환에 도움을 주는 약물

1) 신염

급성신염은 주로 젊은 층에 많이 발생하며 편도염이나 내프로제 증후군을 일으키는 경우도 있다. 단백뇨, 혈뇨, 부종, 혈압상승 등이 나타난다.

좋은식품

율무, 수박, 팥, 콩,당근

① 의이인(율무) : 30g에 팥 10~30g을 가하여 달여두고 차 대신에 마신다. 콩을 삶아서 매일 먹도록 한다.

② 팥 : 1일분 30g정도를 3홉의 물로 30~40분 달여서 그 전액을 1일 2~3 회 나누어 마신다. 잉어 한 마리를 달여서 함께 먹으면 더욱 효과적이다.

③ 수박 : 수박즙이나 수박껍질을 물로 달아서 마신다. 또는 수박 껍질을 달여서 농축하여 마셔도 효과가 좋다.

2) 요로결석

요로에 돌이 생겨서 쌓인다든가 걸려서 대단히 아픈 통증을 느끼는 병이다. 오심, 구토가 있는 것 이외에 가스배출이 원활하게 되지 않으면서 고통을 느낀다.

좋은식품

호두, 곤약, 도미의 뼈 등

① 호두 : 호두와 설탕과 참기름을 같은 분량으로 사용한다. 참기름을 덥혀두고 그 속에 호두를 넣어 다색으로 변하면 끄집어내어 잘 부순다. 얼음설탕에도 잘 부수어 가루로 된 호두와 참기름을 합해서 질적질적한 상태로 한다. 이것을 1일 4~5회, 1회에 큰수저 2개를 먹는다.

② 곤약 : 곤약을 다량 섭취하고 판 1일량 30g을 달인 즙을 마신다.

③ 도미의 뼈 : 도미의 머리뼈를 사용한다. 도미의 머리뼈를 프라이팬에다 검게 태우고 이것을 부드럽게 부수어 1g정도 식사 전에 마신다.

3) 방광염

방광염은 냉증이 있는 여성이나 신경이 예민한 사람에게 자주 온다.

원인은 대잘균이나 포도구균 등에 의한 감염이며 치료 후에도 재발하기 쉬우므로 각별히 주의해야 한다. 증상으로는 빈뇨, 배뇨 시에 따끔거림, 통증, 잔뇨, 혈뇨 등이 있다.

좋은식품

전복, 벌꿀, 보리, 팥

팥 : 팥과 긴 파를 잘 볶아서 술에 넣고 그것을 데워 마신다.

보리 : 보리를 적당히 달여서 생강즙과 꿀을 가해 마신다.

벌꿀 : 두유 한 공기를 덥힌 것에 벌꿀 90g을 가해서 마신다.

감 : 감의 씨 5~6개에 검은깨 4g을 가해 달여서 그 즙을 마신다.

4) 배뇨장애

배뇨장애는 전혀 나오지 않는 경우와 일부 나오는 경우가 있다. 방광결석, 전립선비대가 있으면 배뇨하기 어렵게 된다. 괄약근의 기능장해에 의하는 수도 있다.

좋은식품

완두콩, 참깨, 마늘, 수박

① 완두콩 : 완두콩을 밥에 넣어 섭취하거나 완두콩을 많이 사용한 수프를 마신다.

② 참깨 : 참깨 15g을 갈아서 분말로 하고 탕을 부어 마신다. 참깨 30g과 꿀 30g을 잘 섞어 달여서 먹는다.

③ 마늘 : 마늘 1개 소금60g, 치자열매 6g을 부어 물로 반죽해서 배꼽 위에 붙인다.

④ 수박 : 수박껍질은 이뇨작용에 좋다. 수박껍질을 물로 달여서 복용한다.

11. 안과질환에 도움을 주는 약물

눈병이라 하며 눈의 병으로 되기 쉬운 것은 결막염이나 다래끼이다.

1) 결막염

눈이충혈되면 눈꼽이 낀다. 옮기기 때문에 주의해야 한다.

좋은식품

① 결막염에는 엽차가 좋고 다래끼에는 산초와 참기름이 유용하다.
② 엽차 : 차에는 식히는 작용이 있으므로 눈에 염증이 생겼을 때 부작용이 없는 안약이 된다.
③ 산초 : 산초는 습기가 적은 곳에서 1주일쯤 바람에 건조시킨다. 열매는 껍질째 사용한다. 산초 열매를 1일 3회, 20알씩 먹으면 다래끼에 효과가 있다.
④ 참기름 : 농이 나온 뒤 참기름을 2~3방울 떨어뜨리면 효과가 있으며 재발하는 것도 방지해준다.

2) 야맹증

주로 영양장애로 생기기 쉽고 비타민 A에 의한 결핍으로 보하는 음식을 많이 섭취한다.

좋은식품

칠성장어, 금침채, 당근, 시금치
① 칠성장어 : 비타민 A 결핍에는 아주 좋은 식품이다.
② 금침채 : 우리나라에는 잘알려져 있지 않지만 중국에서는 가장 영양가 높은 야채로서 평가받고 있다.

좋은식품

③ 당근 : 카로틴이라는 비타민 A의 근원이 되는 색소를 함유하고 있으며 야맹증에는 아주 효과가 좋다. 당근을 삶아서 매일 먹도록 한다. 눈의 피로에도 효과가 있다.

④ 시금치 : 비타민A, B, C 그리고 철분을 많이 함유하고 있다.

12. 뼈와 관절질환에 도움을 주는 약물

1) 류머티즘

좋은식품

검은콩,매실, 율무, 파, 차조기, 생강

① 검은콩 : 검은콩은 류머티즘성 질환을 앓는 사람에게는 아주 좋은 식품이다. 검은콩을 볶으며 절반쯤 태우고 청주에 담그어 앙금을 여과한 두림주를 사용한다.

② 매실 : 청매를 소주에 넣어 3개월쯤 경과된 청매주는 효과가 뛰어나다.

③ 차조기 : 자루에 차조기 잎과 줄기를 넣고 목욕물에 담근다. 몸이 따뜻해져서 류머티즘의 통증에 효과가 있다. 신경통, 어깨결림, 요통 등에도 효과가 좋다. 차조기는 일본에서는 식용으로 사용되는 수가 많으나 중국에서는 약용으로 많이 사용되어지고 있다.

④ 율무 : 한방에서는 의이인이라고 한다. 한약방에서 구입할 수가 있다. 류머티즘으로 관절에 물이 고이기 쉬운 사람에게 효과가 있다.

13.
신경과 질환에 도움을 주는 약물 - 뇌질환

1) 불면증

좋은식품

금침채, 연, 호두, 나리뿌리, 차조기, 양파

① 금침채 : 피곤해지기 쉽고 초조해 하는 사람, 불면증이 있는 사람에게 좋다. 금침채 30g을 적당량의 물로 30분쯤 달여서 그 수프만을 따르고 그것을 설탕을 조금 가해 잠들기 1시간 전에 복용하면 좋다.

② 차조기 : 차조기를 한나절쯤 말려서 병에 넣고 소주와 설탕을 넣어 3개월 정도 두면 차조기주가 된다. 차조기는 신경을 안정시키는 효과가 있고 적당량의 알코올 상승작용으로 불면증에 효과적이다.

③ 나리뿌리 : 싱싱한 나리 뿌리 60~90g을 꿀 2수저를 가한 것을 밤에 잠자기 조금 전에 먹는다.

④ 연 : 연의 열매 심 부분 4~5g을 달여서 차 대신에 마신다.

⑤ 호두 : 호두 30g, 검은깨 30g, 뽕잎 30g을 함께 절구에 빻는다. 그리고 질적질적해진 것을 1회 9g 1일2회로 나누어 먹는다.

2) 상기(흥분)

자율신경 실조증이나 갱년기 장애, 동맥경화증, 바세도병, 고혈압 등으로 일어나는 수가 많다.

좋은식품

허브차, 시금치, 참깨, 당근, 배, 미나리

① 허브차 : 허브차와 율무를 10g씩 섞어서 550cc의 달인 물로 절반이 되도록 달인다. 다 달인 후에 다시 300cc의 물을 넣고 또 절반이 될 때까지 달인 후에 1일량으로 차 대신 마신다.

② 시금치 : 시금치를 살짝 데쳐서 참기름으로 볶은 것을 상식한다.

③ 참깨 : 찹쌀 60g, 쌀 60g, 아몬드 15g을 물에 담근 뒤 절구에 찧어서 질적질적하게 만들어 설탕이나 꿀에 타서 먹는다.

④ 당근 : 당근 500g을 잘 으깨서 그 즙에 꿀을 가해 마신다.

⑤ 배 : 배의 즙을 달여서 질적질적하게 된 것을 먹는다.

⑥ 미나리 : 미나리채 500g을 물로 달여서 그 수프에 설탕을 조금 가해 차 대신에 마신다.

3) 빈혈증

좋은식품

금침채, 차조기, 시금치, 목이버섯, 플룬, 로얄젤리, 다시마

① 금침채 : 중국에서는 빈혈에 많이 사용된다.

② 차조기 : 차조기를 1회 20~30ml쯤 마신다.

③ 시금치 : 시금치와 돼지 간으로 수프를 만들어 마신다.

④ 목이버섯 : 목이버섯은 혈액의 정화작용이 풍부하여 빈혈에 효과가 있다. 검은 목이버섯 30g, 대추 30개를 물로 달여서 마신다..

⑤ 플룬 : 플룬은 금침채와 마찬가지로 많은 양의 철분을 함유하고 있다. 매일 플룬 10개 정도를 먹는다.

⑥ 로얄젤리 : 로얄젤리를 1일 300~600mg섭취한다.

⑦ 다시마 : 다시마 100g에 함유된 철분의 양은 10~14mg이나 된다. 다시마를 상식한다.

4) 현기증

좋은식품

은행, 생강, 동아

① 은행 : 두통을 수반한 현기증에 좋다. 은행을 볶아서 분말로 하고 1회 3~4g씩 대추를 달인 액으로 마신다.

② 생강 : 현기증이 일어날 때 생강을 넣은 탕으로 발을 덥히면 빨리 치유된다. 그릇에 탕을 적당량 넣고 그 안에 생강을 갈아 넣는다. 그리고 그 탕에 양 발을 담가놓는다. 무의 마른 잎을 넣으면 더욱 좋다.

③ 동아 : 동 과자를 잘 구워 분말로 한 것을 매회 50g씩 1일 2회 먹는다.

5) 원형탈모증

머리에 동전 크기의 탈모가 진행되는 것을 말하는데 유전이나 스트레스가 원인이다. 드물게는 전부 빠지는 사람도 있다.

좋은식품

참깨, 자주쓴풀

① 검은참깨를 상식한다.

② 자주쓴풀을 소주에 담근 것을 사용한다. 건조시킨 자주쓴풀 10~15g을 소주 20cc에 넣어서 1~3개월 저장한 것을 1일 1회 소량을 환부에 바르고 마사지 한다.

14.
소아허약체질에 도움을 주는 약물

좋은식품

좋은식품

은행, 플룬, 로얄제리

① 은행 : 설사하기 쉬운 어린이에게 은행이 좋다. 은행 5개를 술에 달여서 먹는다.

② 플룬 : 식욕이 없고 자주 피곤하고 자주 감기에 걸리는 어린이에게 효과적이다. 플룬을 1일 5~10개 정도 상식시킨다.

③ 로얄젤리 : 피로회복 작용과 식욕증진작용에 좋으므로 허약체질의 어린이에게 효과적이다. 로얄젤리를 매일 조금씩 섭취한다.

part 2

경락미용의 실전

chapter

1

경락의 이론

1. 경락의 원리

경락은 일종의 자연치유요법으로 맨손으로 몸의 일정한 부위를 자극하여 인체의 생리와 병리상태를 조절하고, 예방하는 중의학적 방법과 한의학적 방법 중의 하나이다. 특히, 경락요법은 매우 안전하고 경제적이며 간편하고 누구나 배우기 쉽고 치료범위가 상당히 넓으면서 효과가 예상보다 빠르다.

두 손을 사용하여 머리에서 발끝가지 신경자극을 통한 반사작용과 혈액순환작용으로 신장을 튼튼하게 하여 몸속에 쌓인 노폐물과 굳어 있는 근육을 풀어주고 기(氣)를 불어 넣어 인체의 모든 장기를 일깨워서 피로를 풀어주기 때문에 중풍, 치매, 돌연사 예방 등 자연 치유력을 향상시켜 혈기를 왕성하게 해주는 것이 경락요법이다.

다시 말하자면, 경락요법은 수법을 이용하여 좋은 에너지를 고객의 근육과 피부 또는 체내 깊숙이 전달하여 인체가 정상적으로 바뀔 수 있도록 도와주는 방법이다.

1) 고유기능 정상 회복

근육, 건, 관절 등 인체의 모든 조직들은 각자의 정상 해부위치에서 고유의 기능을 정상적으로 수행할 수 있다. 그러나 여러 가지 이유로 해부위치가 정상위치에서 어긋나는 경우, 그 고유기능을 수행하지 못하는 병변이 발생한다. 따라서 수법을 해부위치에서 어긋난 부위에 행하여 정상위치로 만들어 주는 것이 경락의 첫 번째 기본 원리이다.

2) 에너지 기능 조절

에너지는 운동에너지, 위치에너지, 화학에너지, 열에너지, 전기에너지 등이 있다. 경락 시술 시 수법에 의해 정지적 힘으로부터 위치에너지가 발생하며, 운동적 힘으로부터 운동에너지가 발생한다.

그리고 마찰에 의한 열에너지도 발생한다. 이렇게 발생된 에너지들은 인체 내부에서 내재 에너지로 바뀌어 여러 장부나 조직에 영향을 미쳐 그 기능을 조절하는데 이것이 두 번째 기본원리이다.

3) 신호조정

경락선상에 있는 장기에 이상이 생기게 되면 그 장기의 생물신호에 변화가 생기게 되고 그 장기가 소속되어 있는 전 계통 및 전신의 기능의 평형에도 악영향을 미치게 된다. 이렇게 장기의 생물신호에 변화가 발생할 경우 경락 수법을 이용하여 장기의 생물신호를 정상화시키는 것이다.

인체는 하나의 신호계통으로 이루어져 신호를 발출, 접수, 전달한다는 사실은 이미 현대 과학에서도 연구 증명된 사실이다. 즉, 인체는 외부로부터 들어오는 각종 신호를 접수하여 내부로 전달하며, 내부로부터 발출되는 각종 신호를 밖으로 전달한다. 이러한 신호의 전입을 통한 신호의 조정을 위한 수법이 경락의 세 번째 기본원리이다.

2. 경락의 기초이론

1) 경락 요법 실시 장소

경락요법을 실시할 수 있는 공간이 있어야 하는데 실내온도는 18~20℃, 습도는 60~70%가 적당하며 치료할 수 있는 침대나 아니면 방바닥에서도 할 수 있다.

2) 고객의 자세와 관리사의 위치

고객은 관리받기 가장 편리하고, 가능한 자세를 바꾸지 않도록 하며, 관리사도 몸을 돌리고 손을 쓰는 데 자리를 자주 바꾸지 않는 곳에 위치한다. 고객이 옆으로 누우면 고객의 허리 뒤에 위치하고, 고객이 앉은 자세를 취하면 고객의 뒤에, 혹은 앞에 위치하며 팔을 자극할 때는 한 쪽 옆에, 머리를 자극할 때는 뒤에, 얼굴을 자극할 때는 앞에 위치한다.

배, 가슴, 다리를 자극할 때 고객은 반듯이 누운 자세를 취하게 하고 관리사는 주로 고객의 오른쪽 옆에 위치하며 잔등, 허리, 다리 뒷면을 자극할 때는 엎드려 누운 자세를 취하게 하고 고객의 왼쪽에 위치한다. 다리와 발만을 자극할 때는 고객을 반쯤 앉은 자세를 취하게 할 수 있다. 관리사가 목, 머리, 어깨를 자극할 때는 고객을 앉은 자세를 취하게 할 수도 있으며 이때 관리사는 주로 고객의 뒤에 위치하며 팔과 손을 자극할 때도 앉은 자세를 취하게 할 수도 있으며 그 때에는 고객의 옆에 위치한다.

3) 자극방향과 각도

관리사의 손은 여러 가지 방향과 각도에 따라 움직인다. 흔히 쓰는 자극방향과 각도는 다음과 같다.

① 자극방향 : 말초 쪽에서 심장 쪽으로 향하거나 경맥의 주행 방향으로 향하는 것(보법), 그와 반대 방향으로 향하는 것(사법), 시계방향으로 향하는 것(보법), 반대방향으로 하는 것(사법)

② 자극각도 : 자극할 때 쓰는 손의 각도는 치료받는 자극부위와 90°를 이루며 힘의 작용방향도 그와 일치한다. 관절 부위를 운동시킬 때 적당한 각도를 취하고 자극하는 것이 필요하다. 예를 들어 손상된 팔의 관절을 돌리거나 당길 때 팔의 각도는 15°, 목을 옆으로 제길 때 앞으로 30。, 옆으로 45° 돌리며 제기는 것이 좋다.

4) 자극의 세기

자극의 세기는 작용한 힘의 세기와 시간 적용한 횟수에 정비례한다. 자극의 세기는 치료 대상에 따라 그리고 자극부위에 따라 개별화하여야 하므로 상대적 개념으로 이해하여야 하며 보통 다음과 같은 기준으로 맞추어 조절하면 된다.

① 가벼운 자극 : 0.5~2kg의 힘으로, 지속시간은 0.5초~3초, 자극횟수는 3~5회

② 보통자극 : 2~4kg의 힘으로, 지속시간은 3~5초, 자극횟수는 5~8회

③ 센 자극 : 4~6kg의 힘으로, 지속시간은 5~8초, 자극횟수는 8~10회 또는 그 이상

5) 관리요령

일정한 요령을 가지고 관리를 하면 좋은 효과를 나타낸다. 요령이란, 몸에 미치는 영향을 좋게 하기위하여 수기의 자극에서 지구성, 유연성, 균등성, 율동성, 순차성, 배합성 등을 효과적으로 하는 것을 말한다.

6) 자극할 경혈 부위를 선택하는 방법

① 국부 취혈 : 병이 발생한 북부에 있는 경혈을 선택하여 자극하는 것이다. 예를 들면 허리가 아플 때 신유혈을, 위가 아플 때 중완혈을 선택하여 자극한다.

② 순경 취혈 : 병이 발생한 장기의 해당되는 경락에서 그와 관련된 유혈, 특히 팔꿈의 아래, 무릎 아래의 말초 부위의 유혈을 선택하여 자극하는 것, 예를 들면 가슴이 두근거릴 때 내관혈, 위장병에 족삼리 혈을 선택하여 자극한다.

③ 유발점 선택 : 병이 발생하면 몸의 일정부위에 나타나는 유발점(아시혈, 천응)을 찾아서 자극하는 것이다. 유발점은 병이 발생한 곳과 관련되어 있기 때문에 환자의 어떤 부위를 눌렀을 때 나타나는 느낌이다.

④ 대칭부위 선택 : 상병하치, 좌병우치 예를 들면 어깨가 아플 때 다리(조구혈)을 위가 아플 때 제 8흉추부터 제2요추의 사이를 오른쪽 반신마비 때 왼쪽 반신을 선택하여 자극한다.

7) 수법을 선택하는 원칙

① 고객의 상태에 따라 선택 : 고객의 상태에 따라 표증과 이증, 한증과 열증, 허증과 실증을 변증하고 그에 맞게 보법(원기를 보해주는 것)과 사법(병사를 제거하는 것), 평보평사법(원기를 보하고 생사도 제거하는 법), 온법(몸을 덮히는 것), 청법(몸을 식히는 것), 한법(땀을 내는 것), 하법(위장에 머물러 있는 것을 내려 보내거나 뒤로 내보내는 법), 소법(뭉쳐있는 것을 삭이는 법) 등의 치료원칙을 세운 것에 기초하여 수기의 종류와 형태, 자극의 세기와 방향을 선택하는 것이다. 예를 들면 속병이면서 허한증일 때는 보법, 온법으로 가벼운 수기 자극을 주고 표증(겉에 있는 질병)이면서 실열증일 때는 사법, 청법으로 센 수기 자극을 준다.

② 고객 상태의 따른 선택 : 남자, 여자, 노인, 어린이 그리고 체질상태, 반응상태에 따라 나누고 수기 자극의 부위의 크기, 형태, 깊이, 탄력성, 주름 등에 따라 수기 종료와 자극의 세기를 선택하여야 한다. 예를 들면 노인의 체질이 허약하고 자극에 대한 반응이 민감할 때는 주로 가벼운 쓰다듬기, 비비기, 주무르기를 많이 써서 치료하고 젊은 남자의 체질이 비만하고 자극의 반응이 둔할 때는 누르기 주무르기, 굴리기, 두드리기 등을 많이 쓰면 자극을 세게 하여야 한다.

8) 수법 치료의 적응증과 금기증

① 적응증 : 일반적으로 금기증을 제외하고 모든 경우에 수법치료의 적응증으로 생각하면 된다.

② 금기증 : 급성 전염성 질병, 급성 화농성 질병, 악성종양, 전신화상, 전염성 피부질환, 몸에 금속물질을 삽입한 경우, 성병, 뇌졸중, 정신병, 심한 동맥경화, 심한 신장염, 흥분상태, 수법자극에 대한 반응 능력이 없는 사람 등이다.

③ 상대적 금기증 : 임신기, 월경기, 질염, 요도염, 골반 내 염증 등

고객의 몸을 직접적으로 관리하기 때문에 서로 간의 협력이 필요하고 관리사는 친절하고, 설득력과 인내력을 가져야 하며 관리하기 전에 반드시 고객이 대·소변을 보게 한 뒤에 긴장을 풀 수 있도록 도와주어야 한다. 관리하는 동안 고객의 반응을 살피면서 자극의 강약을 조절하고 부작용이 나타나면 관리를 중단하여야 하다.

경락요법의
수기 종류와 방법

chapter

2

CosmeticsMeridian

1

경락관리 시 수기 종류와 방법

1) 누르기

누르기는 예전부터 사용해왔던 지압법과 같은 방법으로 손을 자극할 부위에 수직으로 세우고 적당한 힘을 이용해 누르는 것이다. 이 수법은 몸의 어느 곳이나 사용 가능하며 특히 경혈점이나 반응점을 자극하는 데 사용한다.

(1) 작용

경맥을 소통시키고 혈액과 임파의 흐름을 좋게 하며, 근육과 신경의 기능을 활성화시켜준다. 특히 배 경혈 자극 시 복압을 조절해 주며, 변비를 해소시켜 피부안색정화에 도움을 준다.

(2) 누르기 방법

① 엄지손가락을 이용한 안법

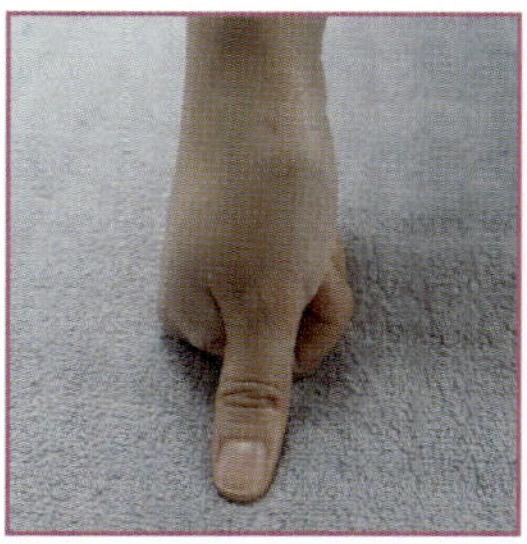

누르기, 경혈점이나 반응점에 사용

② 수장을 이용하여 누르기

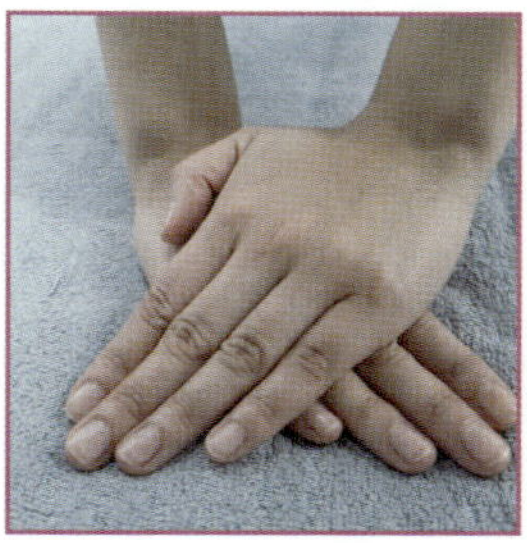

큰 근육에 사용, 등·대퇴부

③ 수근을 이용한 누르기

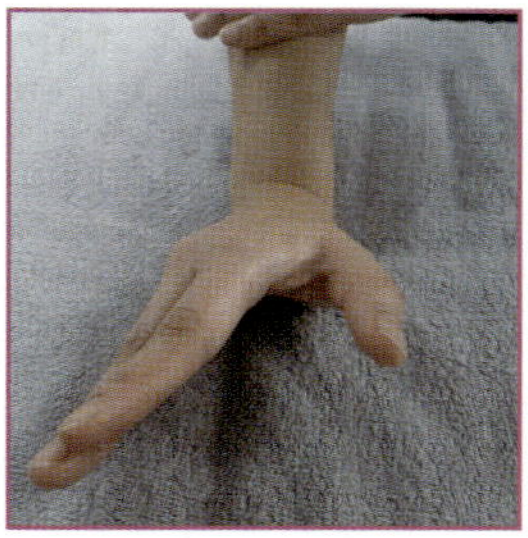

중요한 압을 줘야 할 부분에 사용
승모근·견갑근·기립근·대퇴부 등

④ 주첨부위 누르기

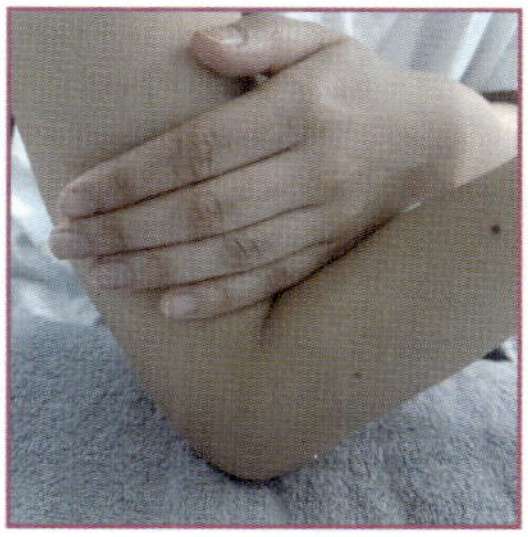

강한 압이 필요할 때 사용
큰 경혈부위 배부·요부·둔부

2) 문지르기

문지르기는 자극할 곳에 손을 붙이고 힘을 조절해 가면서 돌려 문지르는 것을 말하며, 이 수법은 몸의 어느 곳이나 쓸 수 있다. 특히, 근육이완에 효과가 크다.

(1) 작용

기와 혈의 운행을 좋게 하며, 경맥을 소통하게 해준다. 특히, 근육의 기능을 회복시켜준다.

(2) 문지르기 방법

① 양 엄지 누르기와 문지르기

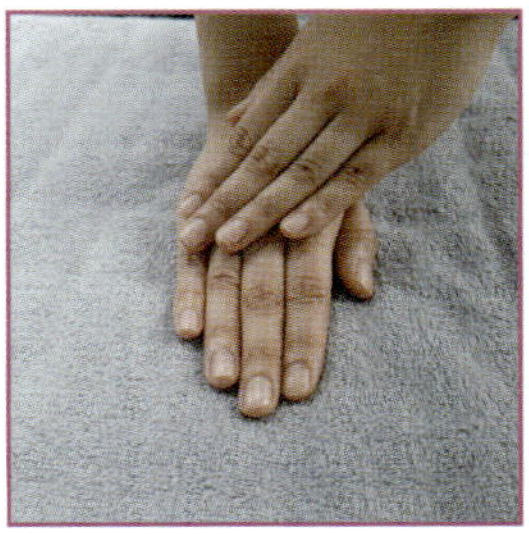

경혈부위에 지압 또는 밀어주기로 혈행을 도움

② 수장을 이용한 문지르기

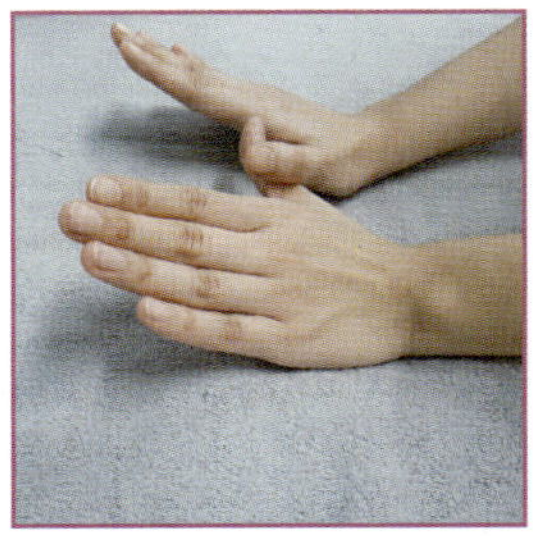

임맥, 독맥 등 가볍게 압을 주어 시작과 끝을 알릴 때 사용

3) 밀기

밀기란, 경락에서 없어서는 안 될 동작으로 자극하는 손을 자극할 곳에 적당한 힘으로 앞 혹은 옆으로 미는 동작이다. 밀기는 몸 전체에 다 쓸 수 있으며, 특히 정맥과 임파관이 있는 곳과 어린이에게도 쓸 수 있다.

(1) 작용

경락에서의 한사를 없애주는 작용을 하며 기·혈순환을 원활하게 도와주어 어혈을 풀어주는 역할을 한다. 혈액순환과 임파 순환을 촉진시켜 근육의 뭉침을 완화시켜주는 역할을 한다.

(2) 밀기 방법

① 양 손수근 밀기

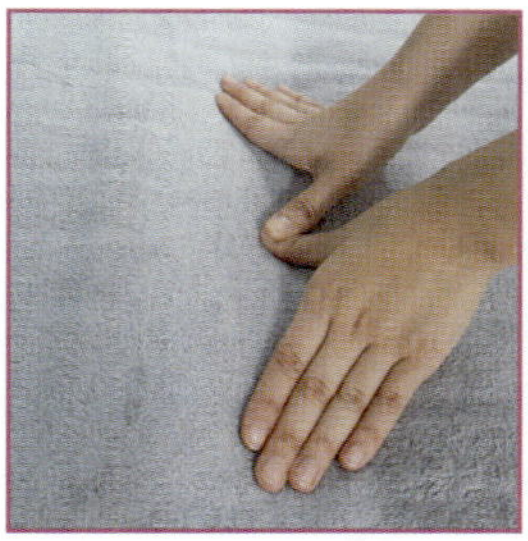

근육의 뭉침완화를 위해 사용

② 양 엄지 밀기

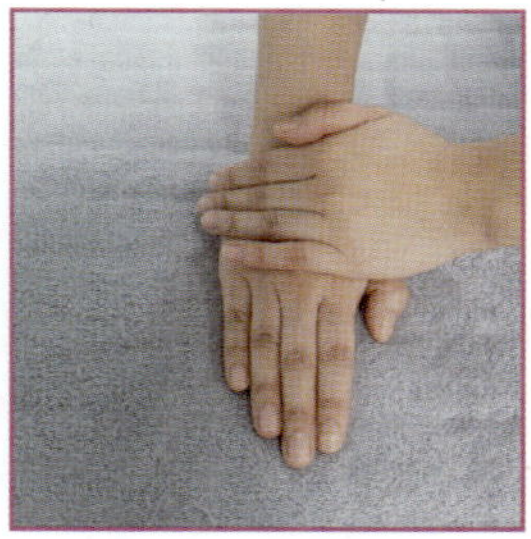

경락의 유주방향에 압을 주어
혈행순환을 위해 사용

③ 수장으로 밀기

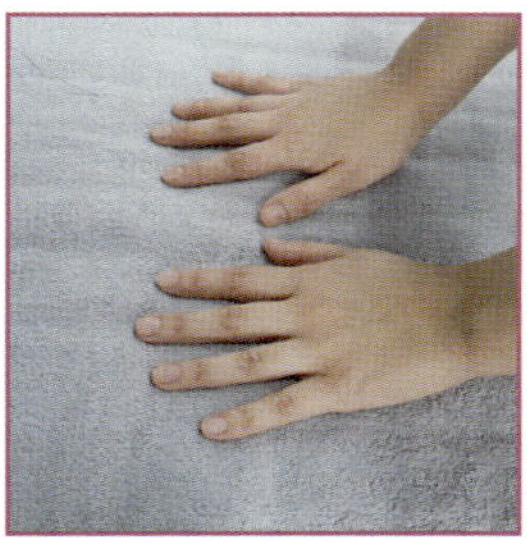

압을 요하는 배부와
큰 부위 근육 관리 시 사용

④ 주첨부위 밀기

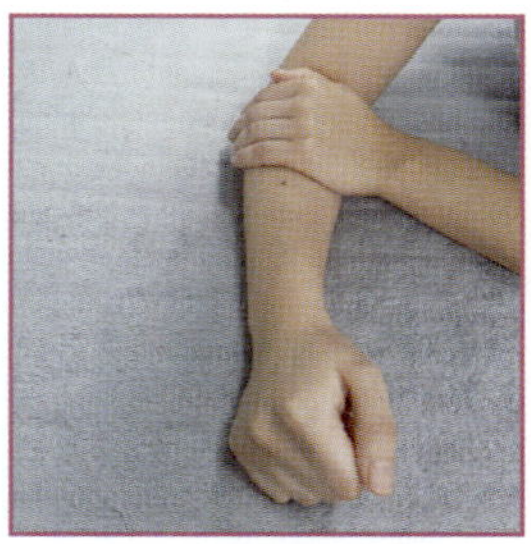

넓은 부위 근육 관리 시
체중을 이용하여 사용

4) 떨기

떨기 기법은 자극하는 손을 자극할 곳에 세워두고 부드럽게 진동하는 방법이다. 근육이 약해졌을 때 행해준다.

(1) 작용

경맥을 소통시키고 정기를 돋우어 주고 사기를 없애준다. 진법의 강도에 따라 약간의 차이는 있지만 혈관수축을 도와주거나 근육섬유에 영향을 미친다.

(2) 떨기 방법

① 떨기

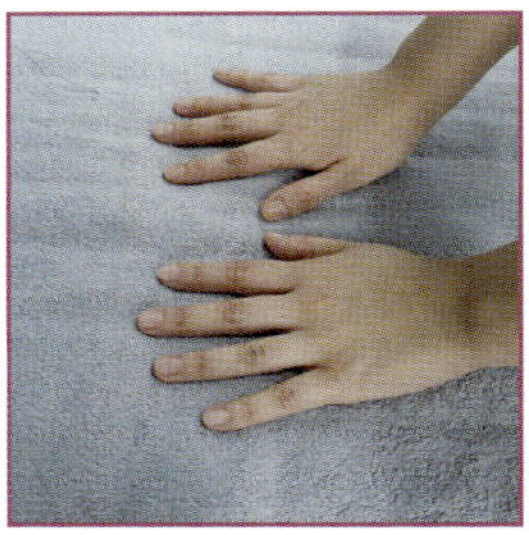

혈관수축을 이완시키거나
사기를 없애주는 마무리 동작에 사용

② 양손떨기

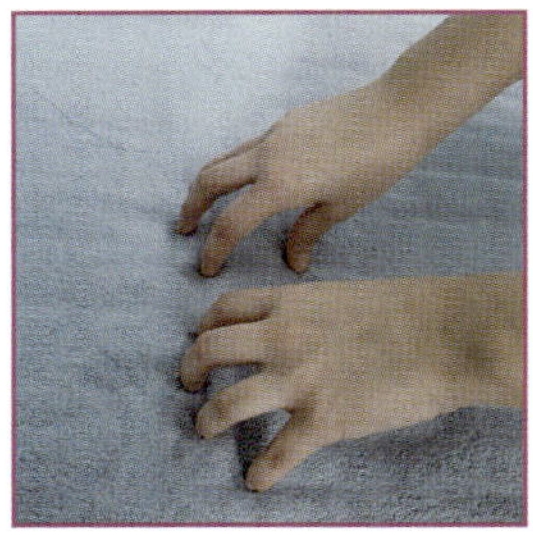

근육을 잡고 흔들어준다.
주로 비만 관리 시 많이 사용

5) 튕기기

튕기기는 손을 자극할 곳에 수직으로 세워 대고 적당한 힘으로 미끌어지면서 튕기는 방법이다. 온 몸의 근육과 잔등, 허리 등에 이용한다.

(1) 작용

경맥을 소통시키고 기·혈순환을 좋게 해준다.

(2) 튕기기 방법

① 튕기기

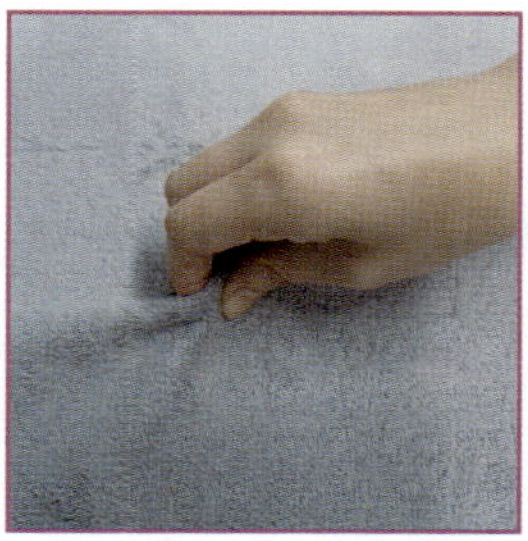

전신 근육에 사용, 기·혈 순환을 돕는다.

② 수장을 이용한 튕기기

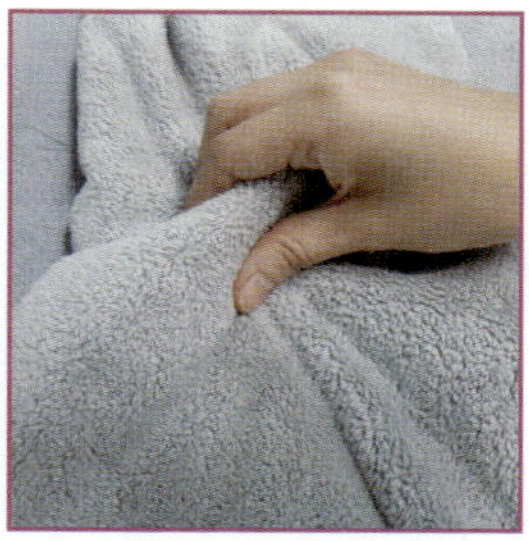

살이 잡히는 상완, 옆구리, 허벅지 등에 사용

6) 두드리기

두드리기는 자극하는 손으로 자극할 곳을 적당한 힘으로 수직방향으로 두드려 주는 방법이다. 전신 어느 부위에나 사용할 수 있는 수법이며, 특히 근육을 자극하는 데 많이 시행한다.

(1) 작용

국소 근육을 자극하여 근육의 피로도를 낮추어 근육의 뭉침을 풀어준다.

(2) 두드리기 방법

① 수장측면 두드리기

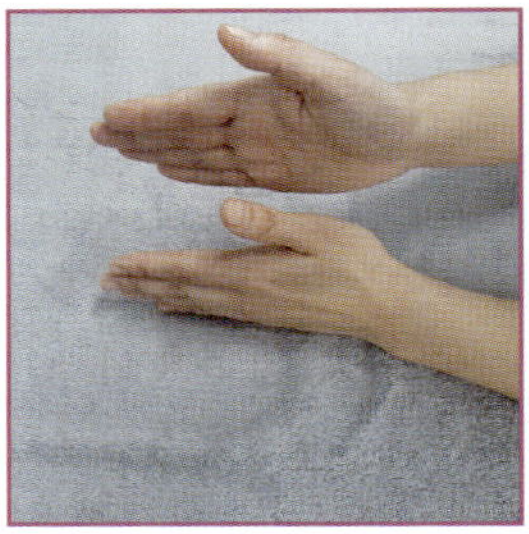

근육에 자극을 주어 근육의 뭉침을 풀어준다.

② 손가락 끝 두드리기

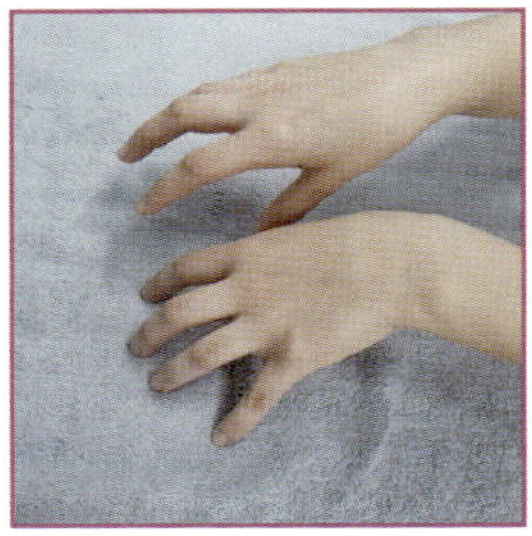

가볍게 할 수 있는 부위를 자극할 때 사용

③ 컵모양 두드리기

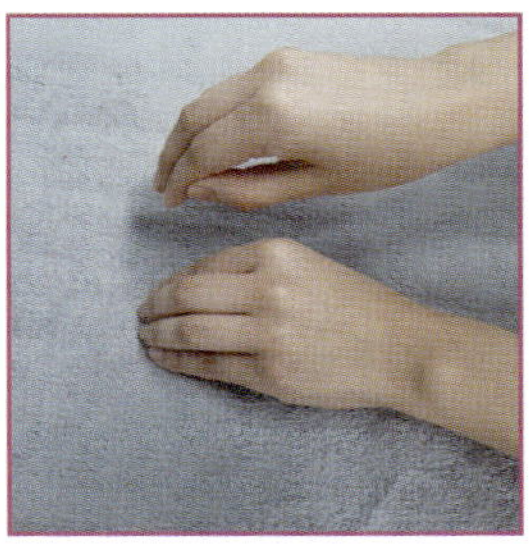

배부에 많이 사용
강약을 조절하여 근육피로에
효과를 볼 수 있다.

④ 손가락끝 두드리기

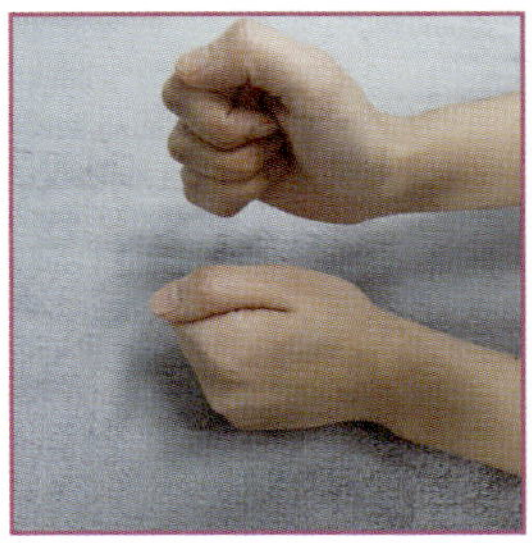

누구나 손쉽게 할 수 있는 기법으로
어느 부위나 사용

chapter

3

각 부위 수기요법

1. 수기의 단련법

수기의 종류와 방법을 이론적으로 파악한 다음에는 실제 동작으로 넘어가야 한다. 동작을 연마하기 위해서는 먼저 몸과 손에 힘을 키우는 단련을 하여야 한다.

2. 온 몸의 단련법

(1) 바로서서 두발을 어깨 넓이만큼 벌리고 무릎은 5~10°쯤 굽히며 머리를 5°쯤 숙이고 눈은 앞을 똑바로 주시한다. 두팔은 자연스럽게 내리고 있다가 두 손바닥을 마주치면서 팔꿈치를 굽혀 손목, 팔굽, 어깨 관절이 수평상태에 놓이도록 팔을 든다. 마주 붙은 손바닥을 떼지 말고 손목을 돌려 양손 끝이 목에 있는 천돌혈을 향하게 한다. 이와 같은 자세를 1~3분간 유지하면서 여러 차례 반복한다.

(2) 바로서서 두발을 어깨넓이로 벌리고 무릎을 굽혀 마치 말탄 자세를 한 후 두 손바닥이 아래로 향하게 모든 손가락을 벌린다. 이와 같은 자세를 1~3분간 유지하면서 여러 차례 반복한다.

3. 손힘의 단련법

(1) 차렷 자세를 하고 두 팔을 자연스럽게 내리고 엄지손가락을 손바닥 위에 놓고 나머지 네 손가락으로 엄지손가락을 감싸 쥐고 힘있게 쥐었다 놓았다 하는 동작을 계속한다.

(2) 차렷 자세를 하고 두 팔을 자연스럽게 내리고 엄지손가락이 바깥에 놓이도록 주먹을 쥐고 손가락과 손바닥을 서로 마주 힘주며 힘있게 쥐었다 놓았다 하는 동작을 계속한다.

(3) 차렷 자세를 하고 두 팔을 자연스럽게 내리고 엄지손가락은 힘있게 바깥쪽으로 쳐들고 나머지 손가락들은 모아서 힘있게 주먹을 쥐었다 놓았다 하는 동작을 계속한다.

(4) 작은 모래주머니 혹은 작은 계란만한 차돌 등을 손에 쥐고 늘 힘주는 동작을 한다.

(5) 푹신한 것을 놓고 수법 연습을 한 다음 자기 몸에 연습하고 가족과 친구들에게 수법 연습을 자주 해보는 것이 좋다.

chapter 4

부위별 경락요법의 실전

1.
등 관리

1) 목적

등에는 경락선 중 가장 긴 선인 방광경이 흐르며, 이 방광경 안에는 경락요법에서 가장 기준이 되는 배수혈이 모두 분포되어 있어 이 부위를 관리함에 따라 경락을 개방시켜주고 전신의 기혈을 조절시켜준다.

고객을 눕게 하고 관리사는 그 옆에 자리 잡고 관리한다. 폐와 심장에 미치는 자극과 영향을 고려하여 두드리기를 할 때 지나친 수기를 삼가며 큰 근육을 밀 때 윤활제를 약간 바르고 하는 것이 좋다.

그리고 가장 주의해야 할 점은 경추부위에 너무 무리한 압을 가해서는 안 된다는 점이다.

(1) 등 관리

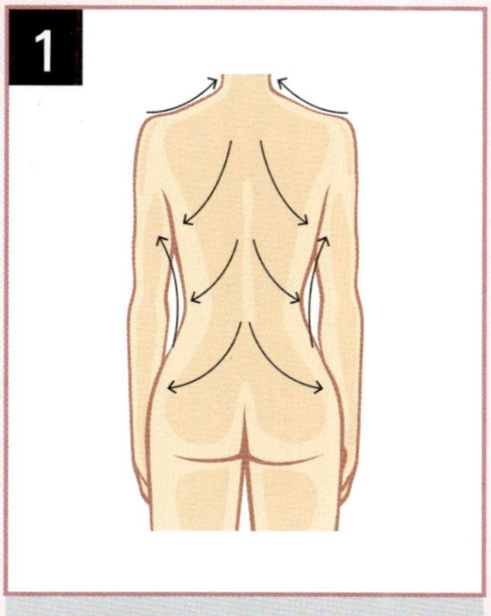

① **오일도포**
오일을 적당량 손에 덜어 등에 고르게 펴 바른다. 담경락을 훑으며 어깨까지 감싸며 올라온다.

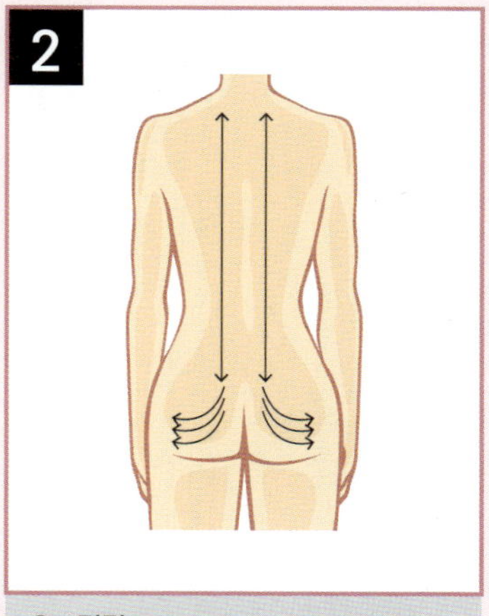

② **1경락**
엄지를 교차하지 않은 나비모양을 만들어 엄지로 척추 옆을 압을 주며 훑는다. 그대로 내려가며 요추 끝 부분 엉덩이 굴곡을 펴준다.

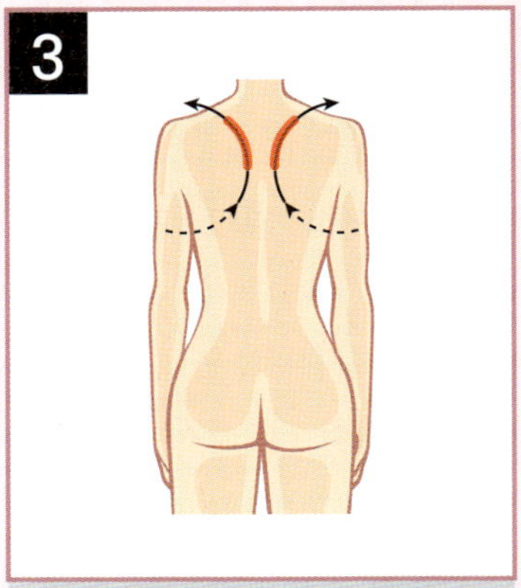

③ 담경락을 올라오며 견갑골 파주기
②번이 끝난 후 담경락으로 올라오며 수근으로 견갑골을 파준다.
※ 늑골쪽에 너무 많은 압을 가하지 않으며 승모근 쪽으로 내려갈 때 압을 주며 내려간다.

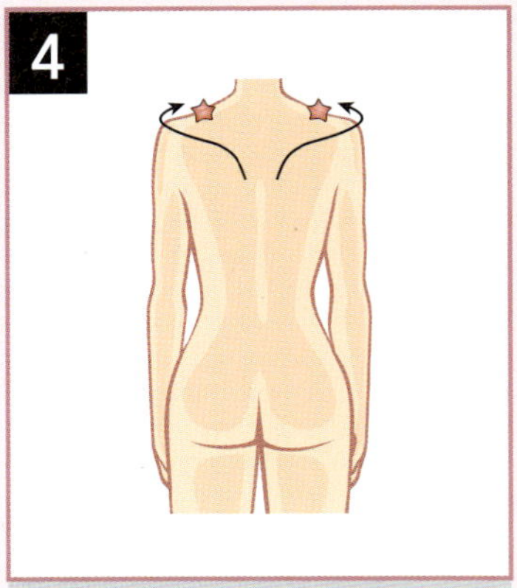

④ 승모근 튕기기
③번에서 자연스럽게 이어 어깨로와 4지와 엄지로 승모근을 가볍게 튕겨준다.

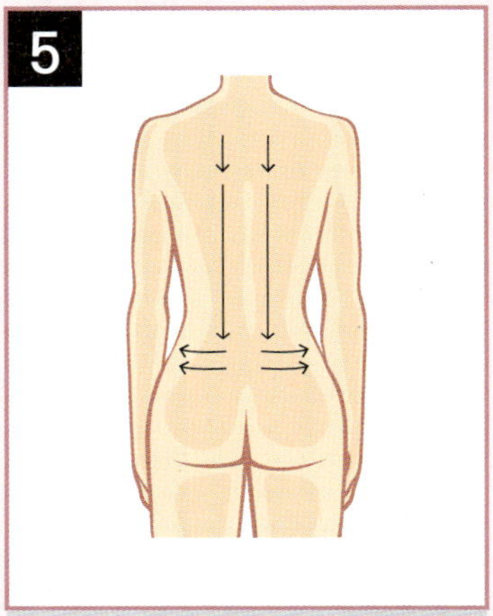

⑤ 2경락
②번의 1경락을 엄지를 교차한 나비모양으로 관리한다.
※ 동작이 끝난 후 ③~④번 동작을 반복한다.
※ 흉추관리는(짧게·짧게·길게)를 반복하며 관리

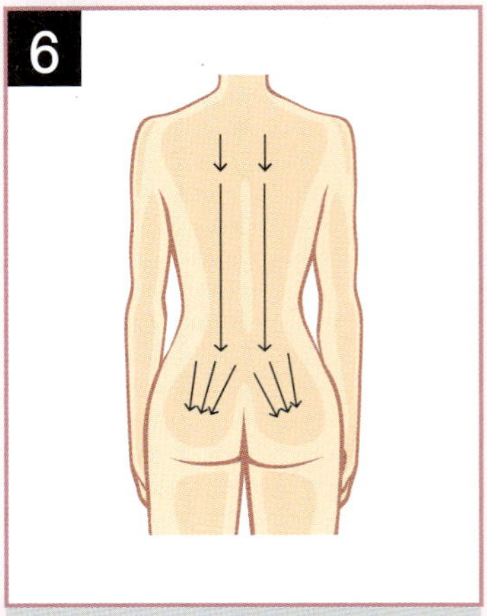

⑥ 각권으로 1, 2경락 훑기
각권으로 1, 2경락을 훑으며 내려가 그 상태로 요추 끝을 굵어준다.

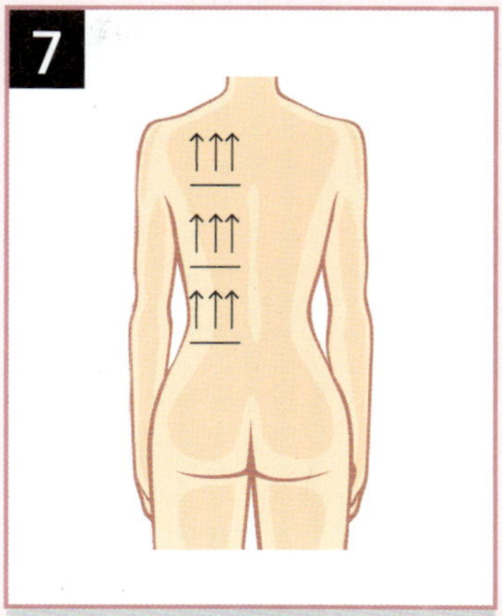

⑦ **각권으로 밀기**(허리→어깨)
옆으로 이동해 허리와 어깨를 3등분으로 나누어 밀어준다.
※ 이때 견갑골은 너무 세게 하지 않는다.

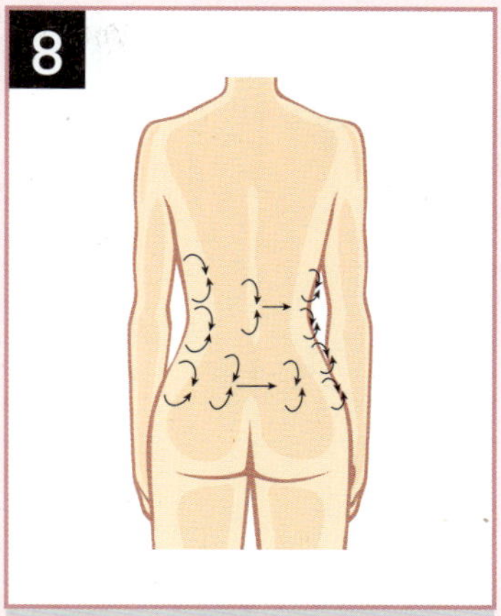

⑧ **옆구리 유찰하기**
옆구리 전체를 유찰하며 반대편 옆구리로 이동해 유찰한다.

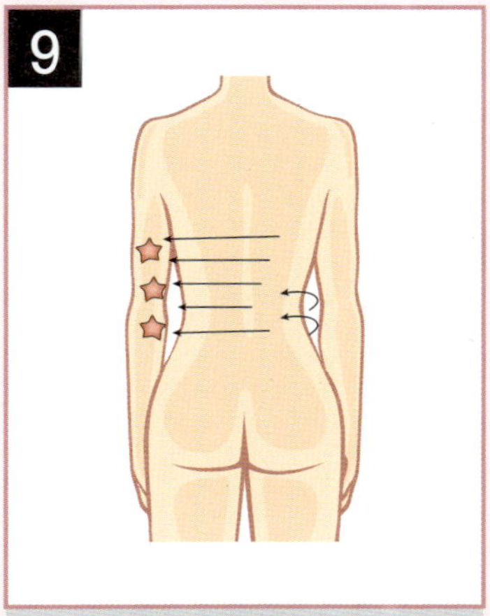

⑨ **옆구리 끌어당겨 쳐주기**
양 손바닥으로 옆구리를 내 앞쪽으로 끌어당겨 쳐준다.
※ 경쾌하게 쳐주도록 한다.

(2) 어깨 견갑골 관리

1

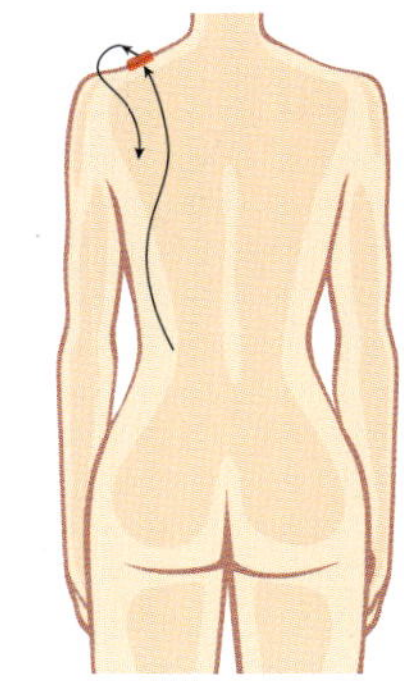

① 어깨 압주며 끌어당기기
두 손을 겹쳐 어깨로 올라가 손바닥으로 압을 주며 끌어당긴다.
※ 견갑골을 세게 누르지 않도록 한다.

2

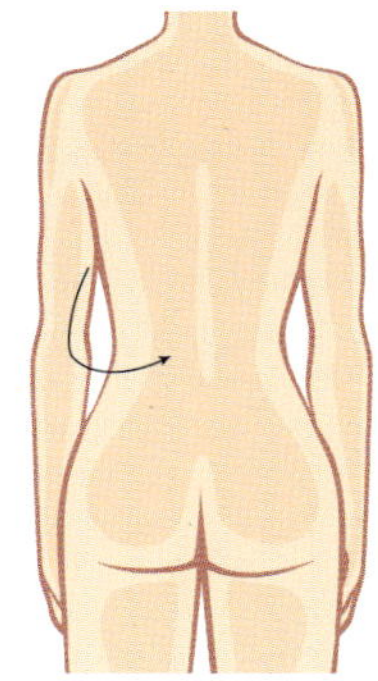

② 견갑골 관리 준비
피시술자의 팔을 등 위로 붙여 견갑골이 확실히 보일 수 있도록 한다.

3

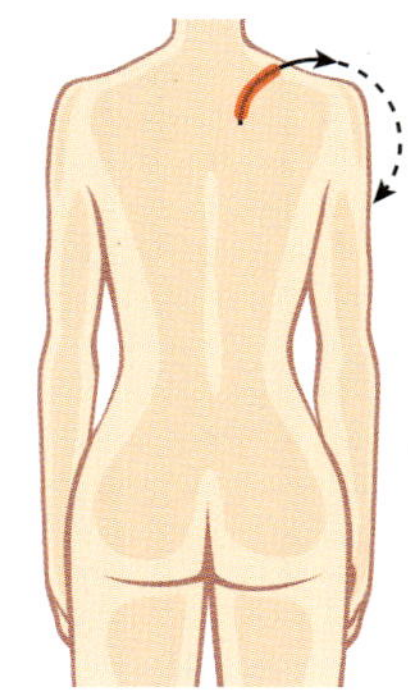

③ 견갑골 원 그리듯 밀기
견갑골을 수근으로 원 그리듯이 밀어준다.
※ 압을 줄 때 체중을 싣고 힘을 뺄 땐 옆으로 앉는다.

4

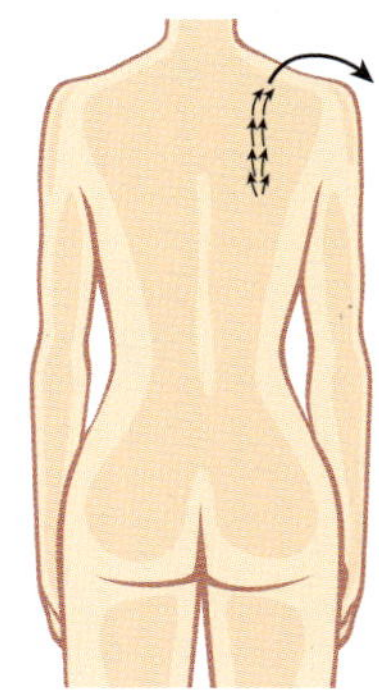

④ 엄지로 엇갈려 밀기
견갑골 사이를 양 엄지를 사용해 엇갈려 밀어준다. 마지막엔 같이 힘을 주며 옆으로 빠진다.
※ ③과 같이 체중을 실을 때와 뺄 때를 구별한다.

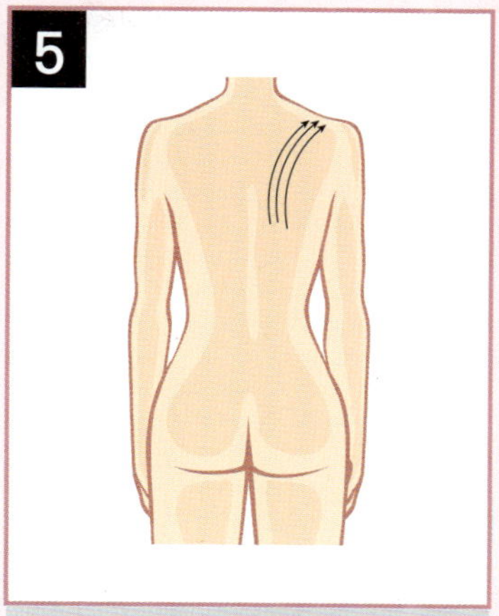

⑤ **손가락으로 부채모양으로 돌리기**
액와쪽에 엄지를 고정하고 나머지 4지로 견갑골 주위를 부채모양으로 돌린다.

(3) 상완 관리

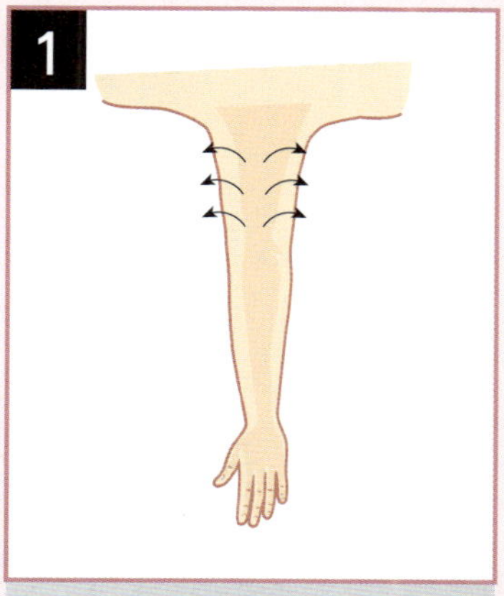

① **상완 가지치기**
팔을 아래로 내린 후 엄지로 가지를 치며 상완을 타고 올라간다.

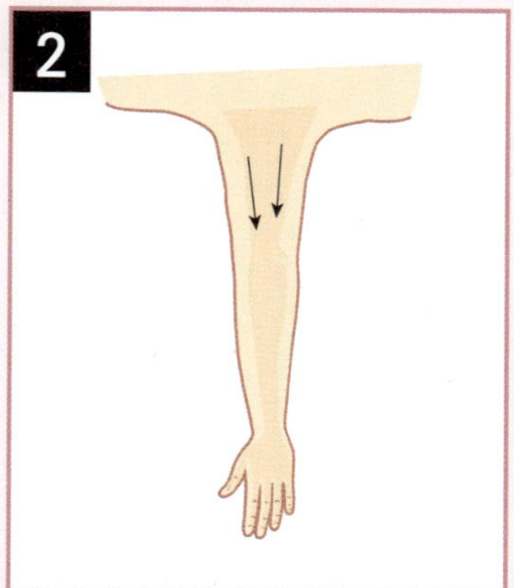

② **양 엄지로 쪼개듯 내려오기**
양 엄지로 상완을 잡고 내려온다.

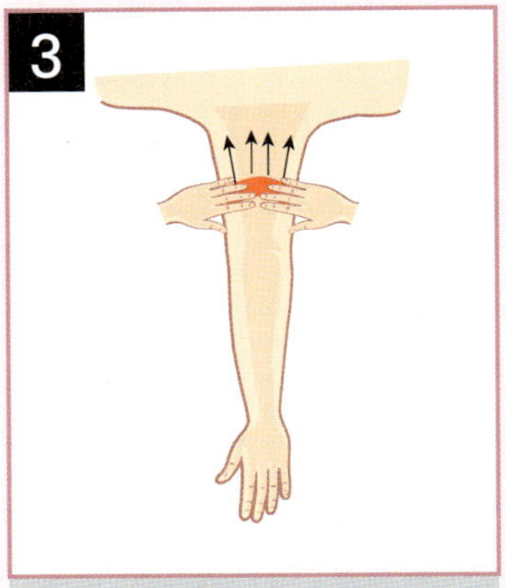

③ 두 손 포개 올라가기
두 손을 포개 올라간다.

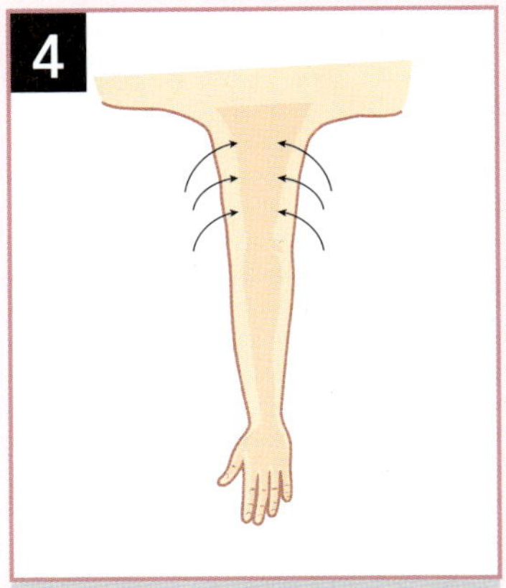

④ 쥐어짜듯 내려오기
상완을 비틀며 쥐어짜듯 내려온다.
※ 내려갈 때 더 힘을 주어 비튼다.

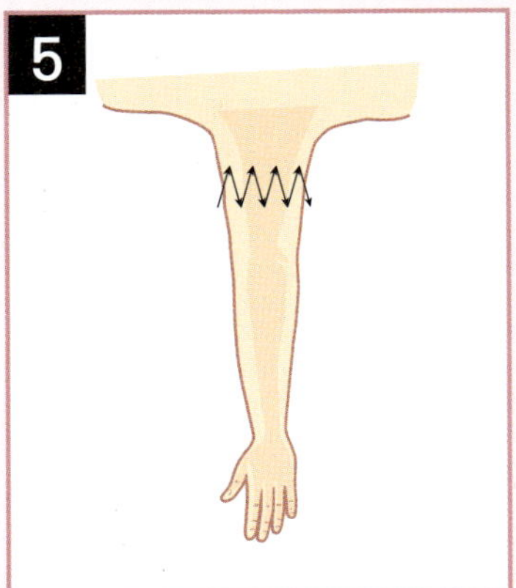

⑤ 각권 훑어주기
각권으로 상완 전체를 훑어준다.

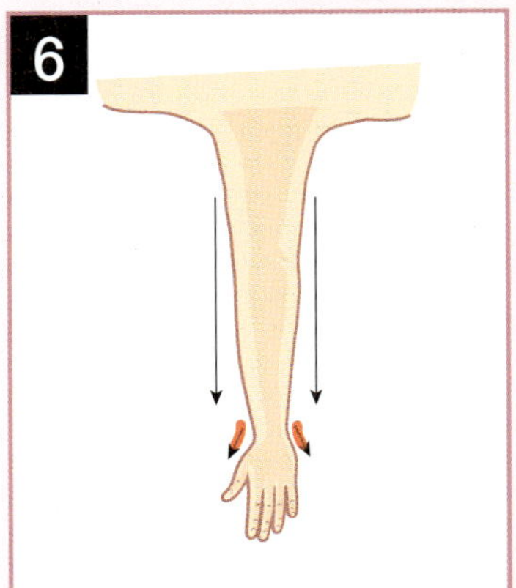

⑥ 훑으며 엄지와 새끼손가락으로 빼기
③번으로 올라갔다가 훑어내리면서 엄지와 새끼손가락에 텐션을 주며 빼낸다.
※ 반대쪽도 ③~⑥까지 동일하게 관리한다.

(4) 마무리 준비

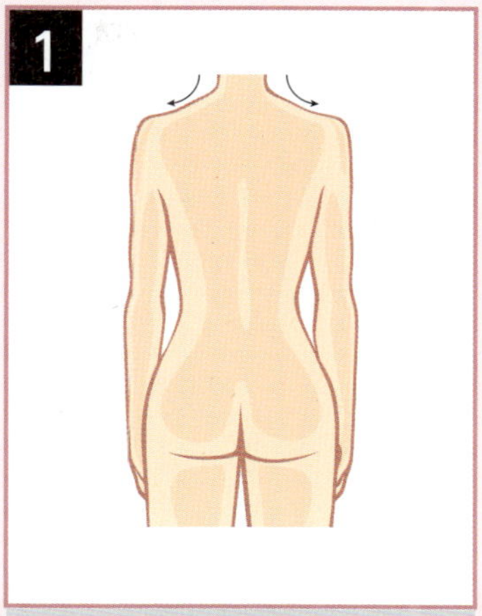

① **승모근 훑기**(양 엄지로)
양손을 이마에 겹치게 하여 관리 준비를 한다. 양 엄지로 승모근을 안쪽에서 바깥방향으로 훑는다.
※ 어깨뼈까지 하지 않는다.

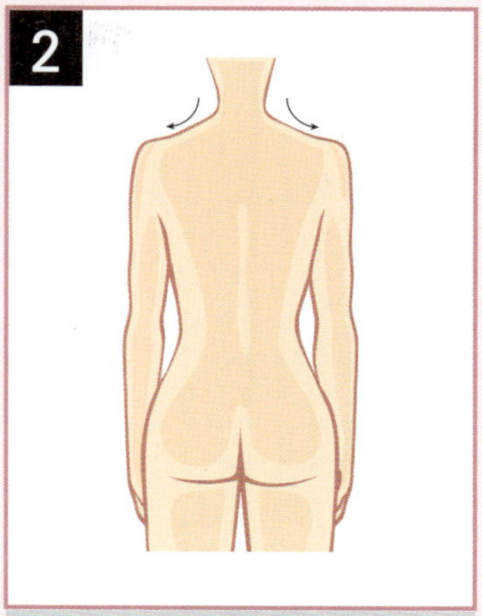

② **승모근 훑기**(각권으로)
각권을 사용해 ①처럼 관리한다.

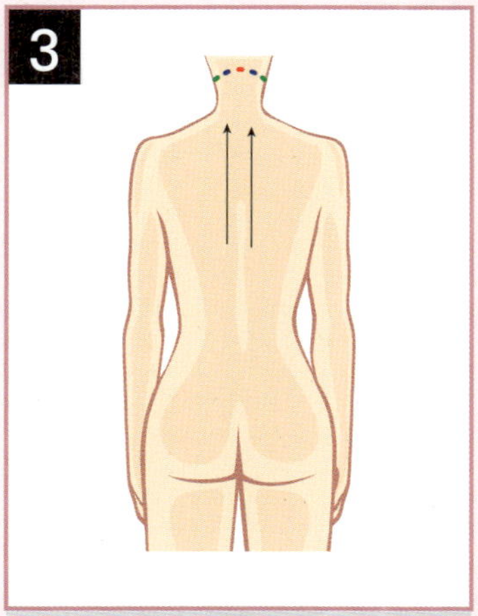

③ **천주, 풍지, 완골 지압**
흉추 중간부터 쓸어와 천주, 풍지, 완골 순으로 지압한다.

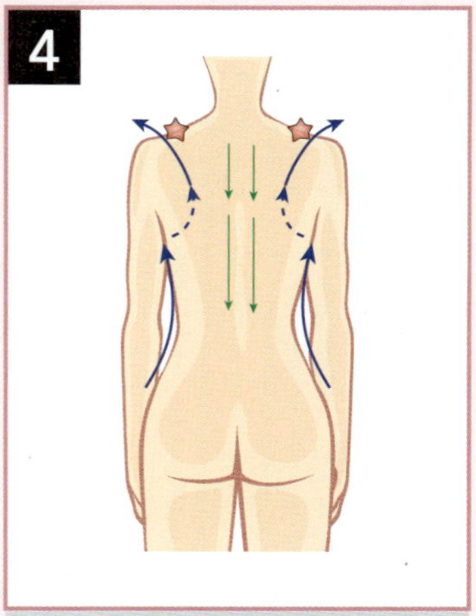

④ **1경락**
②, ③, ④을 반복한다

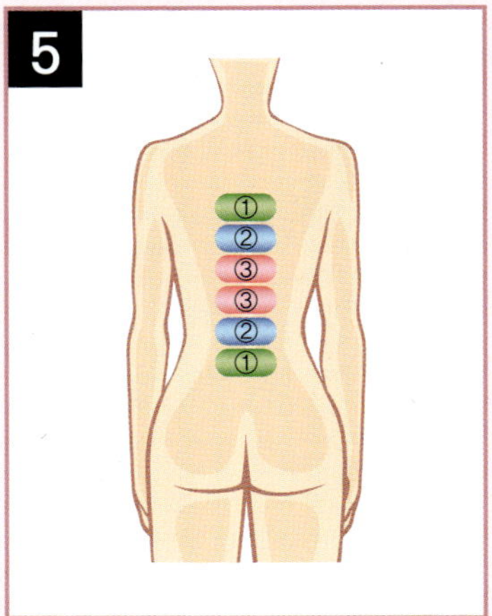

⑤ **척추에 손바닥으로 바이브레이션**
모델의 옆에 다시 서서 3번 정도로 나누어 손바닥을 대고 바이브레이션을 해준다.
※ 마지막 바이브레이션 때에 손바닥을 조금 더 길게 대고 있는다.

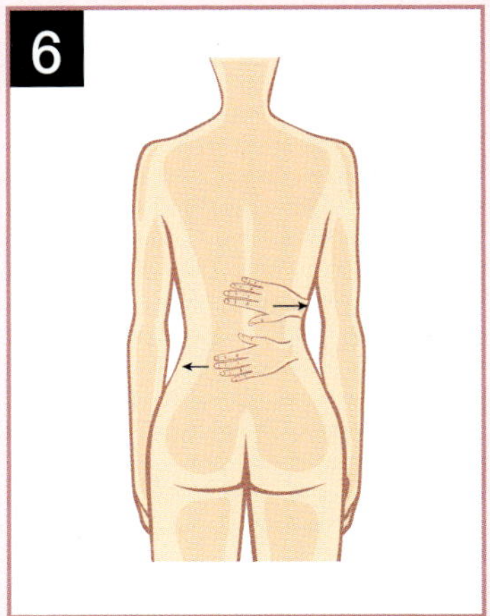

⑥ **손바닥 엇갈려 밀어주기**
마지막으로 척추 중간쯤에 두 손을 대고 텐션있게 엇갈려 밀어준다.

등관리 순서

① 오일도포
② 1경락
③ 담경락이 올라오며 견갑골 파주기
④ 승모근 튕기기
⑤ 2경락
⑥ 각권으로 1, 2경락 훑기
⑦ 각권으로 밀기 (허리→어깨)
⑧ 옆구리 유찰하기
⑨ 옆구리 당기며 쳐주기

어깨 견갑골 관리

① 어깨 손바닥으로 압주며 당기기
② 견갑골 관리 준비
③ 견갑골 원 그리듯 밀기
④ 엄지로 엇갈려 밀기
⑤ 손가락으로 부채모양으로 돌려주기

상완 관리

① 상완 가지치기
② 양 엄지로 쪼개듯 내려오기
③ 두 손 포개 올라가기
④ 쥐어짜듯 내려오기
⑤ 각권 훑어 주기
⑥ 훑으며 엄지와 새끼손가락으로 빼기

반대쪽도 동일하게 관리

양손을 이마에 대어 마무리 준비

① 승모근 훑기(양 엄지로)
② 승모근 각권으로 훑기 (안-밖)
③ 천주, 풍지, 완골 지압
④ 1경락
⑤ 척추에 손바닥으로 바이브레이션
⑥ 손바닥 엇갈려 밀어주기

2. 다리 뒷면 관리

1) 목적

다리에는 족삼양경과 족삼음경이 모두 흐른다. 다리 뒷면에서 위치상 대퇴부 외측에는 담경, 대퇴부 후면 정중앙 쪽에는 방광경, 대퇴부 안쪽에는 비경, 위중부위에는 신경이 존재하여 해당 경락과 관련된 부위의 미용적 이상증상이 나타날 수 있으므로 관리가 필요하다. 특히 다리 관리는 다리의 부종이나 혈액순환이 저하가 된 사람들에게 효과가 있다.

고객를 눕히고 관리사는 그 옆에 자리 잡고 실시한다. 슬와 부위에는 큰 혈관들과 신경들이 지나가므로 무리한 자극을 주지 말아야 하며 대퇴 안쪽 면에는 수법이 다른 부위보단 조금 가볍게 실시한다.

2) 다리 뒷면 관리

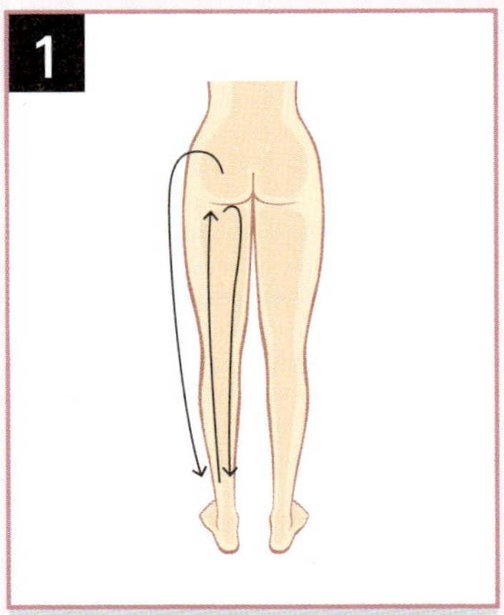

① 다리 전체에 오일을 도포하고 수장을 이용하여 가볍게 쓰다듬는다. 먼저 서혜부 방향으로 올려 주고 양손으로 다리 옆선을 타고 내려온다.

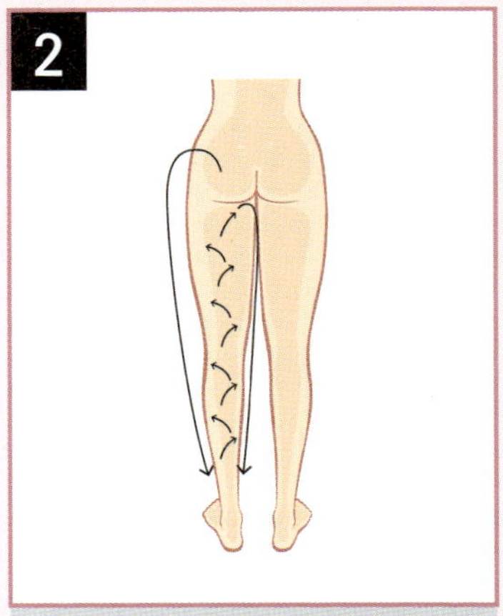

② 양 엄지부위를 이용하여 밀어 올려 주고 양손으로 쓸어내린다.

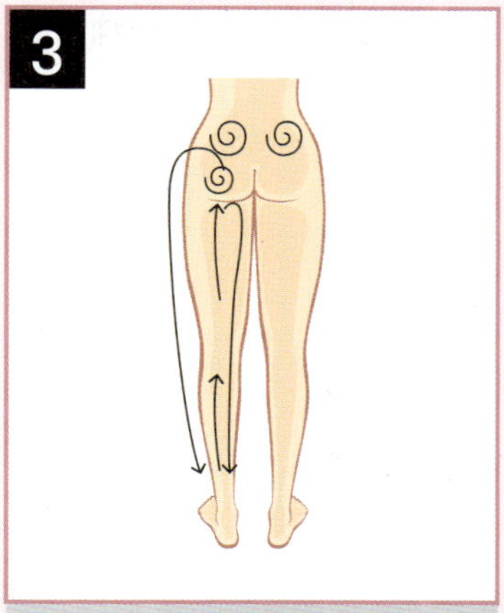

③ 양손 장압을 이용하여 승부혈까지 올라갔다. 다리 옆선을 타고 내려온다.

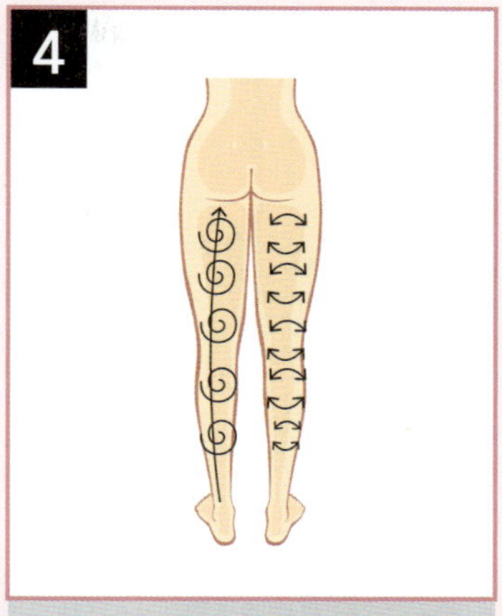

④ 양손 유연법을 이용하여 허벅지까지 올라간다.

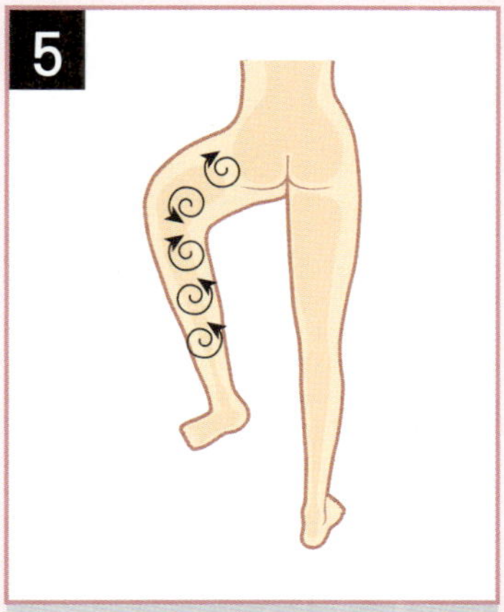

⑤ 다리를 ㄱ자로 만들어 종아리에서 허벅지까지 유연법으로 시술한다.

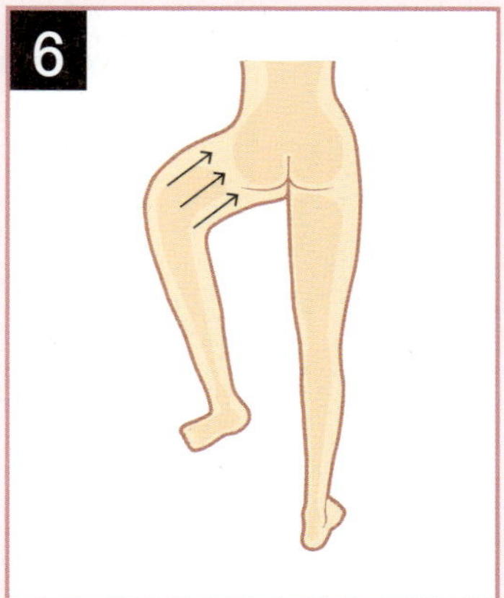

⑥ 양손 각권을 이용하여 대퇴 후면을 승부혈 쪽으로 밀어준다.

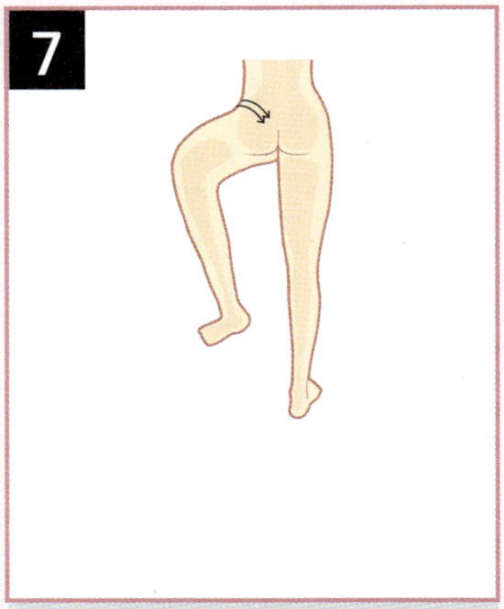

⑦ 장골에서 둔부 중앙 사이도 양손 각권을 이용해 밀어준다.

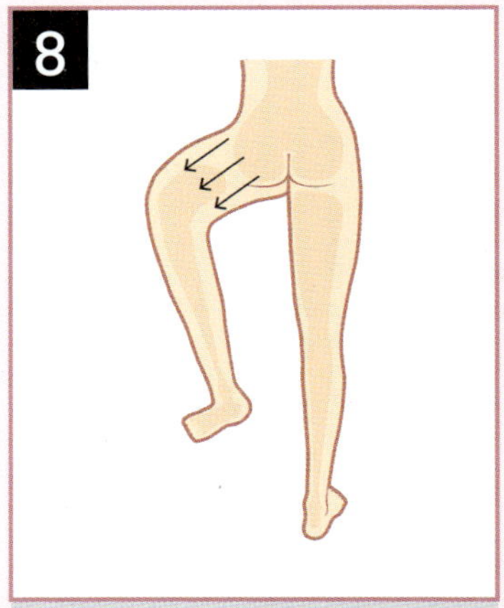

⑧ 중둔근·대둔근을 양손 각권으로 바깥쪽으로 끌어내린다.

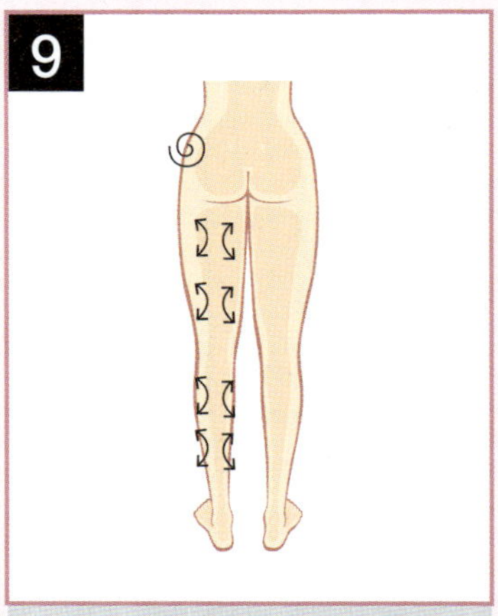

⑨ 양손 수근을 이용하여 중앙에서 밖으로 밀어준다.

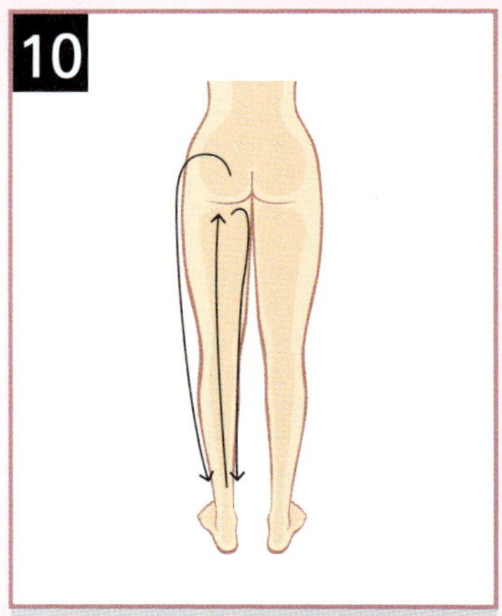

⑩ 양손 수장을 이용하여 승부혈까지 올라갔다 옆선타고 내려온다.

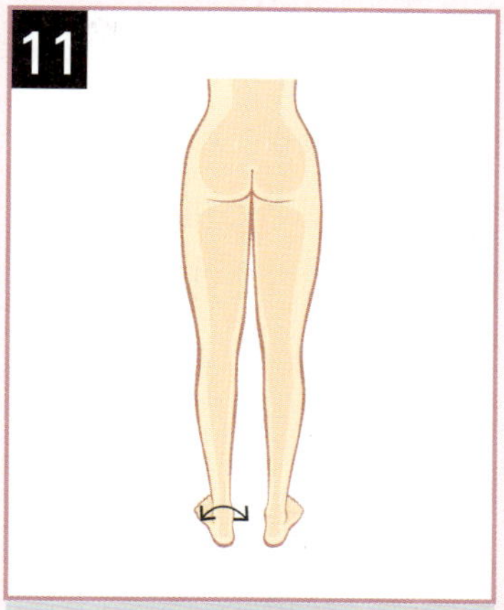

⑪ 양손을 깍지 끼어 종골을 잡아당긴다.

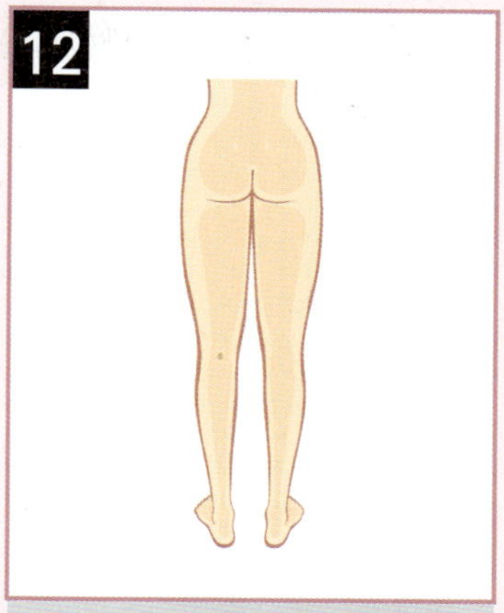

⑫ 대퇴부위에 한 손을 놓고 발목을 잡고 스트레칭을 시켜준다.

3.
다리 앞면 관리

1) 목적

허벅지의 비만, 특히 셀룰라이트가 많이 분포된 비만형은 여성 호르몬과 관계가 깊다. 이러한 여성호르몬은 비경과 신경계통의 영향을 받으므로 비경과 표리관계에 있는 위경도 같이 관리해 줌으로써 다리 부위의 비만관리에 효과적이다.

2) 다리 앞면 관리

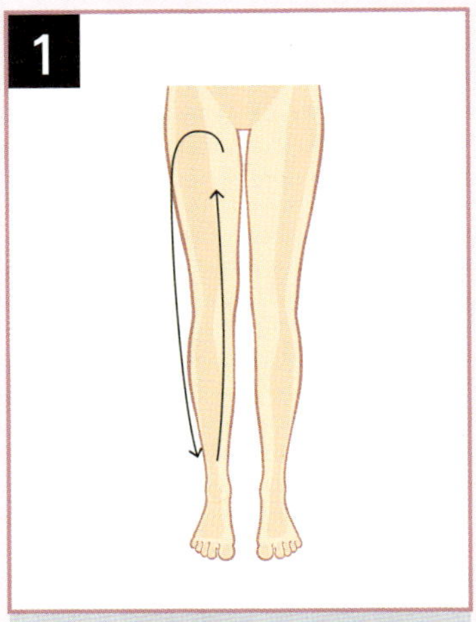

① 다리 전체에 오일을 도포하고 수장을 이용하여 가볍게 쓰다듬는다. 먼저 서혜부 방향으로 올려 주고 양손으로 다리 옆선을 타고 내려온다.

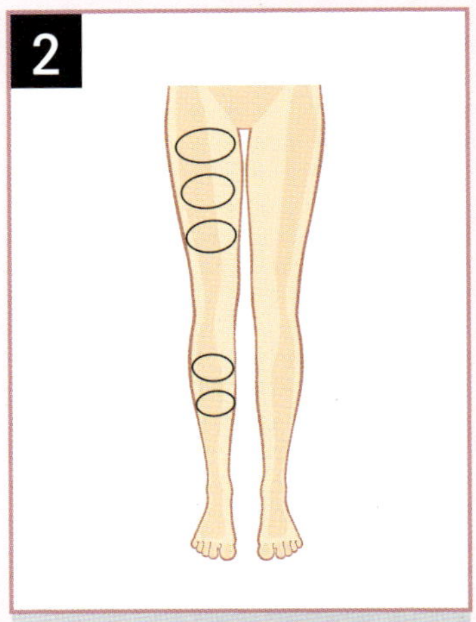

② 양손바닥 전체를 이용하여 발바닥과 발등을 쓸어준다.

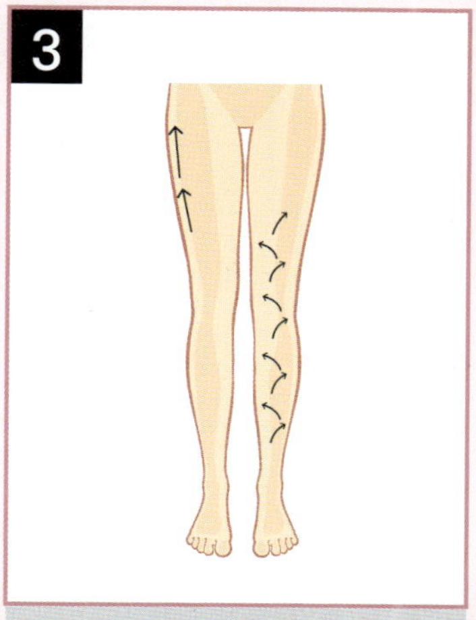

③ 양 엄지로 서혜부쪽까지 밀어서 올라간다.

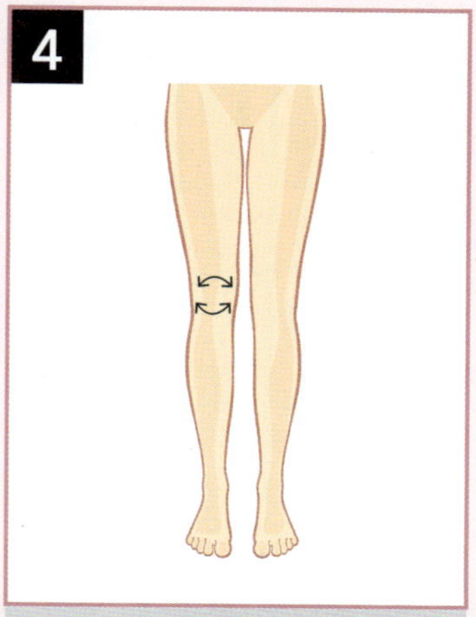

④ 무릎 상하 부위에 양 엄지로 밀어준다.

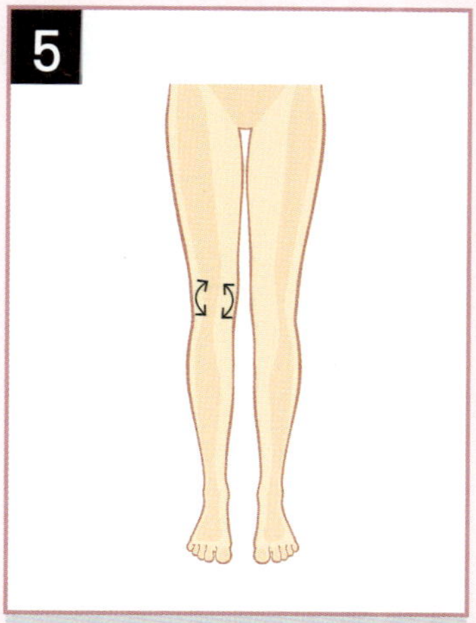

⑤ 무릎 좌우 부위에 양 엄지로 이용해 풀어준다.

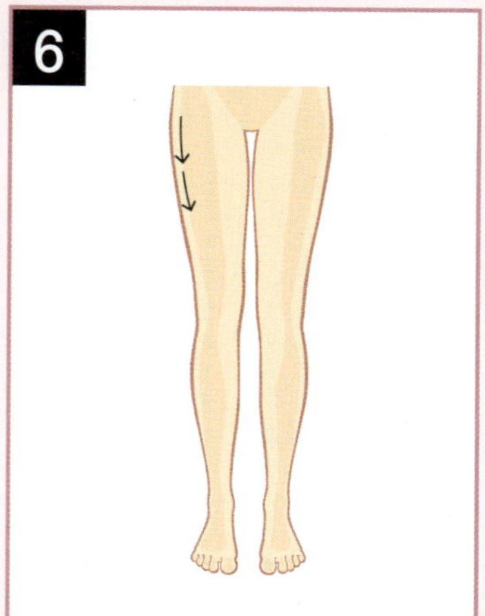

⑥ 대퇴부위를 양손 각권을 사용하여 풀어준다.

7

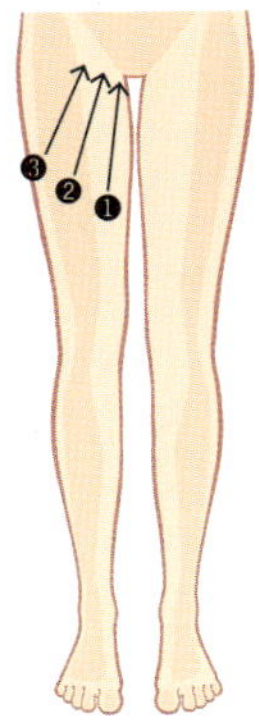

⑦ 다리를 가볍게 꺾고 대퇴안쪽 음경락을 따라 경혈법을 실시한다.

8

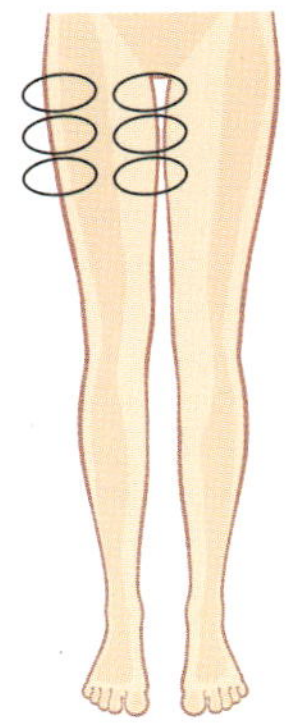

⑧ 다리 안쪽과 바깥쪽을 유연법으로 풀어준다.

9

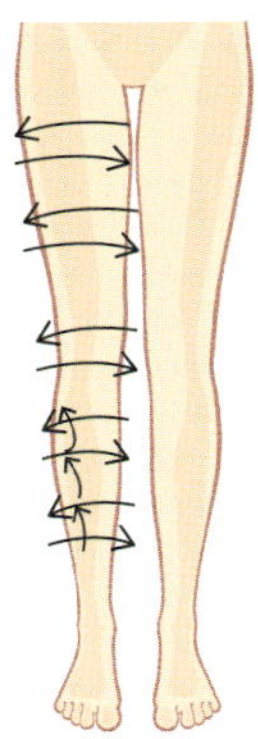

⑨ 양손 호구법을 이용하여 서혜부까지 올려준다.

10

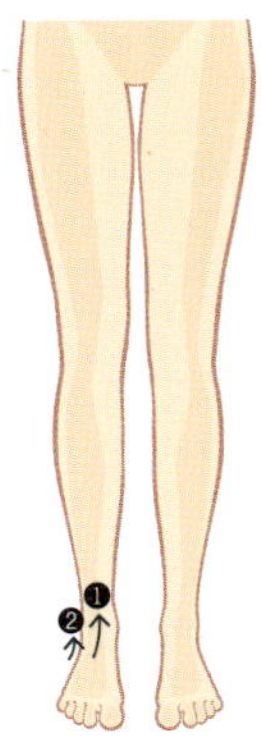

⑩ 발목과 아킬레스 부위를 쓸어준다.

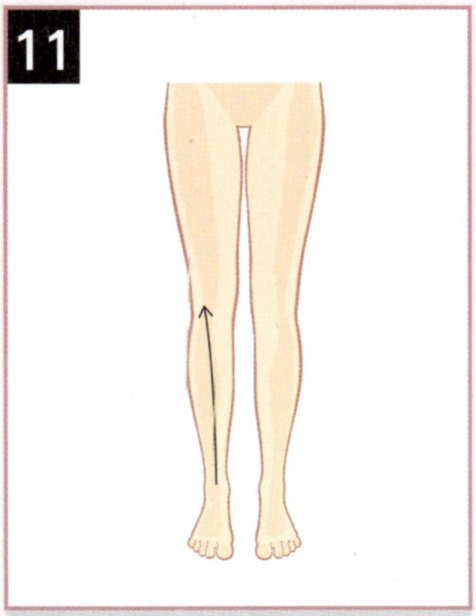

⑪ 경골부위 옆선을 눌러 풀어준다. 위경락을 양 엄지로 쓸어준다.

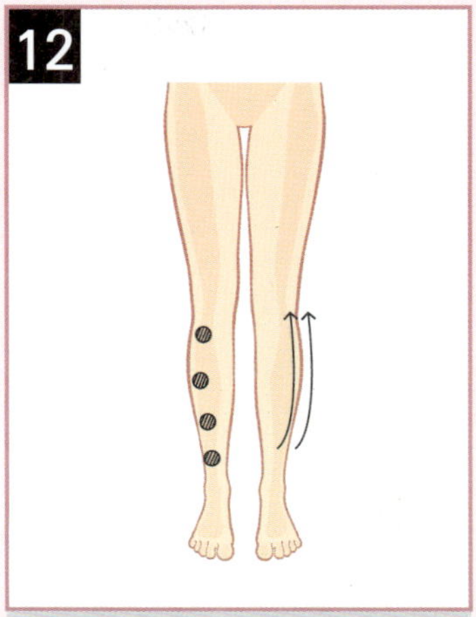

⑫ 비경락과 담경락을 쓸어준다.

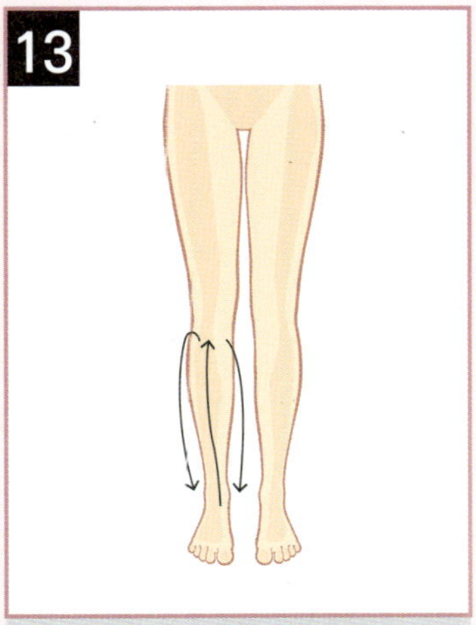

⑬ 하퇴부위를 쓸어준다(비비기).

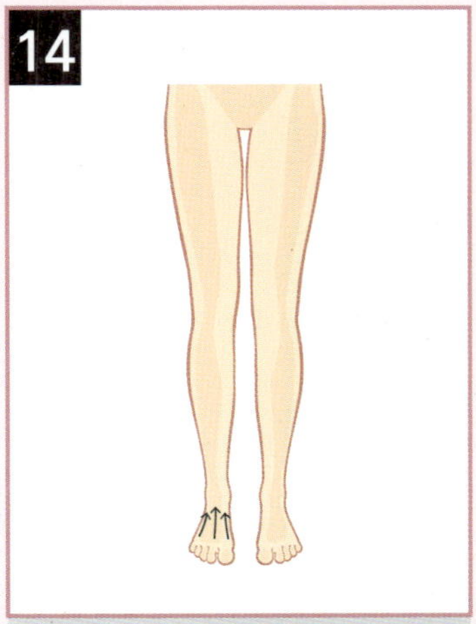

⑭ 중족골 부위를 양 엄지로 밀어준다(밀기).

15

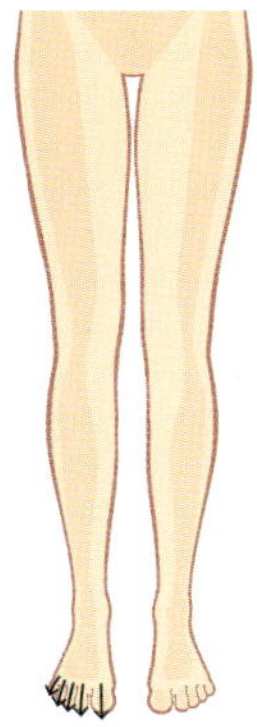

⑮ 발가락 부위(튕기기)으로 실시한다. 엄지와 검지로 당겨준다.

16

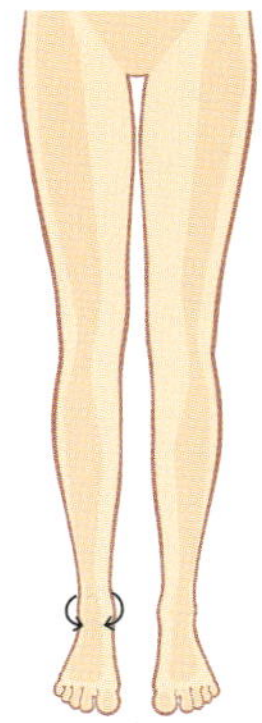

⑯ 발목용법을 가볍게 해준다. 뼈 외복사뼈와 내복사뼈를 양손 사지를 이용하여 돌려준다.

17

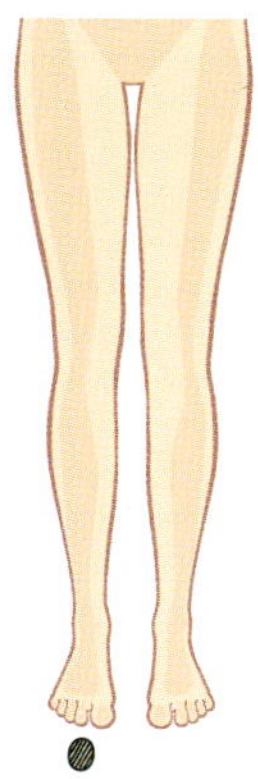

⑰ 용천 부위를 양 엄지로 눌러준다(누르기).

18

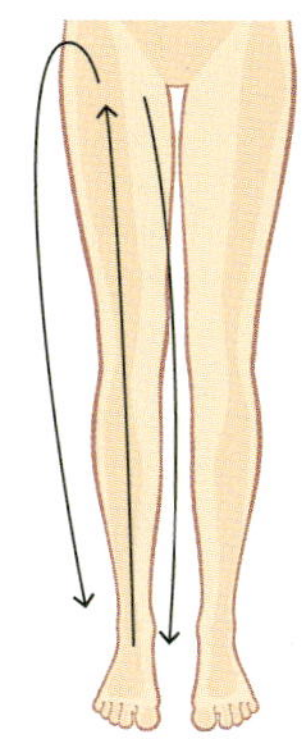

⑱ 전체 앞면다리를 쓸어준다(비비기).

19

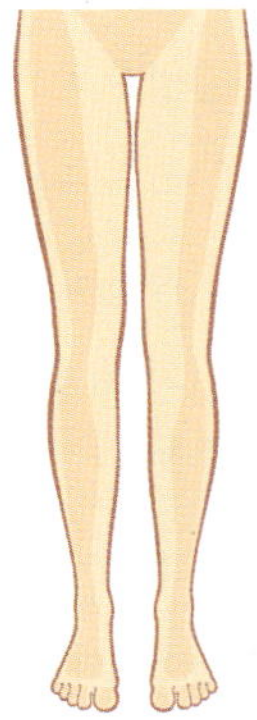

⑲ 스트레칭을 실시한다.

4. 복부 관리

1) 목적

복부에는 임맥이 복부 중앙으로 연결되어 있고 오장육부가 있어 중요한 부위이자 위험하기도 한 부위이다. 따라서 모든 미용상의 문제가 오장육부와 연결된다는 점으로 봐서는 복부관리가 중요한 관리 중의 하나라고 할 수 있다. 그리고 복부에는 장부에 위치와 비슷하게 모혈이 존재하는데 이는 분석 시에 용이하게 쓰인다.

고객을 바로 눕게 하고 관리사는 그 옆에 자리 잡고 관리한다. 관리를 시작하기 전에 대소변을 보게 하며 관리 중에 촉진을 하여 복강 내 장기들의 상태(간종, 비종, 위하수, 헛배 부를 때, 변비 등)를 파악하여야 한다.

2) 복부 관리

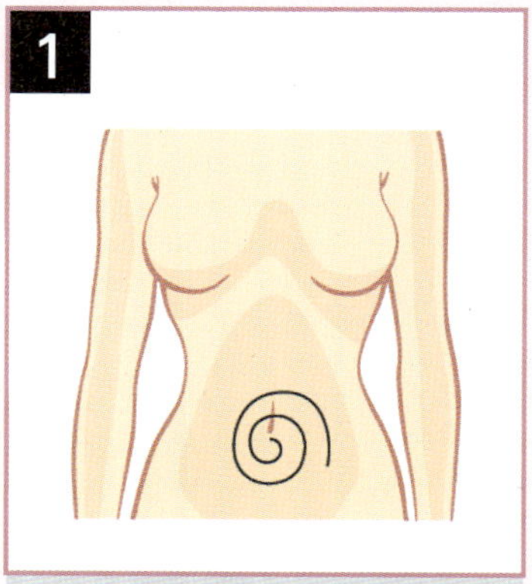

① 손바닥을 단전 부위에 놓고 고객과 호흡을 맞춘다. 이때 복식호흡을 유도한다.

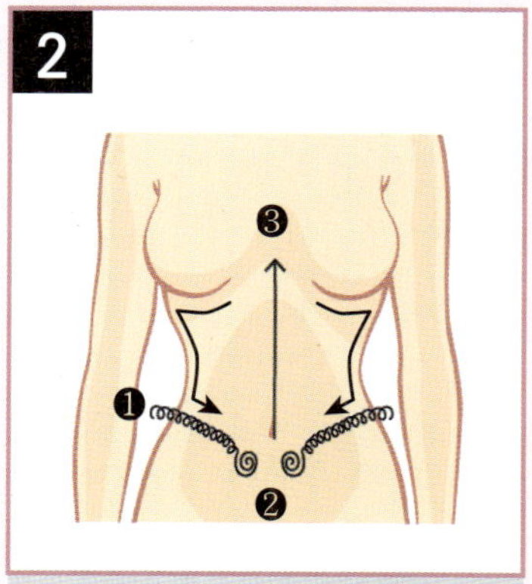

② 양손 수장으로 임맥따라 올라가서 양 엄지로 가슴 밑선을 훑어 서혜부로 내려온다.

3

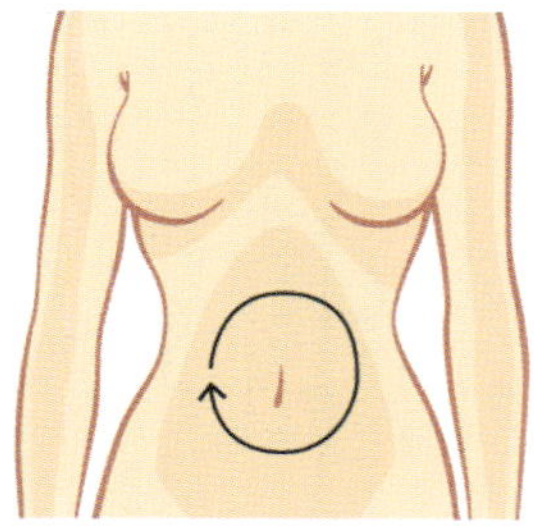

③ 복부를 수장을 이용하여 시계방향으로 돌려준다.

4

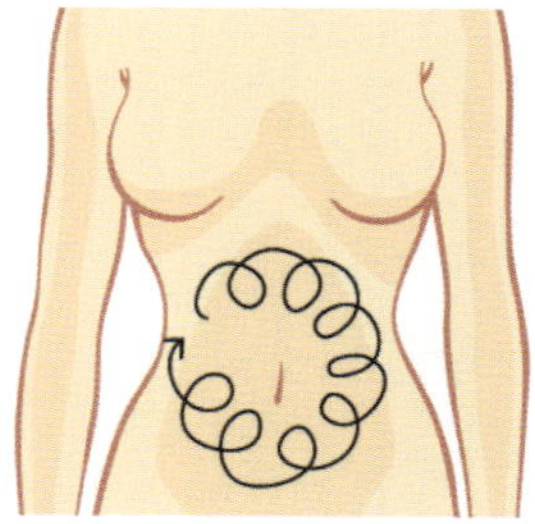

④ 복부 시계방향으로 네 손가락을 이용해돌려준다.

5

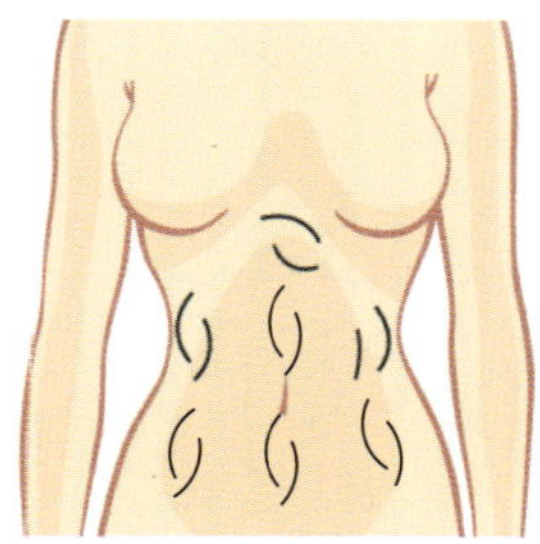

⑤ 수장을 이용하여 양손을 교차하면서 유연법을 실시한다.

6

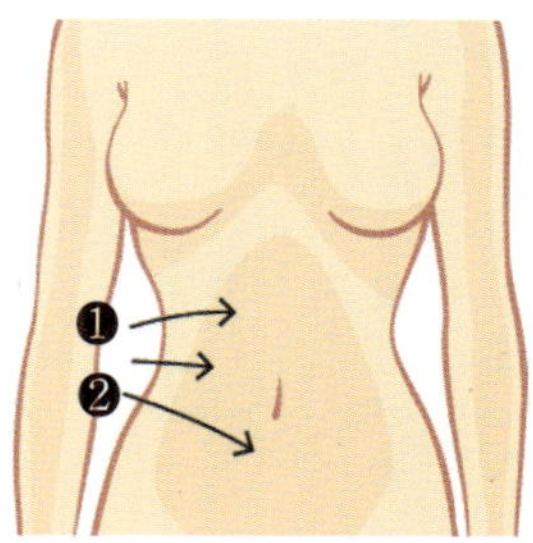

⑥ 엄지 손가락을 이용하여 허리에서 안쪽 방향으로 쓸어 올려준다.

7

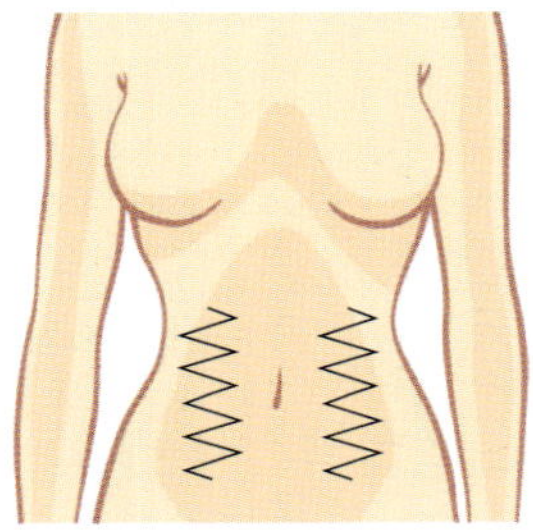

⑦ 양 엄지 검지를 이용하여 강하게 잡아 흔든다.

8

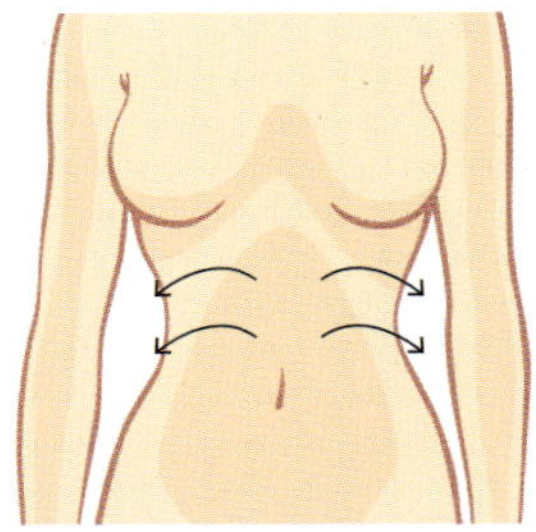

⑧ 양 수근을 이용하여 복부 중앙에서 허리쪽으로 밀어준다.

9

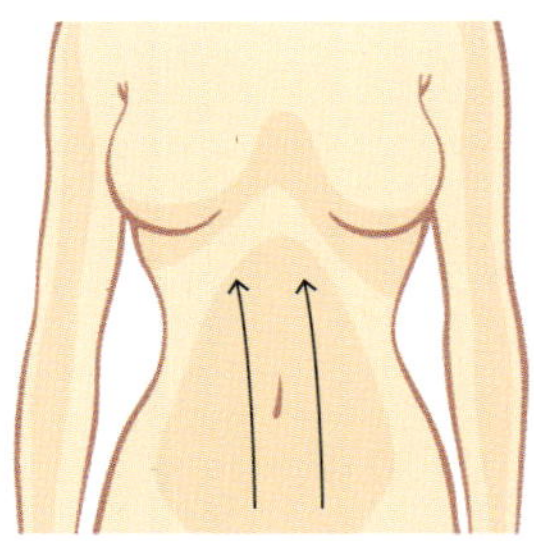

⑨ 양 수장으로 임맥을 밀어 올려준다.

10

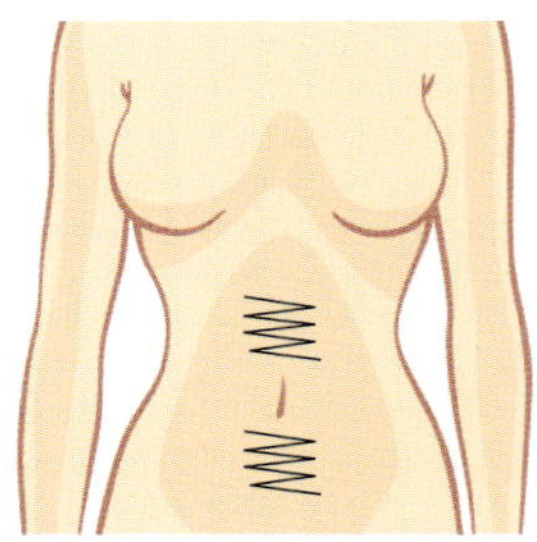

⑩ 흔들어 준 다음 떼어준다.

5.

팔 관리

1) 목적

팔에도 다리와 마찬가지로 3개의 양경과 3개의 음경이 존재한다. 미용상에 중요한 위치를 차지하는 폐경락이 팔에 위치하므로 세심한 관리가 필요한다. 팔의 미용적 이상증상은 상완 부위의 비대와 소해 부위의 경결 등이 있는데 이는 팔에 존재하는 6개의 경락선과 밀접한 연관이 있다.

2) 팔 관리

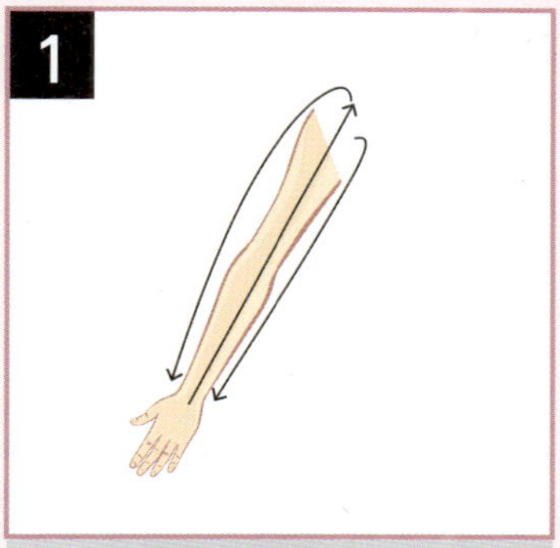

① 오일도포 후 전체를 훑어 준다.

② 양 엄지를 이용하여 상완 부위까지 올라간다.

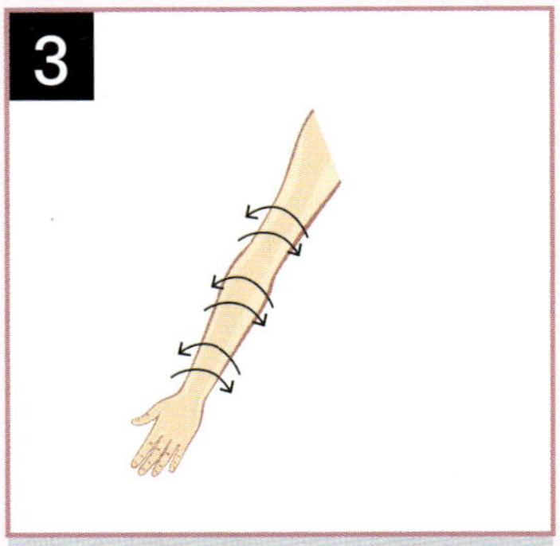

③ 팔 안쪽 부위에 한 쪽 엄지와 검지로 호구법을 이용하여 교차하여 올라간다.

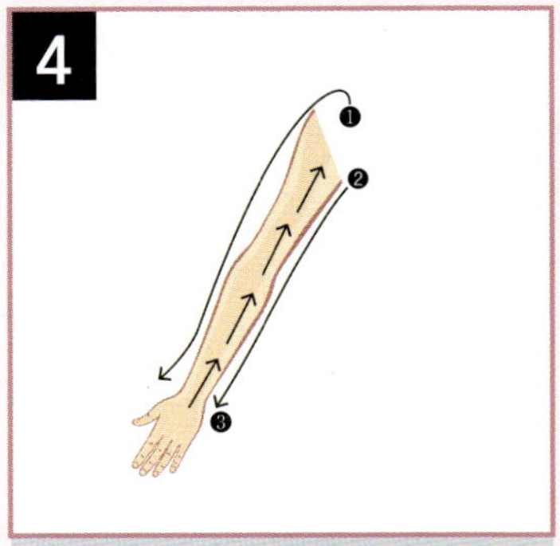

④ 폐경의 중부혈에 누르기
양손으로 함께 밀기를 실시한다.

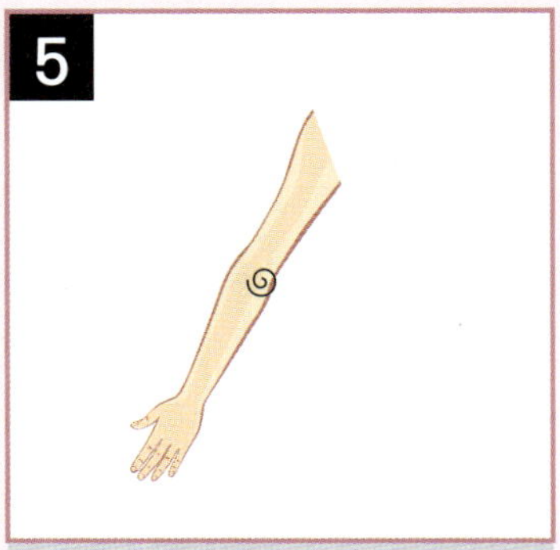

⑤ 팔꿈치 부위를 풀어준다.

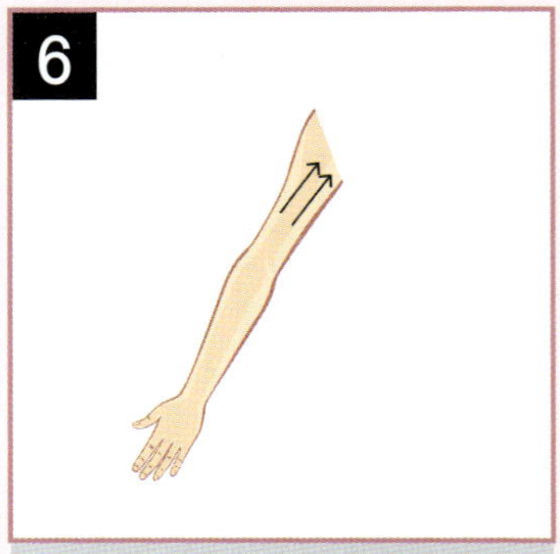

⑥ 팔 바깥쪽을 각권을 사용하여 밀어 준다.

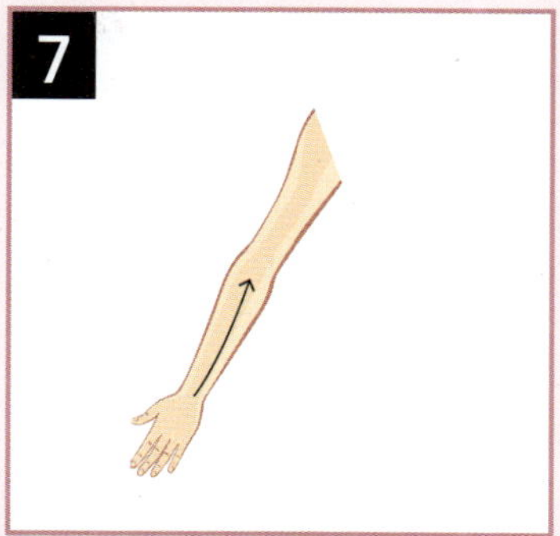

⑦ 엄지와 장악으로 한 손씩 교대로 밀어준다.

⑧ 팔 전체 문지르기를 실시한다.

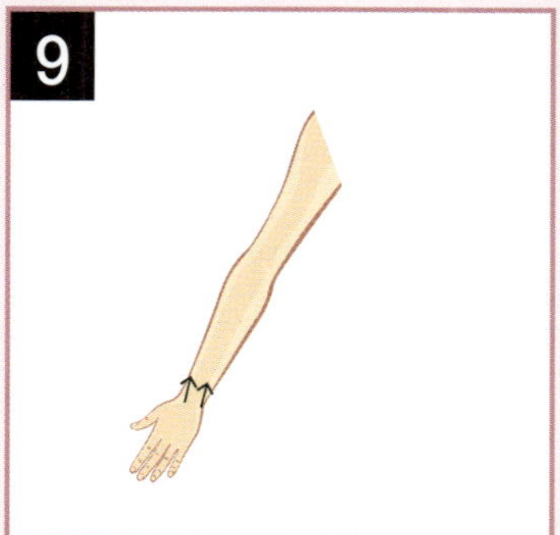

⑨ 손목부위를 밀어준다.

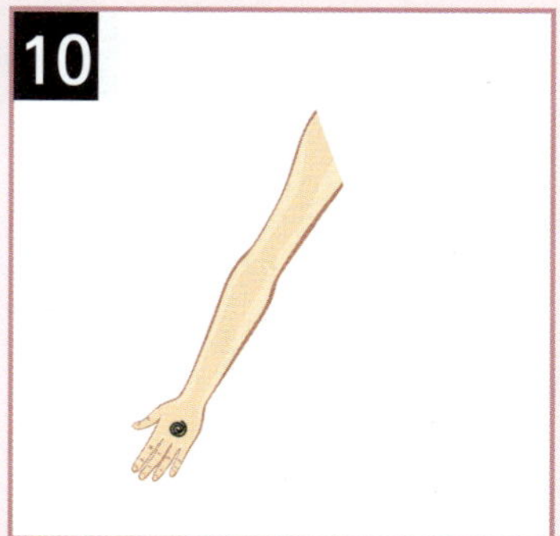

⑩ 노궁부위를 지압한다.

11

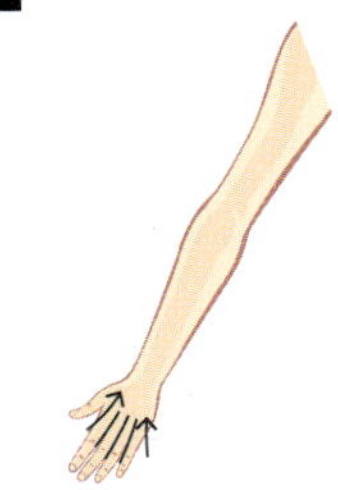

⑪ 중수골 부위에서 심장방향으로 밀어준다.

12

⑫ 손가락 끝 부위에서 가벼운 힘을 가해 당겨 준다.

13

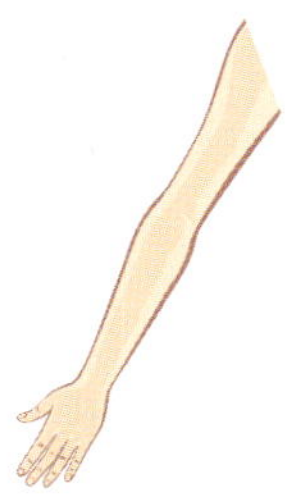

⑬ 스트레칭을 실시한다.

6. 안면 관리

1) 목적

얼굴에 있는 경혈을 자극하여 기혈을 소통시키고 얼굴의 혈색이나 근육의 위치를 정확하게 해주는 데 그 의의가 있으며 이를 위해서는 정확한 경혈의 위치와 정확한 수법이 이루어져야 한다. 피부표면의 자극이 아닌 기혈소통을 원활하게 하여 순환장애로 인한 여러 피부 트러블을 예방할 수 있다. 따라서 여드름 피부나 예민 피부에도 수법을 실시할 수가 있다.

주의할 점은 볼 부위를 너무 강한 압으로 해서는 안된다는 점인데 그 이유는 볼에는 폐경락과 관계가 있기 때문이다. 따라서 한 면에 너무 강한 자극을 주어서는 안된다. 고객을 눕히고 관리사는 그 옆에 자리 잡거나 앉아 주로 손가락과 수장, 수근을 이용하여 세부 부위별 특성에 맞게 자극하여야 한다.

2) 안면 관리

① 백회부위와 안면부위 혈점에 지압을 하고 오일을 도포한다(양백, 어요, 사죽공, 인당, 정명, 찬죽, 동자료, 태양, 승읍, 사백, 영향, 거료, 관료, 인중, 지창, 승장, 협거).

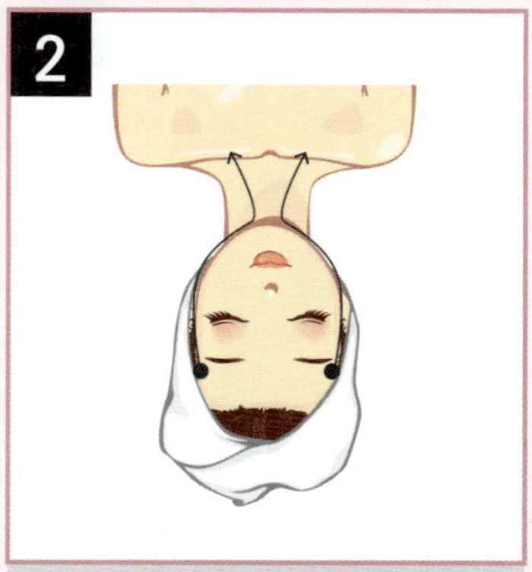

② 태양혈에 압을 준 후 얼굴 옆선을 밀착하여 목 밑까지 내려준다.

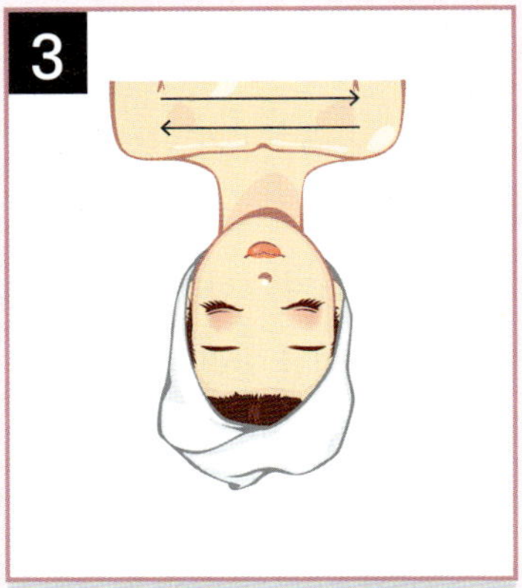

③ 데콜테 부위를 양손 교차하여 밀어준다.

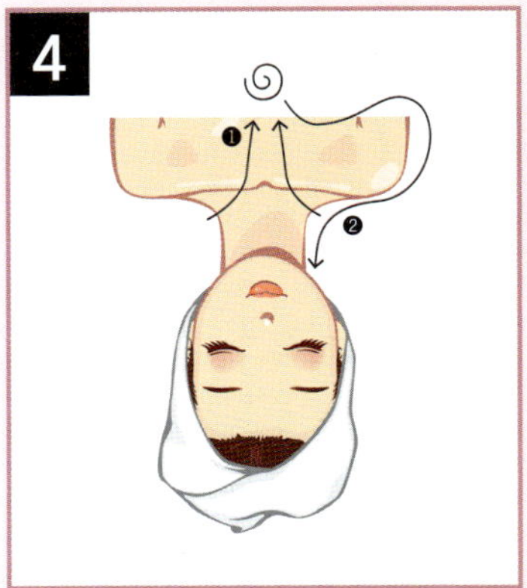

④ 네 손가락으로 한 손씩 단중 부위로 밀어주고 가슴부위에서 경추 뒤 풍부혈까지 올라온다.

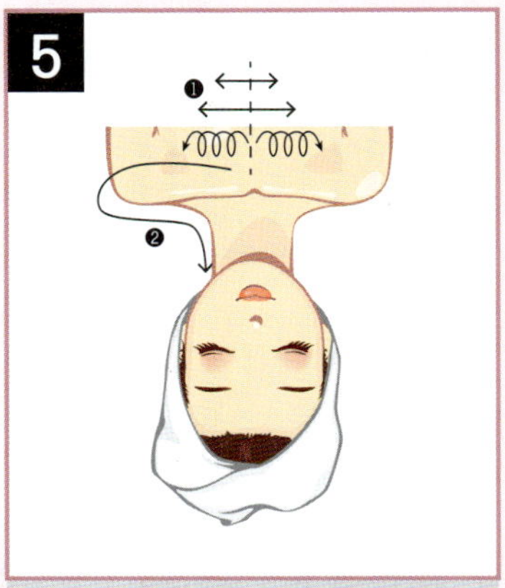

⑤ 양 각권을 이용하여 좌우로 밀어주고 양 어깨를 감싸 경추 뒤 풍부혈까지 올려준다.

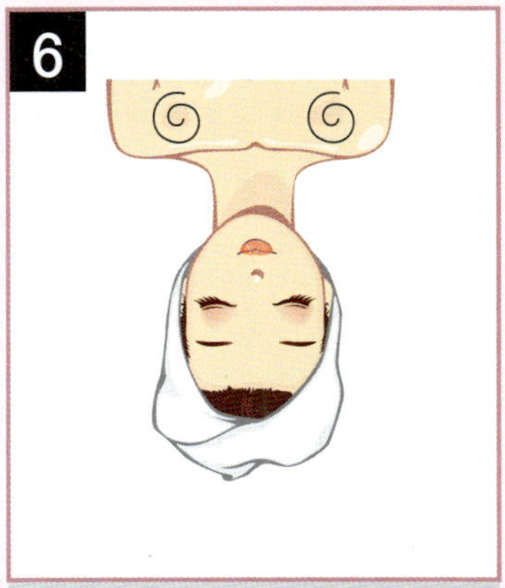

⑥ 폐경락 시작점을 수근을 이용하여 눌러준다.

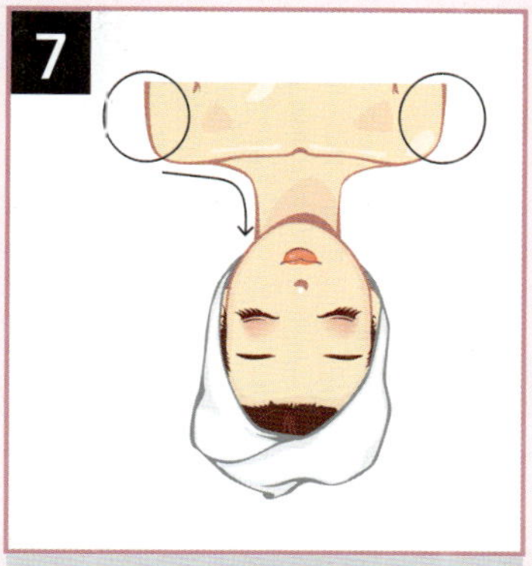

⑦ 어깨선을 잡고 스트레칭 후에 풍부혈로 올려준다.

⑧ 얼굴을 옆으로 살짝 돌린 후 목 옆선 부위로 위경, 대장경, 소장경 부위를 올린다.

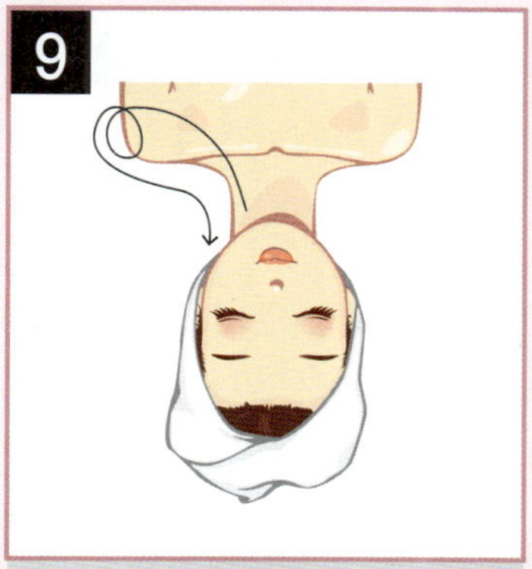

⑨ 손바닥을 밀착시켜 목 옆선에서 어깨로 내려가 어깨에서 손을 가볍게 돌려 등뒤에서 풍부혈까지 연결하여 올려준다.

⑩ 턱 밑 염천혈을 위로 당겨준다.

11

⑪ 턱선 좌우 유연법을 실시한다.

12

⑫ 턱선 좌우 각권으로 귀밑까지 당겨 준다.

13

⑬ 오른손을 왼쪽 귀밑에서 오른쪽 귀밑까지 쓰다듬고 반대편도 실시한다.

14

⑭ 지창부위 3지를 이용하여 당겨준다.

15

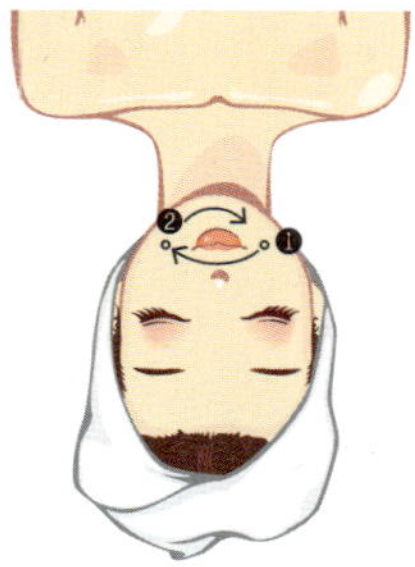

⑮ 지창부위를 중지를 이용해 눌러주고 입술 위 아래 교차로 밀어준다.

16

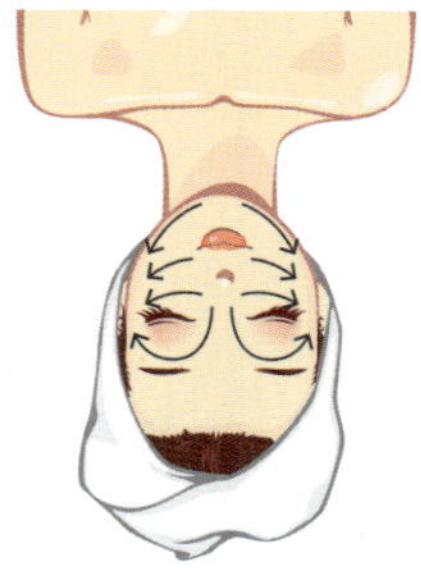

⑯ 얼굴 전체 경찰법으로 쓸어준다.

17

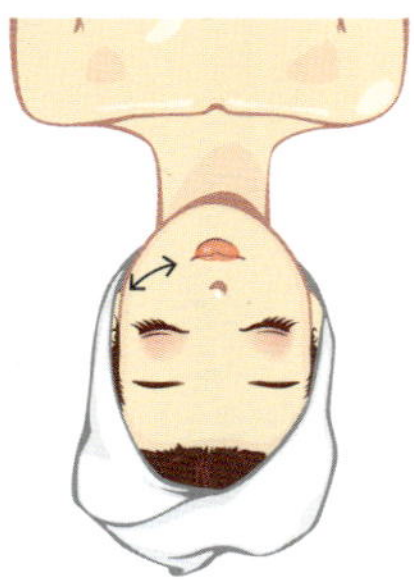

⑰ 광대에서 귀 밑부위를 당겨준다.

18

⑱ 교근을 당겨준다.

19

⑲ 양쪽 광대측면부위 상·하·좌·우를 리프팅 해준다.

20

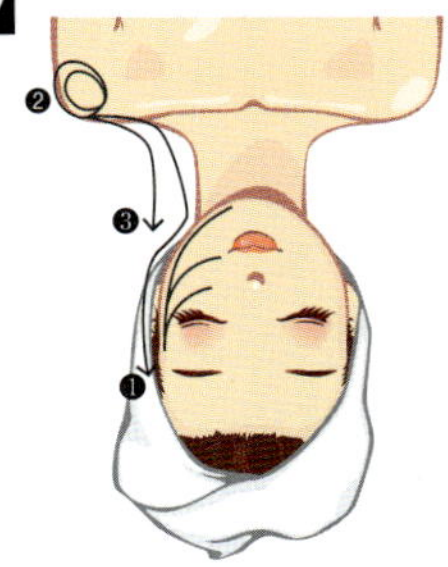

⑳ 볼 부위를 3등분하여 태양혈로 모아주고 연결하여 목선을 타고 데콜테까지 내려가 어깨를 감싸고 다시 풍부혈까지 올려준다.

21

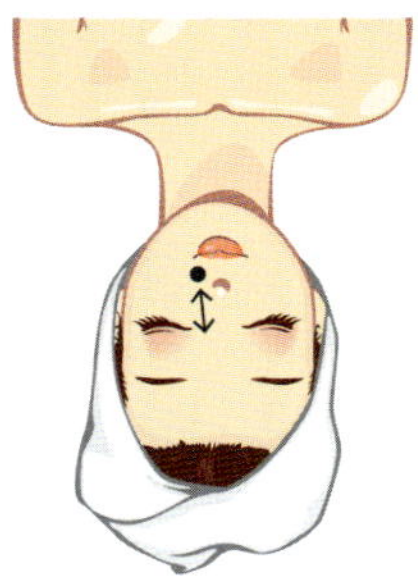

㉑ 영향부위 눌러주고 코 옆선을 당겨준다.

22

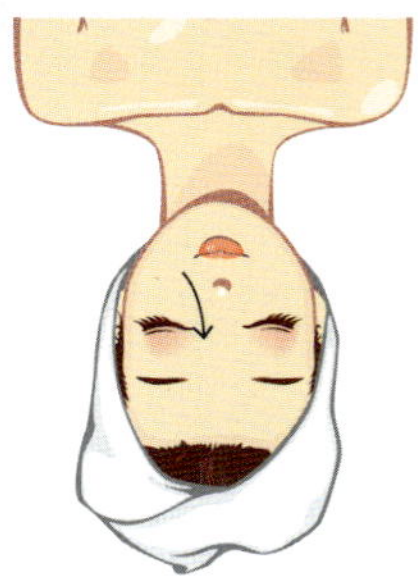

㉒ 코 옆선을 쓸어준다.

㉓ 눈 주위를 돌려준다.

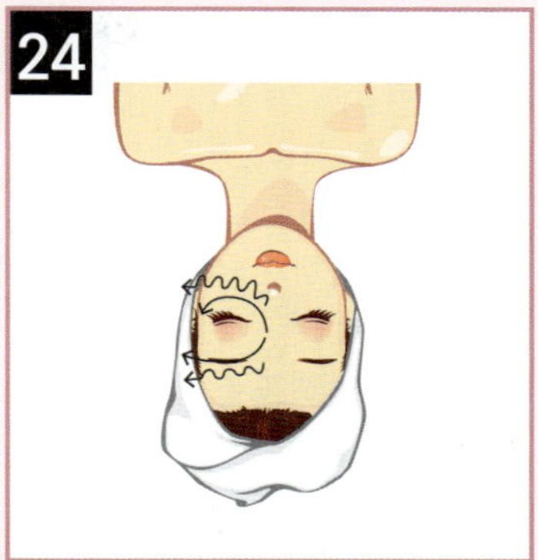

㉔ 눈 위쪽과 아래쪽을 옆으로 밀어주고 진동을 준다.

㉕ 이마 위쪽으로 당겨준다.

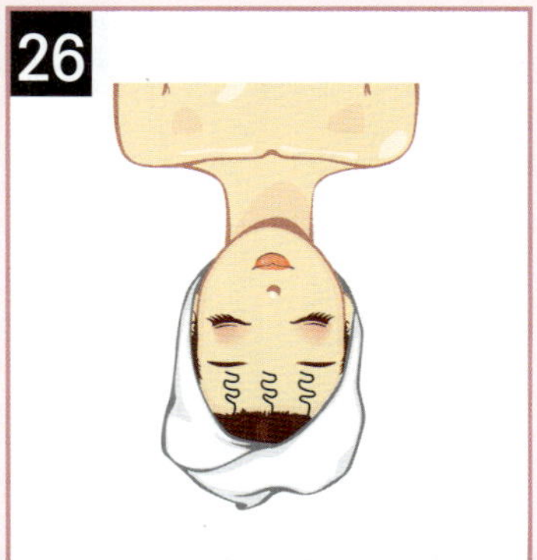

㉖ 이마 위쪽으로 각 권을 이용하여 밀어준다.

㉗ 이마를 중심에서 좌우로 펴준다.

㉘ 얼굴 전체를 2, 3지를 이용하여 돌려 준다.

㉙ 경찰법과 강찰법을 얼굴전체에 실시한다. 이 동작을 강한 동작이므로 압 조절이 필수이다.

㉚ 전체 쓰다듬기를 실시한다.

참고문헌

1. 자연의학 - 경락과 추나편, 이동엽, 박남선 편저, 혜성출판사, 2004
2. 推拿療法- 李炳國, 李炳洛, 現代鍼灸阮, 1996
3. 中國推拿全書- 夏治平, 上海中葯大學出版社
4. 쉽게 배우는 경락마사지 - 페이지엔 션 저, 정현모 옮김, 푸른솔
5. Basic clinical massage therapy : integrating Anatomy and treatment, 天津科技飜譯 出版公司出版
6. 미용경락 - 청구출판사
7. 미용경락, 이론과 실제 - 안남훈 저
8. 황제 내경 - 이케다 마시카소 저, 총홍출판사
9. 음양오행 - 박주현 저, 동학사
10. 기초한의학 - 배병철. 성보사. 2002
11. 야채와 과일요법 - 이상국. 은광사. 2001
12. 동의보감 - 김종진. 은광사. 2002
13. 태양인 이제마의 사상체질 - 신재용. 화원사. 2002
14. 경락(마사지 이론과 실제) - 김여진. 빛살문화사. 2006
15. https://blog.naver.com/pjh0858/220052504370